大学计算机基础

主　编　葛东旭　郑田娟　彭爱梅
副主编　徐　彬　芮　立　王纪萍

南京大学出版社

图书在版编目(CIP)数据

大学计算机基础 / 葛东旭，郑田娟，彭爱梅主编
. -- 南京 ：南京大学出版社，2022.6(2023.7 重印)
ISBN 978-7-305-25771-1

Ⅰ. ①大… Ⅱ. ①葛… ②郑… ③彭… Ⅲ. ①电子计算机－高等学校－教材 Ⅳ. ①TP3

中国版本图书馆 CIP 数据核字(2022)第 089733 号

出版发行 南京大学出版社
社　　址 南京市汉口路 22 号　　　　邮　编 210093
出 版 人 金鑫荣

书　　名 大学计算机基础
主　　编 葛东旭　郑田娟　彭爱梅
责任编辑 吕家慧　　　　编辑热线 025-83597482

照　　排 南京南琳图文制作有限公司
印　　刷 南京人文印务有限公司
开　　本 787 mm×1092 mm 1/16 印张 12.5 字数 304 千
版　　次 2022 年 6 月第 1 版　2023 年 7 月第 2 次印刷
ISBN 978-7-305-25771-1
定　　价 45.00 元

网址：http://www.njupco.com
官方微博：http://weibo.com/njupco
官方微信号：njuyuexue
销售咨询热线：(025) 83594756

前 言

二十一世纪是信息的时代，信息科学与信息技术伴随在每个人的周围，计算机、网络和信息系统不断深入到人们生活和工作的各个领域，已经成为人类生存的工具，是现代人最基本的能力和文化标志。对于新世纪的大学生来说，时代的发展和进步对其信息素养提出了新的要求，要求当代大学生能够具备基本的计算机知识，掌握基本的计算机操作技能；要求当代大学生能够将计算机的基础知识熟练地应用于将来自己的工作领域中，能够借助计算机及其应用系统完成高效、准确、易于沟通和分享的工作。目前各大高校都很注重计算机基础教育，并以提升学生学习效果为目标，进行相应改革和采取相应措施。其中，教材建设是其中一个重要环节。

本书面向大学一年级新生。考虑到来自各地的新生在高中阶段接受信息技术教育和实践的水平不同，因此教材由浅入深，以较多的阐述和示例来说明计算机技术相关的内容，并通过练习题来进一步地覆盖和强化学生应掌握的内容，着重体现以应用为目的，力求深入浅出，循序渐进，体系全面。在内容编排上，也考虑到了具有一定计算机基础的学生，进一步提升和深入学习的需求，对每一部分的内容也进行了均衡性地深化。

本书适合作为高等院校非计算机专业计算机技术方面的公共基础课教学教材，也可以作为学习计算机基础知识的培训教材或自学参考书。

本书扩充了原有的计算机基础课程的知识体系，加强了计算机软件、计算机网络、信息安全技术和计算机新技术发展等领域知识的介绍。其目的是使得学生能够全面地了解和掌握信息技术领域的较新知识，并且培养他们利用信息技术解决实际问题的意识和能力。全书分为六章。第 1 章为信息技术概论，由徐彬编写；第 2 章为计算机硬件，由彭爱梅编写；第 3 章为计算机软件，由郑田娟编写；第 4 章为计算机网络，由芮立编写；第 5 章为数字媒体及应用，由王纪萍编写；第 6 章为计算机新技术发展，由葛东旭编写。

信息技术发展较快，本书涉及的新内容较多，加之作者水平有限，时间仓促，因此书中难免有错误与不妥之处，恳请专家及广大读者批评指正。

编者

2022 年 3 月

目 录

第1章
信息技术概论

1.1 信息技术

随着信息化在全球的迅速发展，世界各国对信息的需求日益增长，信息技术已经成为支撑当前社会活动的基石。信息产品和信息服务对每个国家、地区、公司、家庭、个人来说，都已不可或缺。信息量越大、信息传播效率越高的国家，发展就越迅速。信息技术已经成为社会进步的巨大推动力。信息技术代表着先进生产力的发展方向，它的广泛应用，使人们能更高效地进行资源优化与配置，推动传统产业不断升级，进而提高社会劳动生产率和社会运行效率。

加快发展信息产业，推进信息化建设已成为国家的重要战略任务。信息技术的发展水平成为衡量一个国家科技水平的重要标志，反映出一个国家的现代化水平与综合国力。

1.1.1 信息的含义

当今社会，信息无处不在，也无时不在。物质、能量和信息是人类社会赖以生存和发展的三大基础，也是客观世界的三大构成要素。世界是由物质组成的，能量是一切物质运动的动力，信息是人类了解自然及人类社会的依据。没有信息，事物将变得毫无意义。那么，什么是信息？

信息论之父香农(Claude Elwood Shannon)指出：信息是用来消除随机不确定性的东西。这一定义被人们看作是经典性定义并加以引用。它是在通信的一端(信源)精确地或近似地复现另一端(信宿)所挑选的消息。

控制论之父维纳(Norbert Wiener)指出：信息是人们在适应客观世界，并使这种适应被客观世界感受的过程中与客观世界进行交换的内容的名称。他还指出：信息就是信息，不是物质，也不是能量。

电子学家、计算机学家认为：信息是电子线路中传输的以信号作为载体的内容。经济学家认为：信息是提供决策的有效数据。

我国著名的信息学专家钟义信教授认为：信息是事物存在方式或运动状态，以这种方式或状态直接或间接的表述。

美国信息管理专家霍顿(F. W. Horton)认为：信息是为了满足用户决策的需要而经过加工处理的数据。

客观立场上将信息定义为事物存在的方式和运动状态的表现形式。这里的"事物"泛指存在于人类社会、思维活动和自然界中一切可能的对象。"存在方式"指事物的内部结构和外部联系。"运动状态"则是指事物在时间和空间上变化所展示的特征、态势和规律。

认识立场上信息是指主体所感知或表述的事物存在的方式和运动状态。主体所感知的是外部世界向主体输入的信息，主体所表述的则是主体向外部世界输出的信息。

简单地说，信息是经过加工的数据，或者说，信息是数据处理的结果。信息是客观存在的事实，是物质运动轨迹的真实反映。

信息的含义还有很多，随着时间的推移，信息被赋予了新的含义。在实际生活中，人们都在自觉或不自觉地传递、利用着信息。

1.1.2 信息的特征

信息具有如下特征：

(1) 依附性

信息是一种抽象的、无形的资源，它必须借助某种载体才能表现出来。载体又称为媒介，如光、电、声等。信息不能脱离物质和能量而独立存在。

(2) 多样性

信息可以表现为多种形式，例如语言、文字、图形、图像、声音等，这些都是信息多样性的体现。

(3) 普遍性

在现实世界中，信息无时不在、无处不在。它普遍存在于人类生活的各个方面，对人类生活产生了许多影响。

(4) 客观性

信息需如实反映客观实际，它是客观事物的属性，可以被感知、处理、传递等。客观性是真实性，是现实生活的需要与人类基本价值的追求。信息的客观性也就是信息的真实性。

(5) 可共享性

信息作为一种资源，可在不同群体或个体，也可在不同时间或同一时间被共同分享和占有。这样有利于信息的广泛传播和扩散。信息科学性和规范性越高，就越容易被共享。

(6) 可传递性

信息的可传递性是信息的本质特征。没有传递，就无所谓有信息。信息传递的方式很多，如口头语言、体语、手抄文字、印刷文字、电讯号等。信息通过载体存储和传递。

1.1.3 信息处理

随着社会的发展与进步，人类对信息不断深入的开发和利用，对信息的处理变得日益重要。信息处理是指信息的采集、输入、加工、存储、输出等过程。信息的采集指按照一定的目的，通过各种方式搜集各类信息的过程。信息的输入是指所要处理的原始数据。信息的加工是指对输入的信息进行筛选，使信息条理化、规范化、准确化。信息的存储是指对加工后的信息进行储存，以便使用的过程。信息的输出是指系统处理以后的结果，即有意义、有用的信息。

信息的传输是指信息在不同主体之间的传递，有意识地运用存储的信息去解决管理中

具体问题的过程。被处理的信息通常以某种形式的数据表示，因此信息处理又叫作数据处理。信息处理的过程如图1－1所示。

信息采集
↓
信息输入
↓
信息加工
↓
信息存储
↓
信息输出

图 1-1　信息处理的过程

1.1.4　基本信息技术

人类社会之所以如此丰富多彩，都是因为信息技术一直持续进步的必然结果。信息技术是指利用电子计算机和现代通信手段，获取、传递、存储、处理、显示信息和分配信息的技术。

信息技术(Information Technology，IT)是利用科学的原理、方法及先进的工具及手段，有效地开发和利用信息资源的技术体系。它是一种用来扩展人类信息器官功能的技术。信息器官主要包括感觉器官、神经系统、思维器官(大脑)、效应器官等。确切地说，信息技术是指对信息的收集、加工、存储、传递和应用的技术。基本的信息技术包括以下几种类型：

(1) 感测与识别技术——扩展感觉器官功能的一类技术。感测技术包括传感技术和测量技术，也包括遥感、遥测技术等。它使人们能更好地从外部世界获得各种有用的信息。2020 年 12 月 27 日，我国在酒泉卫星发射中心成功将遥感三十三号卫星送入预定轨道。遥感三十三号卫星是我国遥感系列卫星之一，主要用于科学试验、国土资源普查、农产品估产及防灾减灾等领域。

图 1－2　遥感卫星

(2) 通信技术——扩展神经系统功能的一类技术。它的作用是传递、交换和分配信息，消除或克服空间上的限制，使人们能更有效地利用信息资源。我国通信技术发展迅猛，5G 技术领域在全世界处于领先地位。自从我国于 2019 年推出商用 5G 以来，5G 网络取得快速发展。我国 5G 城市数量居世界第一，5G 投资稳步增长，5G 普及率全球最高。

(3) 计算与存储技术——扩展思维器官功能的一类技术。计算机技术(包括硬件和软件技术)和人工智能技术，使人们能更好地加工和再生的信息。

(4) 控制与显示技术——扩展效应功能的一类技术。控制技术的作用是根据输入的指令(决策信息)对外部事物的运动状态实施干预，即信息施效。

1.1.5　现代信息技术

信息技术是研究信息的获取、传输和处理的技术，由计算机技术、通信技术、微电子技术结合而成，有时也叫作“现代信息技术”。也就是说，信息技术是利用计算机进行信息处理，利用现代电子通信技术从事信息采集、存储、加工、利用以及相关产品制造、技术开发、信息服务的新学科。人们对信息技术的认识逐步深入。现在普遍认为信息技术是以数字技术为基础、以计算机技术为核心、采用电子技术，集智能技术、通信技术、感测技术、控制技术于一体的综合技术。

未来,信息技术将在信息资源、信息处理和信息传递方面实现微电子与光电子的结合;智能计算与认知、脑科学结合等,其应用领域将更加广泛和多样给人类带来全新的工作方式和生活方式。

1.2 数字技术基础

数字技术是指借助一定的设备将各种信息,包括图、文、声、像等,转化为计算机能识别的二进制数字"0"和"1"后进行运算、加工、存储、处理、传输的技术。在运算、存储等环节中需要借助计算机对信息进行编码、压缩、解码,它又被称为数码技术。

1.2.1 比特

1. 比特的表示

数字技术的处理对象是比特,有时也称为"位",英文名是"bit",简写成"b"。比特只有两种状态,或者是 0,或者是 1。

比特既没有颜色,也没有大小和重量。比特是组成数字信息的最小单位。很多情况下比特只是一种符号而没有数量的概念。比特在不同的场合有不同的含义,有时候使用它来表示数值,有时候用它表示文字和符号,有时候则表示图像,有时候还可以表示声音。但是比特这个单位很小,每个西文字符在计算机中要用 8 个比特来表示,每个汉字则需要 16 个比特,图像和声音需要的比特数就更多了。因此,可以使用另外一个稍大一些的数字信息的计量单位"字节"(Byte),它用大写字母"B"来表示,每个字节包含 8 个比特。

2. 比特的运算

比特的取值只有 0 和 1 两种,这两个值不是数量上的概念,而是表示两种不同的状态。在数字电路中,电位的高或低、脉冲的有或无经常用 1 或者 0 来表示。在人们的逻辑思维中,命题的真或假也可以用 1 或者 0 来表示。

对比特的运算要采用逻辑运算。逻辑运算按位进行,主要有三种:

(1) 逻辑加,也称"或"运算,用符号"OR""∨""+"来表示

(2) 逻辑乘,也称"与"运算,用符号"AND""∧""·"来表示

(3) 取反,也称"非"运算,用符号"NOT""—"来表示。

它们的运算规则如下:

(1) 逻辑加:两个比特位中只要有一个为 1,结果就是 1。例如,1101 ∨ 0100 =11101。

(2) 逻辑乘:两个都为 1,结果才是 1。例如,1101 ∧ 0100 = 0100。

(3) 取反:0 取反后是 1,1 取反后是 0。

3. 比特的传输

在数据通信和计算机网络中传输二进位信息时,由于是一位一位串行传输的,传输速率的单位是每秒多少比特,写成 b/s,还有更大一些的比特传输单位 kb/s、Mb/s、Gb/s、Tb/s 等。它们之间的换算关系为:

1 kb/s=1 000 b/s

1 Mb/s=1 000 kb/s

1 Gb/s=1 000 Mb/s

1 Tb/s=1 000 Gb/s

1.2.2　计算机的数制

计算机中所存储的数值、符号、文字、图形、声音等信息都是用二进制编码形式表示的。本小节先介绍数制的基本概念，再介绍二进制、八进制、十进制、十六进制之间的相互转换。

1. 数制的基本概念

人们在生产实践和日常生活中，创造了多种表示数的方法，这些数的表示规则称为数制。例如，人们生活中常用的是十进制，计算机中常用的是二进制等。

(1) 十进制数

人们最常用的十进制数其进位规则是“逢十进一”，任意一个十进制数都可以用 0、1、2、3、4、5、6、7、8、9 共十个数字符号组成的字符串来表示。例如，253.7 这个数中，第一个 2 处于百位上，代表 200；第二个数 5 处于十位上，代表 50；第三个数 3 处于个位上，代表 3；第四个数 7 处于十分位，代表 7/10。也就是说，253.7 可以写成：

$253.7=2\times100+5\times10+3\times1+7\times0.1$

上式称为数制的按权展开，其中 10^i（10^2 对应百位，10^1 对应十位，10^0 对应个位，10^{-1} 对应十分位）称为十进制数位的位权，10 称为基数。

(2) N 进制数

从对十进制计数制的分析可以得出，任意 N 进制数同样有基数 N，位权和按权展开表示式。其中 N 可以为任意整数，下面以常用的二进制、八进制、十六进制为例进行说明。

① 基数

一个计数制所包含的数字符号的个数称为该数制的基数，用 N 表示，如表 1-1 所示。

表 1-1　不同数制的基数

进制数	可用的数字符号	基数	规则
十进制数(D)	0、1、2、3、4、5、6、7、8、9	10	逢十进一
二进制数(B)	0、1	2	逢二进一
八进制数(Q)	0、1、2、3、4、5、6、7	8	逢八进一
十六进制数(H)	0、1、2、3、4、5、6、7、8、9、A、B、C、D、E、F	16	逢十六进一

为区分不同数制的数，约定对于任意 N 进制的数 S，记作：$(S)_N$。如 $(1101)_2$ 表示二进制数 1101，$(365)_8$ 表示八进制数 365。也可以在一个数的后面直接写上字母 B、Q、D、H 分别表示二进制、八进制、十进制和十六进制。例如，1101B 表示二进制 1101，365Q 表示八进制 365。

② 位权

位权用基数 N 的 i 次幂表示。对于 N 进制数，小数点前一位的位权为 N^0，小数点前第二位的位权为 N^1，小数点前第三位的位权为 N^2，小数点后第一位的位权为 N^{-1}，小数点后第二位的位权为 N^{-2}，以此类推。

③ 数的按权位展开

类似十进制数值的表示，任意 N 进制数的值都可以表示为：各位数码本身的值与其所在位权的乘积之和。例如：

十进制数 223.7 按权展开为：

$223.7D=2\times10^2+2\times10^1+3\times10^0+7\times10^{-1}$

二进制数 11010.1 按权展开为：

$11010.1B=1\times2^4+1\times2^3+0\times2^2+1\times2^1+0\times2^0+1\times2^{-1}$

八进制数 77.5 按权展开为：

$77.5Q=7\times8^1+7\times8^0+5\times8^{-1}$

十六进制数 F7.46 按权展开为：

$F7.46H=15\times16^1+7\times16^0+4\times16^{-1}+6\times16^{-2}$

(3) 二进制数

二进制是计算机中采用的数制，具有简单可行、运算规则简单、适合逻辑运算等特点。但是二进制的缺点是数字冗长，容易出错，不便阅读。所以，在计算机技术文献的书写中，常用八进制或十六进制来表示。表 1-2 为八进制数与二进制数、十进制数之间的对应关系，表 1-3 为十六进制数与二进制数、十进制数之间的对应关系。

表 1-2　八进制数与二进制数、十进制数之间的对应关系

十进制	二进制	八进制
0	000	0
1	001	1
2	010	2
3	011	3
4	100	4
5	101	5
6	110	6
7	111	7

表 1-3　十六进制数与二进制数、十进制数之间的对应关系

十进制	二进制	十六进制
0	0000	0
1	0001	1
2	0010	2
3	0011	3
4	0100	4
5	0101	5
6	0110	6
7	0111	7

（续表）

十进制	二进制	十六进制
8	1000	8
9	1001	9
10	1010	A
11	1011	B
12	1100	C
13	1101	D
14	1110	E
15	1111	F

2. 各类数制间的相互转换

(1) 非十进制数转换为十进制数

利用按权位展开的方法，可以把任意数制的一个数转换为十进制数。例：将十六进制数10A.1H转换为十进制数。

$10A.1H=1\times16^2+0\times16^1+10\times16^0+1\times16^{-1}=266.0625$

(2) 十进制数转换为二进制数

通常一个十进制数包含整数和小数两部分，将十进制数转换为二进制数时，对整数部分和小数部分的处理方法不同，下面分别进行讨论。

① 十进制整数转换为二进制整数

其方法是采用“除2逆序取余”法。具体步骤为：把十进制整数除以2得到一个商数和一个余数；再将所得到的商除以2，又得到一个新的商数和余数；这样不断用所得的商数去除以2，直到商数等于0为止。每次相除所得的余数便是对应的二进制整数的各位数码，第一次得到的余数为最低有效位，最后一次得到的余数为最高有效位。可以理解为：除2取余，自下而上，逆序排列。

【例1】 将十进制数37转换成二进制数。

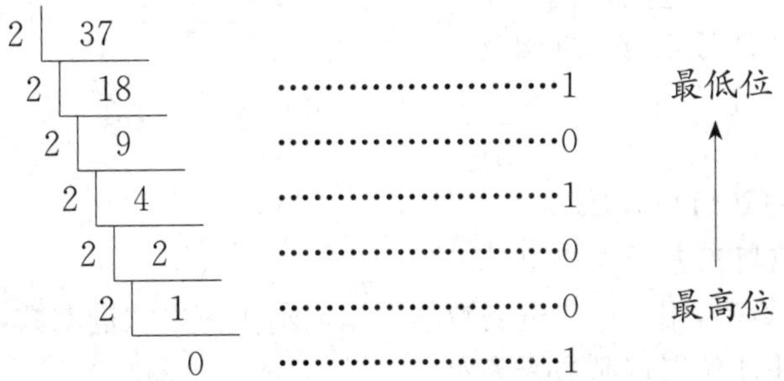

```
2 | 37
  2 | 18   ……………………1   最低位
    2 | 9   ……………………0     ↑
      2 | 4   ……………………1     |
        2 | 2   ……………………0     |
          2 | 1   ……………………0   最高位
              0   ……………………1
```

37D=100101B

② 把二进制小数转换为十进制小数

其方法是采用“乘2取整，自上而下，顺序排列”。具体步骤为：把十进制数小数乘以2得一个整数部分和一个小数部分；再用2乘以所得的小数部分，又得到一个整数部分和一个小数部分；这样不断地用2去乘所得的小数部分，直到所得小数部分为0或达到要求的精度

为止。每次相乘后所得乘积的整数部分就是相应二进制小数的各位数字，第一次乘积所得的整数部分为最高有效位，最后一次得到的整数部分为最低有效位。不是任意十进制小数都能完全精确地转换成二进制小数。

【例 2】 将十进制小数 0.0625 转换成二进制小数。

	整数部分	最高位
0.0625×2=0.125 ········	0	↓
0.125×2=0.25 ········	0	
0.25×2=0.5. ········	0	
0.5×2=1.0 ········	1	最低位

0.0625D=0.0001B

(3) 八进制数与二进制数的相互转换

从表 1-2 可以看出，用 3 位二进制数就可以表示 1 位八进制数，也就是说，任何 1 位八进制数都可以用 3 位二进制数来表示。

① 二进制数转换为八进制数

将一个二进制数转换为八进制数，从小数点开始分别向左、向右方向按每 3 位一组划分，不足 3 位的组以 0 补齐，然后将每组 3 位二进制数转换为与其等值的 1 位八进制数即可。

【例 3】 将二进制数 1110.11B 转换成八进制数。

按上述方法，从小数点开始向左、向右按每 3 位二进制数一组分隔，并且不足 3 位补 0 得

001	110	.	110
1	6	.	6

1110.11B =16.6Q

② 八进制数转换为二进制数

将八进制数转换为二进制数，其方法与二进制数转换为八进制数相反，即将每一位八进制数用与其等值的 3 位二进制数代替即可。

【例 4】 将 67.3Q 转换为二进制数。

因为 6	7	.	3	分别对应于
110	111	.	011	

所以，67.3Q =110111.011B

(4) 十六进制数与二进制数的相互转换

从表 1-3 可以看出，用 4 位二进制数就可以表示 1 位十六进制数，也就是说，任何 1 位十六进制数都可以用 4 位二进制数来表示。

① 二进制数转换为十六进制数

将一个二进制数转换为十六进制数的方法与将一个二进制数转换为八进制数的方法类似，只要从小数点开始分别向左、向右按每 4 位二进制数一组划分，不足 4 位的用 0 补齐，然后将每组 4 位二进制数用等值的 1 位十六进制数表示即可。

【例 5】 将二进制数 1101111.11B 转换成十六进制数。

0110	1111	.	110
6	F	.	C

1101111.11B = 6F.CH

② 将十六进制数转换为二进制数

将十六进制数转换为二进制数，与将二进制数转换为十六进制数相反，只要将每 1 位十六进制数字用与之相等的 4 位二进制数字代替即可。高位及低位的 0 可以省略。

【例 6】 将十六进制数 F4.AH 转换为二进制数。

因为 F　4　.　A　分别对应于

1111　0100　.　1010

所以，F4.AH=11110100.101B

1.2.3 数值型信息的表示

计算机中的数值信息分成整数和实数两大类。整数不使用小数点，或者说小数点总是隐含在个位数的右边，所以整数也称为“定点数”。相应地，实数也称为“浮点数”。

1. 整数的表示

计算机中的整数又分为两类：无符号整数和带符号整数。

(1) 无符号整数

无符号整数一定非负数，一般用来表示地址、索引等。它们可以是 8 位、16 位、32 位甚至更多位数。n 个二进制位表示的十进制数范围为 $0 \sim 2^n-1$，例如 8 个二进制位表示的正整数取值范围是 $0 \sim 255(2^8-1)$，16 个二进制位表示的正整数取值范围是 $0 \sim 65\,535(2^{16}-1)$。

(2) 带符号整数

带符号整数可以表示正数也可以表示负数，用最高位来代表符号位。如果最高位为 1，表明这是一个负数，如果最高位为 0，表明这是一个正数，其余各位用来表示数值的大小。例如，35 用 00100011 来表示，−35 用 10100011 来表示。

(3) 整数的表示范围

8 个二进制位表示的无符号整数其取值范围是 0～255，8 个二进制位表示的带符号整数其取值范围是 −127～+127。n 个二进制位表示的无符号整数其取值范围是 $0 \sim 2^n-1$，n 个二进位表示的带符号整数其取值范围是 $-2^{n-1}+1 \sim +2^{n-1}-1$。

(4) 原码

原码就是上面所介绍的带符号整数的表示法，即最高位为符号位，“0”表示正，“1”表示负，其余位表示数值的大小。它虽然与人们日常使用的方法比较一致，但是由于加法运算和减法运算的规则不统一，需要分别使用不同的逻辑电路来完成，增加了 CPU 的成本。为此，数值为负的整数在计算机中不采用“原码”而采用“补码”的方法进行表示。

(5) 补码

正数的补码与其原码相同；负数使用补码表示时，符号位也是“1”，但绝对值部分的表示却是对原码的每一位取反后再在末位加 1 所得到的结果。例如：

$(-35)_{原}=10100011$

绝对值部分每一位取反后得到：11011100

末位加 1 得到：$(-35)_{补}=11011101$

需要注意的是，采用 n 位原码表示正数 0 时，有“1000…00”和“0000…00”两种表示形式。而在 n 位补码表示法中它仅表示为“0000…00”，而“1000…00”却被用来表示整数 -2^{n-1}。正因为如此，相同位数的二进制补码可表示的数的个数比原码多一个。

2. 实数的表示

实数通常是既有整数部分又有小数部分的数，整数和纯小数只是实数的特例。例如，34.125，−1256，0.01189 等都是实数。

任何一个实数都可以表示成一个乘幂和一个纯小数的乘积。例如：

$34.125=(0.34125)\times 10^{2}$

$-1256=(-0.1256)\times 10^{4}$

$0.01189=(0.1189)\times 10^{-1}$

其中，乘幂中的指数部分用来指出实数中小数点的位置，括号括出的是一个纯小数。二进制数的情况完全相同，例如：

$10101.01=(0.1010101)\times 2^{101}$

$0.000111=(0.111)\times 2^{-11}$

可见，任意一个实数在计算机内部都可以用“指数”（称为“阶码”，是一个整数）和“尾数”（是一个纯小数）来表示，这种用指数和尾数来表示实数的方法称作“浮点表示法”。所以，计算机中实数也叫作“浮点数”，而整数则叫作“定点数”。

1.3 集成电路

集成电路(IC)（图 1-3）是指通过一系列特定的加工工艺，将晶体管、二极管等有源器件和电阻、电容等无源器件，按照一定的电路连接，集成在一块半导体单晶片（如硅或砷化镓）上，封装在一个外壳内，执行特定电路或系统功能。

1.3.1 集成电路的发展历史

1952 年，英国科学家达默提出了电路集成化的最初设想。他设想按照电子线路的要求，将一个线路所包含的晶体管和二极管，以及其他必要的元件统统集合在一块半导体晶片上，从而构成一块具有预定功能的电路。

1958 年，美国得克萨斯仪器公司的工程师基尔比，按照达默的设想，制成了世界上第一块集成电路。他将一根半导体单晶硅制成了相移振荡器，此振荡器所包含 4 个元器件，这些元器件不需使用金属导线相连，硅棒本身既用为电子元器件的材料，又构成使它们之间相连的通路。

同年，另一家美国著名的仙童电子公司宣称研制成功集成电路。由该公司赫尔尼等人发明的一整套制作微型晶体管的新工艺——“平面工艺”被移用到集成电路的制作中，使集成电路从实验室研制试验阶段转入工业生产阶段。

1959 年，美国得克萨斯仪器公司首先宣布建成世界上第一条集成电路生产线。

1962 年，世界上出现了第一块集成电路正式商品。这预示着集成电路已正式登上电子学舞台。

不久，世界范围内掀起了集成电路的研制热潮。早期的典型硅芯片为 1.25 毫米见方。60 年代初的集成电路产品，每个硅片上集成的元件数在 100 个左右；1967 年已达到 1 000 个左右；到了 1976 年，发展到一个芯片上可集成 1 万多；进入 80 年代，一块硅片上有几万个元器件的大规模集成电路已经很普遍了，并且向着超大规模集成电路的方向发展。2005 年，Intel 酷睿 2 系列上市，采用 65 纳米工艺。2009 年，Intel 酷睿 i 系列全新推出，创纪录采用了领先的 32 纳米工艺。目前，7 纳米、5 纳米、3 纳米等芯片工艺已经广泛用于手机微处理器。

图 1－3　集成电路

集成电路的诞生，使电子技术出现了划时代的革命。它不仅是现代电子技术和计算机发展的基础，也是微电子技术发展的标志。它开辟了电子元器件与线路甚至整个系统向一体化方向发展，为电子设备的性能提高、价格降低、体积缩小、能耗降低提供了新途径，也为电子设备的迅速普及、走向平民大众奠定了基础。

1.3.2　集成电路的特点

集成电路具有如下特点：

(1) 集成度高

集成电路的集成度是指一个芯片上能集成的晶体管、电阻、电容等电子元件数。按集成度高低不同，可分为小规模、中规模、大规模、超大规模、极大规模集成电路五类。一般认为集成 10～100 个元器件为小规模集成电路(Small Scale IC，SSI)；集成 100～3 000个元器件为中规模集成电路(Medium Scale IC，MSI)；集成 3 000～10 万个元器件为大规模集成电路(Large Scale IC，LSI)；集成 10 万～100 万个元器件为超大规模集成电路(Very Large Scale IC，VLSI)，如图 1－5 所示；集成 100 万个以上的元器件称为极大规模集成电路(Ultra Large Scale IC，ULSI)，见表 1－4。

表 1－4　集成电路按规模分类

类别	电子元器件数
小规模集成电路(SSI)	10～100
中规模集成电路(MSI)	100～3 000
大规模集成电路(LSI)	3 000～10 万
超大规模集成电路(VLSI)	10 万～100 万
极大规模集成电路(ULSI)	>100 万

近几十年，单块集成电路的集成度一直按照摩尔定律所预测的平均每 18～24 个月提高一倍的趋势在发展。

使用高集成度集成电路的设备或产品，体积更小，重量更轻。从电子管到晶体管、中小规模集成电路、大或超大规模集成电路的演变，说明电子技术发展的主要趋势是不断缩小电路及各元件的尺寸，使元件小型化、微型化。如今电子技术已经进入到超大或极大规模集成电路时代，电子计算机功能越来越强大，尺寸也已微小型化，它们的速度更快，应用领域更广泛。

(2) 成本低

集成电路能把一个复杂的电路乃至一个系统的功能集成在一小块芯片上。由于集成度的提高和批量的加工，现在在一个直径为 100 mm 的硅片上可以制作数百个大规模集成电路，不断完善的工艺和高集成度使集成电路的价格不断下降。

图 1-4 超大规模集成电路

(3) 速度高

采用集成工艺的另一个结果是提高了电子线路的装配密度和相应地减少了信息传输的延迟时间，从而提高了计算速度。芯片内信号的延迟总是小于信号在分立元器件间传输时发生的延迟，而芯片间的延迟又总是大于芯片内的延迟，因此发展和应用超大规模集成电路不仅成为降低成本的需要，也是信息处理的高速度对集成电路提出的要求。

(4) 可靠性高

对于所有电子器件和采用电子器件的产品来说，共同的要求仍然是提高可靠性。集成电路的采用，不仅是节省产品、提高性能的方法，也是提高电子产品可靠性的最有效的方法之一。

1.3.3 集成电路的分类

(1) 集成电路按用途分为专用集成电路和通用集成电路。

专用集成电路如手机、照相机、洗衣机等电路；通用电路中最典型的是存储器和微处理器，它们应用极为广泛。

(2) 集成电路按导电类型可分为双极型和单极型。

双极型制作工艺复杂，功耗较大；单极型制作工艺简单，功耗较低。

(3) 集成电路按其功能结构可以分为模拟集成电路和数字集成电路。

模拟集成电路用来产生、放大和处理各种模拟信号，如信号放大器、功率放大器等；数字集成电路用来产生、放大和处理各种数字信号，如门电路、存储器、微处理器等。

1.3.4 我国集成电路产业的发展

使用集成电路，体积进一步缩小，工作速度、可靠性进一步提高，应用领域不断扩大，反过来刺激集成电路也不断向大规模发展。

与全球集成电路行业相比，我国集成电路行业起步较晚，但经过 20 多年的飞速发展，在我国政策倾斜和人才培养等多重因素的推动下，我国集成电路从无到有，从弱到强，已经在全球集成电路市场占据举足轻重的地位。

根据我国半导体行业协会统计数据，2019 年我国集成电路行业市场规模为 7 562 亿元。2020 年，我国集成电路行业市场规模为 8 848 亿元，较 2019 年同比增长 17%。近年来虽然我国集成电路行业市场规模逐年升高，但我国集成电路行业在关键技术领域还有所欠缺，自给率较低，对进口依赖较大。

我国高度重视集成电路行业的发展，多年来出台多项政策支持我国集成电路的发展，2020 年 11 月，中国共产党第十九届中央委员会第五次全体会议通过了《中共中央关于制定国民经济和社会发展第十四个五年规划和二〇三五年远景目标的建议》正式将集成电路写进中国“十四五”规划，旨在我国新体制下，打好关键核心技术攻坚战，突破我国在集成电路领域的关键技术难关。

1.3.5　IC 卡

IC(Integrate Circuit)卡又叫集成电路卡，它是把具有存储、运算等功能的集成电路芯片压制在塑料片上，使其成为能存储、转载、传递、处理数据的载体。IC 卡使用闪存(Flash ROM)存储数据，为非易失性存储器，故能长期存储，寿命较长。IC 卡的出现，给了人们生活很大的便利。图 1－5 所示的会员卡就属于 IC 卡的一种。

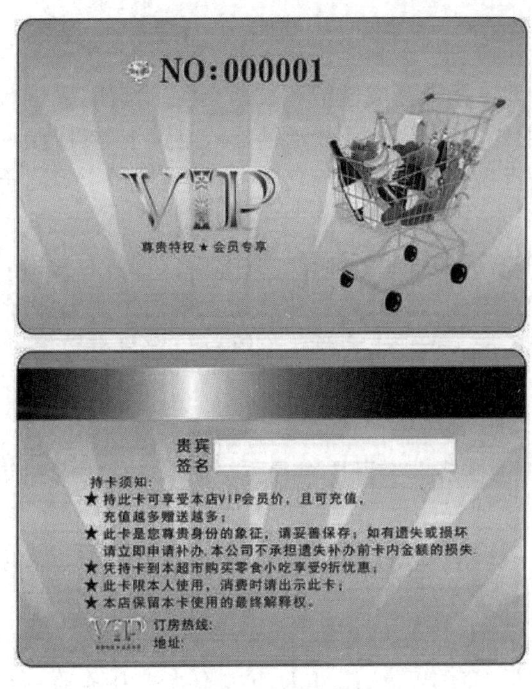

图 1－5　IC 卡

1. IC 卡的应用

(1) 银行领域

银行 IC 卡是以芯片作为介质的银行卡，与磁条卡相比，芯片卡安全性高，卡内敏感数据难以被复制，而且芯片卡不仅具有普通磁条银行卡所有的金融功能，还具备电子现金账户，支持脱机小额支付，可以使用非接触界面，实现即刷即走的快速支付和智能卡手机支付。

(2) 医疗领域

随着我国医疗体制的改革，居民可以持医疗 IC 卡到医院就医。医疗 IC 卡除了具有医疗费用的支付功能外，卡内还可以存储病人的相关信息。

(3) 公交领域

乘客持公交管理部门发行的预先付费 IC 卡乘车，上车时只需在汽车的收费机前刷一下，就可自动完成收费。这样，能有效地减少上下车时间，加快车辆周转速度，提高管理效益，杜绝假币现象。

(4) 二代身份证

二代身份证芯片采用智能卡技术，内含内含有 RFID 芯片，此芯片无法复制，高度防伪。优点是芯片存储容量大，写入的信息可划分安全等级，分区存储，包括姓名，地址，照片等信息。按照管理需要授权读写，也可以将变动信息(如住址变动)追加写入；芯片使用特定的逻辑加密算法，有利于证件制发、使用中的安全管理，增强防伪功能；芯片和电路线圈在证卡内封装，能够保证证件在各种环境下正常使用，寿命在十年以上；并且具有读写速度快，使用方便，易于保管，以及便于各用证部门使用计算机网络核查等优点。

其他，还有 IC 卡电子门锁、高速公路 ETC、水电费卡、会员卡等多种 IC 卡应用系统。

2. IC 卡的分类

(1) 按照使用方式分类

可以将 IC 卡分为接触式 IC 卡和非接触式 IC 卡两种。接触式 IC 卡通过卡片表面额金属触点与读卡器进行物理连接来完成通信和数据交换。例如，手机 SIM 卡、银行 IC 卡等属于接触式 IC 卡。非接触式 IC 卡通过无线通信方式与读卡器进行通信，通信时非接触 IC 卡不需要与读卡器直接进行物理连接。例如，公交 IC 卡、校园卡等属于非接触式 IC 卡。

(2) 按照功能分类

可以将 IC 卡分为存储卡和智能卡两种。存储卡仅包含存储芯片，电话 IC 卡即属于此类。将指甲盖大小的带有内存和微处理器芯片的大规模集成电路嵌入到塑料基片中，就制成了智能卡，如银行的 IC 卡。智能卡也称为 CPU 卡，它具有数据读写和处理功能，具有安全性高等突出优点。

(3) 按照应用领域分类

可以将 IC 卡分为金融卡和非金融卡两种。金融卡如信用卡和储蓄卡等；非金融卡如医疗卡、公交 IC 卡等。

3. IC 卡的特点

(1) 可靠性高

IC 卡是由读、写设备的接触头与卡片上的集成电路的接触点相接触进行信息读、写的，读写器没有任何移动部件，简单可靠，IC 卡具有抗干扰能力强、防磁和防静电等特点。

(2) 安全性好

IC 卡从生产到投入使用的全过程及全生命周期内都可进行严格的管理，所以安全性好。IC 卡使用信息验证码(MAC)，在识别卡时，由卡号、有效日期等重要数据与一个密钥按一定算法进行计算验证。IC 卡可提供密钥个人识别(PIN)码，用户使用时，输入密码后，与该 PIN 码进行比较，防止非法用户。

(3) 灵活性强

IC 卡本身可进行安全认证、操作权限认证，以及可存储最新的有关事务处理信息，可以进行脱机操作，简化了网络要求。IC 卡可以一卡多用。这些功能都体现了 IC 卡的灵活性。

(4) 存储容量大

IC 卡的存储容量根据型号不同，小的几百个字符，大的上百万个字符。

(5) 使用寿命长

由于其为整体封装，不怕油污和磨损，有的 IC 卡信息可读写十万次，所以使用寿命很长。

习　题

一、填空题

1. 基本的信息技术中，__________扩展思维器官的功能。

2. 集成电路按用途分为________集成电路和________集成电路。

3. 对逻辑值“0”和“1”进行逻辑乘运算，结果为________。

4. 最大的 10 位无符号二进制整数转换成十六进制数是________。

5. 二进位数进行逻辑运算 1011 OR 1001 的运算结果是________。

6. 在计算机内部，8 位带符号二进制整数(补码)可表示的十进制最小值是________。

7. 用 4 个二进位表示无符号整数时，可表示的十进制整数的数值范围是 0～________。

8. 与十进制数 2.5 等值的二进制数是________。

9. 二进位数 1010 与 0101 进行减法运算后，结果是二进位数________。

10. 用原码表示带符号整数“0”时，有“1000…00”与“0000…00”两种表示形式，而用补码表示时，整数“0”的表示形式有________种。

二、选择题

1. 扩展效应器官功能的信息技术为________。

A. 感测与识别技术　　B. 通信技术

C. 计算与存储技术　　D. 控制与显示技术

2. 目前 CPU 采用的集成电路为________。

A. 小规模集成电路　　B. 中规模集成电路

C. 超大或极大规模集成电路　　D. 大规模集成电路

3. 摩尔定律指出单块集成电路的集成度平均每________个月翻一番。

A. 12　　B. 8～12　　C. 18～24　　D. 24

4. 关于比特的说法错误的是________。

A. 比特没有颜色

B. 比特没有重量

C. 比特“1”大于比特“0”

D. 比特是组成信息的最小单位

5. 下列不同进位制的四个数中，最小的数是________。

A. 二进制数 1100011　　B. 十进制数 60

C. 八进制数 76　　D. 十六进制数 45

6. 以下选项中，其中相等的一组数是________。

A. 十进制数 23000 与八进制数 54732

B. 八进制数 3077 与二进制数 11000111111

C. 十六进制数 2E85 与二进制数 1111010000101

D. 八进制数 734 与十六进制数 B3

7. 在计算机中,8 位带符号整数可表示的十进制数最大的是________。

A. 256　　B. 255　　C. 127　　D. 128

8. 四个比特的编码可以表示________种不同的状态。

A. 12　　B. 14　　C. 15　　D. 16

9. 若在一个非零的无符号二进制整数右边加一个零形成一个新的数,则其数值是原数值的________。

A. 一倍　　B. 四倍　　C. 二分之一　　D. 二倍

10. PC 机中带符号整数有四种不同的长度,十进制整数 128 在 PC 中使用带符号整数表示时,至少需要用________个二进位表示。

A. 8　　B. 16　　C. 64　　D. 32

三、判断题

1. 现代信息技术包括微电子技术。（　）
2. 制造集成电路的材料只能是硅。（　）
3. 带符号整数使用最末位表示该数的符号。（　）
4. 接触式 IC 卡必须将 IC 卡插入读卡机卡口中,通过金属触点传输数据。（　）
5. 信息技术主要包括信息获取与识别技术、通信与存储技术、计算技术、控制与显示技术等内容。（　）

第2章 计算机硬件

计算机系统是由相互独立而又密切联系的计算机硬件和计算机软件两大部分组成。计算机硬件是指组成计算机的所有实际物理设备，是构成计算机的实体。计算机硬件和计算机软件相辅相成，缺一不可。

2.1 计算机硬件组成

2.1.1 计算机发展与应用

1. 计算机的发展

电子计算机的诞生和发展是20世纪最重大的科学技术成就之一。回顾20世纪的科技发展史，我们会深刻地体会到计算机的诞生和广泛应用对我们的工作和生活所产生的深远影响。

世界上第一台真正的全自动电子数字式计算机是1946年2月在美国宾夕法尼亚大学研制成功的ENIAC(图2-1)。这台计算机共用了18 000多个电子管，占地约170平方米，总重量达到30吨，耗电140千瓦，运算速度为每秒完成5 000次加减运算。

图2-1 ENIAC电子数字式计算机

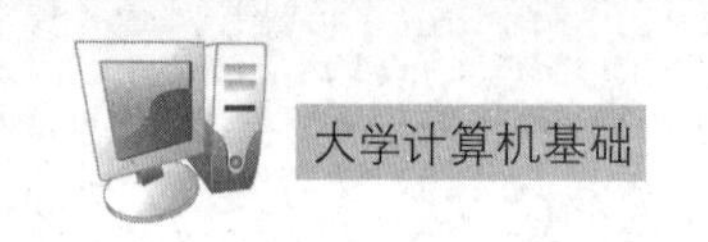

ENIAC计算机虽然有许多明显的不足，它的功能也远不及现在的一台微型计算机，但它的诞生宣告了电子计算机时代的到来。在随后的几十年中，计算机的发展突飞猛进，体积越来越小，功能越来越强，价格越来越低，应用越来越广泛。

计算机硬件的发展与电子元器件的发展密不可分。按照计算机所使用的电子元器件对计算机产品进行划代，到目前为止计算机发展经历了四个时代。

第一代：电子管计算机时代(1946年到20世纪50年代后期)，主要特点是采用电子管作为主要元器件。其体积比较大，运算速度也比较低，存储容量较小，采用机器语言和汇编语言编写程序，主要应用于科学和工程计算。

第二代：晶体管计算机时代(20世纪50年代中后期到20世纪60年代中期)，计算机的主要器件逐步由电子管改为晶体管，因而缩小了体积，降低了功耗，提高了速度和可靠性，而且价格不断下降，采用FORTRAN、COBOL等高级程序设计语言编程。晶体管的应用，使数据处理能力逐步增强，不仅使计算机在军事与尖端技术上的应用范围进一步扩大，而且在气象、工程设计、数据处理以及其他科学研究等领域内也应用起来。

第三代：集成电路计算机时代(20世纪60年代中期到20世纪70年代前期)，计算机采用集成电路作为基本器件，因此功耗、体积、价格等进一步下降，而速度及可靠性相应地提高。正是由于集成电路成本的迅速下降，产生了成本低而功能不是太强的小型计算机供应市场，从而占领了许多数据的应用领域。

第四代：大规模集成电路计算机时代(20世纪70年代中期到现在)，其主要元器件为大规模和超大规模集成电路。这一代计算机各种性能都有了大幅度的提高，应用软件也越来越丰富，已经广泛应用于办公自动化、数据库管理、图像识别、人工智能等众多领域。

2. 计算机的应用

在计算机本身发展的同时，它的应用领域从过去的单一化走向了多元化。在日常生活中，计算机的应用已无处不在，无论是军事领域、教育领域、工业领域还是其他商业领域，它已渗透到国民经济各个部门及社会生活的各个方面。计算机的应用有以下几个方面：

(1) 科学计算

早期的计算机主要用于科学计算。目前，科学计算仍然是计算机的一个重要应用领域。由于计算机具有很高的运算速度和运算精度，使得过去用手工无法完成的计算变为可能。随着计算机技术的发展，计算机的计算能力越来越强，计算速度越来越快，计算精度也越来越高。

(2) 数据处理

数据处理是目前计算机应用最广泛的一个领域。利用计算机来加工、管理与操作任何形式的数据资料，如企业管理、物资管理、报表统计、账目计算、信息情报检索等。近年来，国内许多机构纷纷建设自己的管理信息系统(Management Information System，MIS)；生产企业也开始采用制造资源规划软件(Manufacturing Resource Planning，MRP)，商业流通领域则逐步使用电子信息交换系统(Electronic Information Exchange System，EIES)。

(3) 计算机控制

利用计算机对工业生产过程中的某些信号自动进行检测，并把检测到的数据存入计算机，再根据需要对这些数据进行处理，这样的系统称为计算机检测系统。特别是仪器仪表引进计算机技术后所构成的智能化仪器仪表，将工业自动化推向了一个更高的水平。

(4) 计算机辅助系统

计算机辅助设计(Computer Aided Design,CAD)是指利用计算机及图形设备,辅助设计人员进行工程和产品设计,提高设计的自动化程度。

计算机辅助制造(Computer Aided Manufacturing,CAM)是指利用计算机控制各种机械加工设备,完成产品的加工、装配、检测和包装等制造过程,提高产品加工速度和自动化水平,缩短生产周期,降低生产成本,提高产品质量。

计算机辅助教学(Computer Aided Instruction,CAI)是指利用计算机辅助教师开展各种教学活动,提供良好的学习环境,缩短学习时间,提高教学质量。

(5) 人工智能

人工智能(Artificial Intelligence,AI)是使用计算机来模拟人的某些思维过程和智能行为。它是研究用于模拟、延伸和扩展人的智能的方法、技术和应用的一门新的技术科学。目前,人工智能在计算机领域,越来越得到重视,并在机器人、控制系统、仿真系统中得到应用。

2.1.2　计算机的组成

计算机硬件是指构成计算机的所有实体部件的集合,它们都是看得见摸得着的物体。例如 CPU、内存、主板、硬盘、显示器、打印机等。

尽管计算机已经发展了四代,有各种规模和类型,但是当前的计算机仍然遵循冯·诺依曼早期提出的"存储程序控制"的原理运行,即将程序和数据存放在存储器中,计算机在工作时从存储器中取出指令加以执行,自动完成计算任务。

冯·诺依曼原理的基本思想奠定了现代计算机的基本架构,并开创了程序设计的时代。采用这一思想设计的计算机被称为冯·诺依曼机,由存储器、运算器、控制器、输入设备和输出设备五大基本部件组成(图 2-2)。原始的冯·诺依曼机在结构上以运算器为中心的,但演变到现在,电子数字计算机已经转向以存储器为中心。

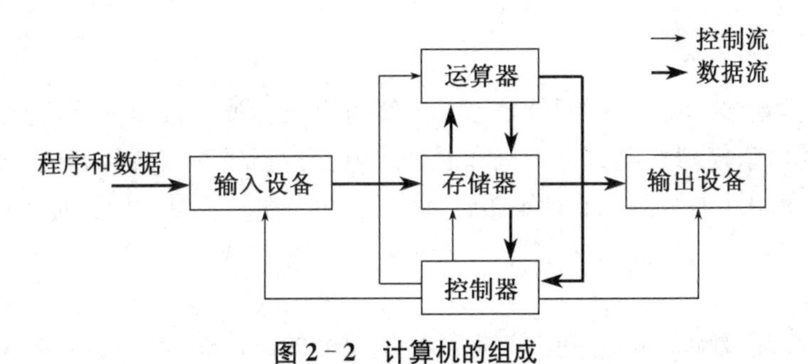

图 2-2　计算机的组成

在计算机的五大部件中,运算器和控制器是信息处理的中心部件,所以它们合称为"中央处理器"。存储器、运算器和控制器在信息处理中起主要作用,是计算机硬件的主体部分,通常被称为"主机"。而输入设备和输出设备统称为"外部设备",简称为外设或 I/O 设备。

1. *存储器*

存储器是用来存放数据和程序的部件。对存储器的基本操作是按照要求向指定位置存入(写入)或取出(读出)信息。存储器是一个很大的信息储存库,被划分成许多存储单元,每个单元通常可存放一个数据或一条指令。为了区分和识别各单元,并按指定位置进行存取,给每个存储单元编排了唯一对应的编号,称为"存储单元地址"。存储器所具有的存储空间大小(即所包含的存储单元总数)称为存储容量。

通常存储器可分为两大类:主存储器和辅助存储器。主存储器能直接和运算器、控制器交换信息,它的存取时间短但容量不够大。由于主存储器通常与运算器、控制器组成主机,所以也称为内存储器。辅助存储器不直接和运算器、控制器交换信息,而是作为主存的补充和后援,它的存取时间长但容量极大。由于辅助存储器通常以外设的形式独立于主机存在,所以也称为外存储器。

2. 运算器

运算器是对信息进行运算处理的部件。它的主要功能是对二进制编码进行算术运算和逻辑运算。运算器的核心是算术逻辑单元(ALU)。运算器的性能是影响整个计算机性能的重要因素,运算的精度和速度是运算器重要的性能指标。

3. 控制器

控制器是整个计算机的控制核心。它的主要功能是读取指令、翻译指令并向计算机各部分发出控制信号,以便执行指令。当一条指令执行完以后,控制器会自动地去取下一条将要执行的指令,依次重复上述过程直到整个程序执行完毕。

4. 输入设备

人们编写的程序和原始数据是经输入设备传输到计算机中。输入设备能将数据和程序转换成计算机内部能够识别和接收的信息,并按顺序把它们送入存储器。不论信息的原始形态如何,输入计算机的信息都使用二进制表示。输入设备有许多种,例如键盘、鼠标、扫描仪和麦克风等。

5. 输出设备

输出设备将计算机处理的结果以人们能接受的或其他机器能接受的形式送出。输出设备同样有许多种,例如显示器、打印机和投影仪等。

2.1.3 计算机的分类

计算机种类很多,可以从不同的角度对计算机进行分类。按照计算机原理分类,可分为数字式电子计算机、模拟式电子计算机和混合式电子计算机。按照计算机用途分类,可分为通用计算机和专用计算机。按照计算机性能分类,可分为巨型机、大型机、小型机、个人计算机四类。

1. 巨型机

巨型机又称超级计算机,是指具有极高处理速度的高性能计算机,它的速度可达到每秒数十万亿次以上。它具有极强的处理能力,主要用于解决诸如气象、太空、能源等尖端科学研究和战略武器研制中的复杂计算。

神威·太湖之光超级计算机是由国家并行计算机工程技术研究中心研制,安装在国家超级计算无锡中心的超级计算机(图 2-3)。其峰值计算速度达每秒 12.54 亿亿次,持续计算速度为每秒 9.3 亿亿次,包含 40 960 个自主开发的 SW26010 处理器(每个处理器有 260 个内核),内存总容量达 1 310 TB。

图 2-3　神威·太湖之光巨型计算机

2. 大型机

大型计算机指运算速度快、存储容量大、有丰富的系统软件和应用软件、并且允许相当多的用户同时使用的计算机。大型机的结构上也比巨型机简单，价格也比巨型机便宜，因此使用的范围比巨型机更普遍，是事务处理、商业处理、信息管理、大型数据库和数据通信的主要支柱。

3. 小型机

其规模和运算速度比大中型机要差，但仍能支持十几个用户同时使用。小型机具有体积小、价格低、性能价格比高等优点，适合中小企业、事业单位用于工业控制、数据采集、分析计算、企业管理以及科学计算等，也可做巨型机或大中型机的辅助机。

4. 个人计算机

供单个用户使用的微型机一般称为个人计算机或 PC，是目前用得最多的一种微型计算机。PC 配置有一个紧凑的机箱、显示器、键盘以及各种接口，可分为台式机和便携机。

台式机可以将全部设备放置在书桌上，因此又称为桌面型计算机。便携机包括笔记本计算机、袖珍计算机以及个人数字助理（Personal Digital Assistant，PDA）。便携机将主机和主要外部设备集成为一个整体，显示屏为液晶显示，可以直接用电池供电。

5. 嵌入式计算机

嵌入式计算机指将单片机或 SoC 芯片内嵌在其他设备中的专用计算机，能够完成特定的功能。如数码相机、手机、平板电脑、路由器、汽车、机顶盒等。

2.2　CPU

CPU 是计算机硬件中最重要、最核心的部件，它是整个计算机系统的运算和控制中心。CPU 的性能在很大程度上决定了整个计算机的性能。

2.2.1 CPU的结构

CPU(Central Processing Unit)中文为中央处理器，它是计算机系统的核心。如果把计算机比作一个人，那么CPU就是心脏，其重要作用由此可见一斑。CPU的内部结构主要由寄存器组、运算器和控制器三个部分组成，三个部分相互协调，便可以进行分析，判断、运算并控制计算机各部分协调工作。

计算机中表示信息都采用二进制表示，在CPU中，状态通常用电路的高电平状态和低电平状态来表示，一般情况下，用高电平表示“1”，用低电平表示“0”。

1. 寄存器组

它由十几个甚至几十个寄存器组成。寄存器是CPU内部用来存放数据的一些小型存储区域，用来暂时存放参与运算的数据和运算结果。寄存器除了存放程序的部分指令，它还负责存储指针跳转信息以及循环操作命令，是算术逻辑单元(ALU)为完成控制单元请求的任务所使用的数据的小型存储区域，其数据来源可以是高速缓存、内存、控制单元中的任何一个。

2. 运算器

它是CPU的智能部件，不但能够执行加、减、乘、除等算术运算，也能进行或、与、非等逻辑运算，所以运算器也称为算术逻辑单元(ALU)。来自控制单元的信息将告诉运算逻辑单元应该做些什么，然后运算单元会从寄存器中间断或连续提取数据，完成最终的任务。

3. 控制器

运算器只能完成运算，而控制器用于控制整个CPU的工作，是CPU的指挥中心。控制器中包含指令计数器和指令控制器。指令计数器是用来存放CPU正在执行指令的地址。一般来说，CPU每执行一条指令，指令计数器便自动加1。指令控制器是用来保存当前正在执行的指令，利用指令译码器解释指令的含义，并控制运算器的操作等。

2.2.2 CPU的性能指标

CPU是整个计算机系统的核心。CPU的性能主要指CPU运行用户程序代码的时间，其性能可以反映出所配置计算机系统的性能，直接影响计算机的运行速度。CPU的主要性能指标有：

1. 字长

字长是指CPU一次能处理数据的位数，通常是CPU中整数寄存器和定点运算器的宽度。字长总是8的整数倍，如16位、32位、64位等。早期的计算机字长一般是8位和16位，386及更高的处理器大多数是32位，目前市面上的计算机处理器大多数已达到64位。

2. 主频

所谓主频，也就是CPU正常工作时的时钟频率。在PC机中，CPU的时钟信号由主板晶振提供基准频率，现在大部分都是由芯片组以及晶振提供。

我们常说某CPU的型号是“Intel Core i5/3.2G/4GB/1T”，其中“3.2G”表示其主频为3.2 GHz。从理论上讲CPU的主频越高，它的速度也就越快。因为频率越高，单位时间内完成的指令就越多，从而速度也就越快。但实际上由于CPU的内部结构不同和电脑其他各部件的性能制约等原因，可能会导致频率高的CPU性能不一定最好。

3. 前端总线

前端总线(FSB)是 CPU 连接到北桥芯片的总线。它可以反映 CPU 与内存进行数据传输的速度。前端总线频率越高,代表着 CPU 与内存之间的数据传输量越大,更能充分发挥出 CPU 的功能。

4. 高速缓存

高速缓存(Cache)是位于 CPU 与内存之间的临时存储器,它的容量比内存小得多,但是传输速度却比内存要快得多。高速缓存主要是为了解决 CPU 运算速度与内存读、写速度不匹配的矛盾。

5. 内核数量

CPU 内核是 CPU 中的核心芯片,是 CPU 最重要的组成部分。从 2005 年开始,计算机微处理器已经由单处理器转向多核处理器架构实现性能提升。内核数量越多,CPU 的运行速度越快,性能越好。

6. 工作电压

工作电压指的是 CPU 正常工作时所需的电压。目前主流的 CPU 的工作电压一般都低于 1.5 V。CPU 的电压越低,它的发热量就越小,其运行时的性能就越好。

7. 指令集

指令集就是 CPU 中用来计算和控制计算机系统的一套指令的集合,指令集的先进性关系到 CPU 性能发挥,因此指令集也是 CPU 性能的一个重要标志。常见的指令集有 Intel 公司的 x86、EM64T、MMX、SSE、SSE2、SSE3、SSE4A、AVX、AVX2、AVX - 512、VMX 等指令集和 AMD 公司的 x86、x86 - 64、3D - Now! 等指令集。

2.2.3 指令与指令系统

指令是一种采用二进制表示的,让计算机执行某种操作的命令。一台计算机可以有许多指令,指令的作用也各不相同,所有指令的集合称为计算机的指令系统。

1. 指令的组成

一条指令一般由两部分组成:操作码和操作数地址,可表示为图 2 - 4 所示的形式。

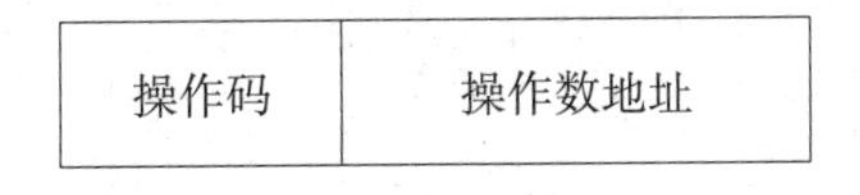

图 2 - 4　指令的组成

(1) 操作码

操作码是指指令操作性质的命令码。CPU 每次从内存取出一条指令,指令中的操作码就告诉 CPU 应执行什么性质的操作,例如算术运算、逻辑运算、存数、取数、转移等。

每条指令都要求它的操作码必须是独一无二的组合。指令系统中的每一条指令都有一个确定的操作码,并且每一条指令只与一个操作码相对应。指令不同,其操作码也不同。

(2) 操作数地址

操作数地址用来描述该指令的操作对象。在地址中可以直接给出操作数本身,也可以指出操作数在存储器中的地址或寄存器地址,或表示操作数在存储器中的间接地址等。

一条指令中的操作数地址不一定只有一个。随着指令功能的不同，操作数地址可能是两个或多个。例如加减法运算，一般要求有两个操作数地址。但若再考虑操作运算结果的存放地址，就需要有3个地址。

2. CPU执行程序的过程

CPU执行程序的过程，实际上就是执行一系列相关指令的过程。计算机每执行一条指令都可分为三个阶段进行，即取指令→分析指令→执行指令。

(1) 取指令的任务是CPU的控制器从存储器读取一条指令，并送到指令寄存器。

(2) 分析指令阶段的任务是将指令寄存器中的指令操作码取出后进行译码，分析其指令性质。如指令要取操作数，则寻找操作数地址。

(3) 计算机执行指令的过程实际上就是逐条指令重复上述操作过程，直至遇到停止指令或循环等待指令。

指令系统是指一台计算机所能执行的各种不同类型指令的总和，即一台计算机所能执行的全部操作。不同计算机的指令系统包含的指令种类和数目也不同，一般均包含算术运算型、逻辑运算型、数据传送型、判定和控制型、输入和输出型等指令。

每一种类型的CPU都有自己的指令系统。因此，某一类计算机的程序代码未必能够在其他计算机上执行，这就是所谓的计算机“兼容性”问题。比如，目前个人计算机中使用最广泛的CPU是Intel公司和AMD公司的产品，虽然两者的内部设计不同，指令系统几乎一致，因此这些个人计算机是相互兼容的。而Apple公司生产的Macintosh计算机，其CPU采用IBM公司的PowerPC，与Intel公司和AMD公司处理器结构不同，指令系统大相径庭，因此无法与采用Intel公司和AMD公司CPU的个人计算机兼容。

即便是同一公司生产的产品，随着技术的发展和新产品的推出，它们的指令系统也是不同的。比如Intel公司的产品发展经历了8088、80286、80386、80486、Pentium……Pentium 4、Pentium D、Core 、Core 2、Core i3/i5/i7/i9等，每种新处理器包含的指令数目和种类越来越多，为了解决兼容性问题，通常采用“向下兼容”的原则，即在新处理器保留老处理器的所有指令，同时扩充功能更强的新指令。通过这样的扩充，使得新处理器的机器可以执行在它之前的所有老机器上的程序，但老机器就不能保证一定可以运行新机器上所有新开发的程序。例如，Pentium 4的机器可以执行Pentium机器中的所有的程序，反之则不然。

2.3 主板

主板是计算机中最基本最重要的部件之一，它使得各种周边设备能够和计算机紧密连接在一起，形成一个有机整体。主板性能的好坏，将直接影响整个计算机系统的运行情况。

2.3.1 主板的组成

主板又叫母板，安装了计算机的主要电路系统，是整个计算机系统中“个头”最大的一块矩形电路板，也是计算机最重要的部件之一。如果把CPU比喻成人的大脑，那么主板就好比人体的躯干和中枢，上面布满了各种“元器件”。主板采用开放式结构，在主板上通常安装有CPU插座、内存插槽、PCI插槽、芯片组、BIOS、CMOS存储器、SATA接口和I/O接口等，如图2-5所示。通过主板的扩展接口和插槽可以连接各种控制卡和计算机周边设备，如内存、显卡、硬盘、声卡、键盘、鼠标、打印机等。

CPU插座主要分为Socket、Slot两种，就是用于安装CPU的插座。CPU采用的接口方式有引脚式、卡式、触点式和针脚式等，针脚式接口应用广泛。不同厂商的CPU有各自不同的插座。常见的CPU插座标准有Socket 775、Socket 939等类型，分别安装Intel公司和AMD公司生产的CPU。内存插槽可以安装内存条，一般主板会提供2个或4个内存插槽，且有单通道和双通道的区别。早期连接硬盘的接口为IDE接口，现已逐渐被淘汰，取而代之的是SATA接口。早期的AGP显卡接口目前也被更为主流的PCI－E接口所取代。PCI插槽可以安装网卡、声卡等扩充板卡。I/O接口提供了键盘、鼠标、显示器、音频等接口。

主板上还有两块特别有用的集成电路：一块是Flash ROM，里面存放的是PC机中最基本的程序，即基本输入/输出系统(BIOS)；另一块是CMOS存储器，其中存放着与计算机硬件相关的一些参数，包括当前的日期时间、系统启动顺序以及其他一些设置等。

由于主板是电脑中各种设备的连接载体，而这些设备的接口各不相同，而且主板本身也有芯片组，扩展插槽，扩展接口，电源插座等元器件，因此主板需要有一个标准，主板的标准称为主板结构。主板结构分为AT、Baby－AT、ATX、Micro ATX、LPX、NLX、Flex ATX、E－ATX、WATX以及BTX等几种。其中AT和Baby－AT是多年前的老主板结构，现在已经淘汰；LPX、NLX、Flex ATX是ATX的变种，多见于国外，国内不多见；Micro ATX又称Mini ATX，是ATX的简化版，拓展插槽较少，多用于配备小型机箱的品牌机；ATX是目前市场上最常见的主板结构，扩展插槽较多，大多数主板都采用此结构；而BTX则是Intel制定的最新一代主板结构，但尚未流行便被放弃。

图2－5　主板外观

2.3.2 芯片组与 BIOS

1. 芯片组

芯片组是主板的核心组成部分，芯片组决定了主板的功能，进而影响到整个计算机系统性能的发挥。芯片组性能的优劣，决定了主板性能的好坏与级别的高低。主板上的芯片组通常按照它们在主板上的位置和所负责的功能，分为北桥芯片和南桥芯片，如图 2-6 所示。

图 2-6 Intel P45＋ICH10 芯片组

传统的芯片组构成是用南桥芯片与北桥芯片搭配的方式。北桥芯片是系统控制芯片，主要负责 CPU、内存、显卡三者之间的数据交换，其位置离 CPU 较近。随着 PC 架构的发展和优化，北桥芯片的功能已经逐步被 CPU 包含，Intel 推出了"PCH 单芯片"设计形式替代原先的芯片组。

南桥芯片是主板芯片组中除了北桥芯片以外最重要的组成部分，一般位于主板上离 CPU 插槽较远的下方。南桥芯片主要决定了主板的功能，主板上的各种接口、PCI 总线、SATA 以及主板上的其他芯片都由南桥芯片控制。南桥芯片也负责数据传输和中断控制。芯片组与主板上各部件的关系如图 2-7 所示。

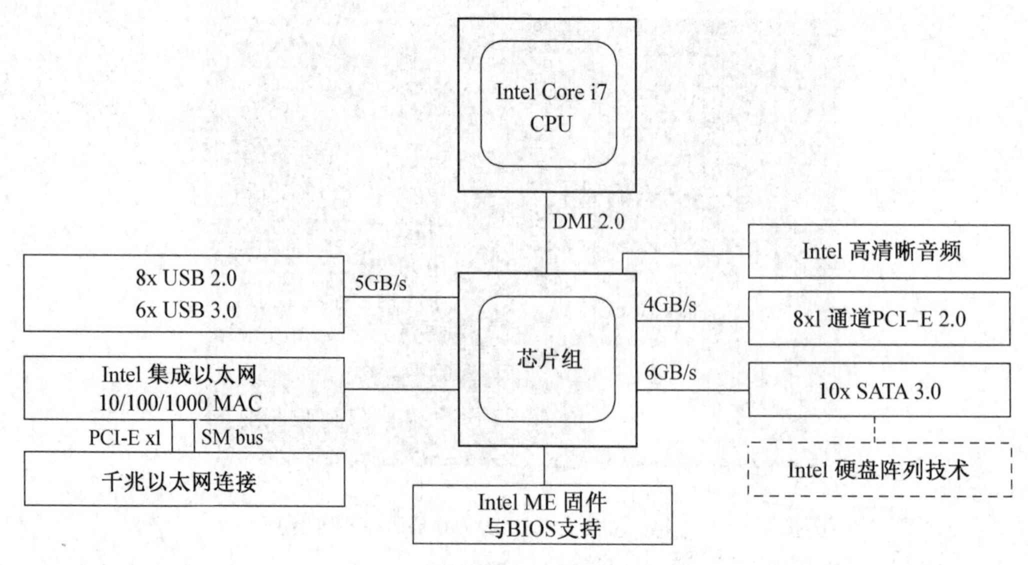

图 2-7 芯片组与其他部件的关系

2. 基本输入/输出系统

基本输入/输出系统(Basic Input/Output System,BIOS),它实际是一组被固化在主板的闪烁存储器中,为计算机提供最低级、最直接的硬件控制程序。由于 BIOS 程序存放在闪存中,即使在关机或掉电以后,程序也不会丢失。

BIOS 主要包含四个部分的程序:

(1) 加电自检程序(POST);

(2) 系统主引导记录的装入程序;

(3) CMOS 设置程序;

(4) 基本外围设备的驱动程序。

接通计算机的电源,系统将执行一个自我检查的例行程序,即加电自检程序(POST)。完整的 POST 将检查 CPU、主板、内存等各部件的工作状态是否正常。若自检中发现有错误,将按两种情况处理:对于严重故障则停机,此时由于各种初始化操作还没完成,不能给出任何提示或信号;对于非严重故障则给出提示或声音报警信号,等待用户处理。

在完成 POST 自检后,BIOS 将按照系统 CMOS 设置中的启动顺序搜寻硬盘驱动器及 CD-ROM、网络服务器等有效的启动驱动器,读入操作系统引导记录,然后将系统控制权交给引导记录,由引导记录完成系统的启动。操作系统装入成功后,整个计算机就在操作系统的控制之下,用户便可以正常地使用计算机了。

CMOS 是微机主板上的一块可读写的 RAM 芯片,主要用来保存当前系统的硬件配置和操作人员对某些参数的设定。CMOS RAM 芯片由系统通过一块后备电池供电,因此无论是在关机状态中,还是遇到系统掉电情况,CMOS 信息都不会丢失。

由于 CMOS RAM 芯片本身只是一块存储器,只具有保存数据的功能,所以对 CMOS 中各项参数的设定要通过专门的程序。早期的 CMOS 设置程序驻留在软盘上(如 IBM 的 PC/AT 机型),使用很不方便。现在多数厂家将 CMOS 设置程序做到了 BIOS 芯片中,在开机时通过按下某个特定键(如 Del 键或 F1、F2、F12 等)就可进入 CMOS 设置程序而非常方便地对系统进行设置,因此这种 CMOS 设置又通常被叫作 BIOS 设置。

现在很多计算机初学者容易把"CMOS 芯片"和"BIOS 信息"两个概念相混淆,人们平常所说的 CMOS 设置与 BIOS 设置是其简化说法,也就在一定程度上造成两个概念的混淆。实际上 CMOS 芯片是计算机中的一个硬件设备,而"BIOS 程序"是闪存里面所存储的管理计算机硬件设备的软件程序。

2.3.3　总线与 I/O 接口

1. 总线

(1) 总线的分类

计算机系统中存储器、CPU 等功能部件之间必须互联才能组成计算机系统。部件之间的互联方式有两种,一种是各部件之间通过单独的连线互联,这种方式称为分散连接。另一种是将各个部件连接到一组公共信息传输线上,这种方式称为总线连接。

总线按信息传输的形式可以分为并行总线和串行总线两种。并行总线是对多位二进制信息利用多条传输线同时进行传送,具有传输速度快的特点,但是其系统结构比较复杂,主要用于计算机系统内的各部件的连接。串行总线是对多位二进制信息共用一条传输线,按照时间先后顺序进行传送，具有结构简单的特点，但其传输速度比较慢。

总线按功能和规范可以分为五大类型，分别是数据总线(Data Bus)、地址总线(Address Bus)、控制总线(Control Bus)、扩展总线(Expansion Bus)和局部总线(Local Bus)。数据总线用于 CPU 和 RAM 之间传输需要处理或存储的数据；地址总线用于指定在 RAM 中存储数据的地址；控制总线用于将 CPU 的控制单元的信号传送到相关设备；扩展总线用于在外部设备和主机之间进行数据通信；局部总线用于高速数据传输的扩展总线。

通常所说的总线是指系统总线，它是数据总线、地址总线和控制总线的统称。常见的数据总线有 ISA 总线、EISA 总线、VESA 总线、PCI 总线等。

ISA 总线是为 PC/AT 电脑制定的 16 位体系结构的总线标准，只能支持 16 位的 I/O 设备，数据传输率大约 16 MB/s，其缺点是 CPU 资源占用太高，数据传输带宽太小，目前已经被淘汰。

EISA 总线是为 32 位 CPU 设计的总线扩展标准，它传承了 IBM 微通道总线的优点，并且兼容 ISA 总线，目前也已经被淘汰。

VESA 总线是一种局部总线，是为了提供高数据传输率而产生的。这种总线系统考虑到 CPU 与主存和 Cache 的直接相连，所以也被称为 CPU 总线。

PCI 总线是一种局部并行总线标准，它由 ISA 总线发展而来，PCI 总线已经成为计算机的一种标准总线。PCI 总线可以用于高速外设的 I/O 接口和主机相连，数据线宽度可以扩充到 64 位，数据传输率可达到 264 MB/s，速度快且支持无限突发传输方式。

(2) 总线的参数

① 总线的带宽

总线的带宽指的是单位时间内总线上可传送的数据量，即每秒钟传送多少 MB 的数据。总线带宽的计算公式如下：

总线带宽(MB/s)＝(数据线宽度/8)×总线工作频率(MHz)×每个总周期的传输次数

② 总线的位宽

总线的位宽是总线一次能同时传送的数据位数，即常说的 32 位、64 位等。总线的位宽越宽，总线数据传输率越大，即总线带宽越大。

③ 总线的工作频率

总线的工作频率以 MHz 为单位，工作频率越高总线工作速度越快，即总线带宽越大。

2. I/O 接口

I/O 接口即输入/输出接口，是指数据在内存和外存或其他输入输出设备之间的传输时的接口，它的功能是负责实现 CPU 通过系统总线将 I/O 电路和外设连接在一起。

I/O 设备与主机一般需要通过连接器实现互连，计算机中用于连接 I/O 设备的各种插头/插座以及相应的通信规程及电气特性，就称为 I/O 设备接口，简称 I/O 接口。通过这些扩展接口，可以把键盘、鼠标、显示器、打印机、音箱等输入/输出设备连接到计算机上，如图 2-8 所示。

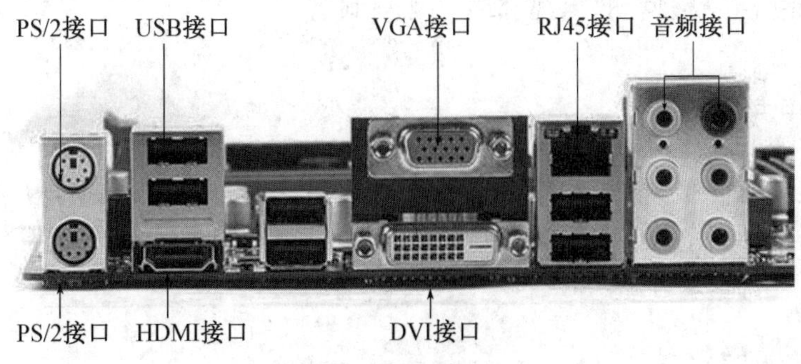

图2-8　常用I/O接口

（1）PS/2接口

这是由IBM公司推出的一种键盘、鼠标接口标准。尽管键盘、鼠标的接口都有相同的PS/2接口，因为这两个接口传输的信息不同，所以不能互用。鼠标的接口为绿色，键盘的接口为紫色。

（2）VGA与DVI接口

VGA与DVI接口为显卡输出接口，但VGA传输的是模拟信号，计算机与传统的外部显示设备（如CRT显示器）之间是通过模拟VGA接口连接。而DVI传输的是数字信号，数字图像信息不需经过任何转换，就直接被传送到显示设备上，传输速度更快，有效消除拖影现象，而且使用DVI进行数据传输，信号没有衰减，色彩更纯净，更逼真。目前液晶显示器均提供DVI接口。

（3）RJ45接口

RJ45接口通常用于数据传输，最常见的应用为网卡接口。一般可以支持10 M～100 M自适应的网络连接速度。

（4）音频接口

目前主板大多集成了音效芯片，可以直接连接多媒体音箱、话筒等音频输入/输出设备。

（5）USB接口

USB（Universal Serial Bus）接口，即通用串行总线接口，是在1994年底由Intel、Compaq、IBM、Microsoft等多家公司联合提出的，目的是为了让更多外部设备使用这种标准通用的接口。具有传输速度快、供电简单、即插即用、传输方式多样以及向下兼容等优点。

USB 3.0的传输速度理论上可以达到5.0 Gbps，可以广泛用于PC外部设备和消费电子产品；USB 3.1是最新的USB规范，数据传输速度可提升至10.0 Gbps，与USB 3.0技术相比，使用更高效的数据编码系统，有效数据吞吐率也提高了一倍以上。

USB接口不但传输速率快，而且使用也非常方便。在安装设备时，不用关闭计算机，可以带电插拔（热插拔），实现了即插即用（PNP）的功能。此外，USB接口还可以由主机向I/O设备提供+5 V的电源。由于USB接口所具有的通用性和易用性，目前支持USB接口的设备非常多，如键盘、鼠标、数码相机、移动硬盘等。

（6）HDMI接口

HDMI接品，即高清晰度多媒体接口，它可以提供高达5Gbps的数据传输带宽，可以传送无压缩的音频信号及高分辨率视频信号。HDMI可以同时发送音频和视频信号，目前广

泛应用于机顶盒、个人计算机、电视、数字音响等设备。

2.4 存储器

存储器是按地址存放数据和程序的存储设备，在计算机硬件设备中，内存、硬盘、光盘等都是存储设备。存储设备按照用途可分为两大类：一类是主存储器，如内存储器；另一类是辅助存储器，如硬盘、光盘等。

2.4.1 主存储器

主存储器简称主存，我们通常也称为内存。内存由半导体器件制成，是计算机运行的核心部件之一。其特点是存取速度快，与 CPU 直接相连。

1. 内存的外观和功能

内存主要由芯片、电路板、卡槽和金手指等组成。内存的外观如图 2－9 所示。

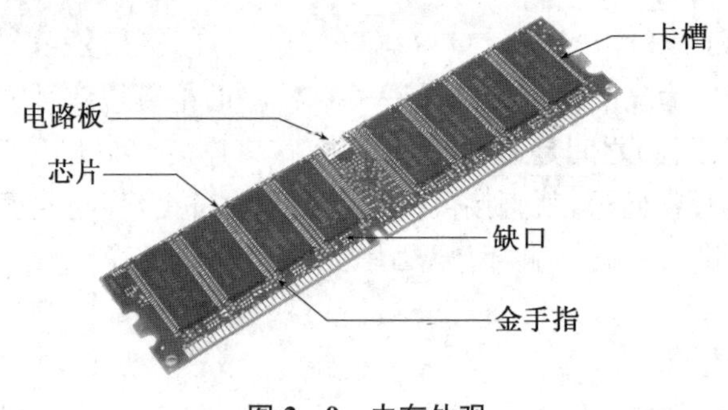

图 2－9 内存外观

内存电路板是用于放置和焊接内存芯片，而内存容量的大小是由内存芯片决定的。内存的缺口与主板上内存插槽中的凸起相对应，可以防止内存插错。金手指是内存电路板与主板内存插槽间的插脚，目前市场上主流的 DDR3 和 DDR4 均采用双列直插(DIMM)式，其金手指分布上内存的两面。

CPU 在处理数据时，所需要的数据都需要从辅助存储器(如硬盘)上传输给 CPU，由于硬盘的容量很大，CPU 很难在短时间内找到所需的数据，另外数据从硬盘直接传送给 CPU 的速度很慢，从而导致 CPU 的运行效率大大降低，内存的出现很好地解决了这个问题。内存的作用是临时存放 CPU 中的运算数据以及与硬盘等辅助存储器交换的数据。当计算机运行时，CPU 会将相关程序和数据先从硬盘调入到内存中，然后在特定的内存中开始执行，完成后的结果也将保存在内存中，需要时 CPU 再将结果从其中调出来。

2. 内存的分类

按照内存的工作原理可将内存分为 RAM(随机存取存储器)和 ROM(只读存储器)两种。

在 RAM 中存储的内容可通过 CPU 指令随机读写访问。RAM 又可分为两种：一种是 DRAM(动态随机存取存储器)，它具有结构简单、功耗低、集成度高和生产成本低等特点，主要应用于计算机的主存储器，如内存储器和显示内存；另一种是 SRAM(静态随机存取存储器)，其结构相对较复杂，速度快但生产成本高，多用于高速小容量存储器中，如高速缓冲存储器 Cache。

所有的 RAM 都存在一个共同的缺点，即当关机或断电时，其内部存储的数据都将全部丢失，因此 RAM 不适用于长期保存数据。

而 ROM 中保存的数据在断电后不会丢失，所以 ROM 也叫非易失性存储器，多用于存放一次写入的程序或数据。ROM 的特点是只能从 ROM 中读取数据而不能写入数据，速度较慢、价格较高、容量较小，多用于主板 BIOS 芯片。

按照是否能在线改写 ROM 的内容，可以将 ROM 分为两种：一种是不可在线改写内容的 ROM，如掩膜 ROM、PROM 和 EPROM；另一种是 Flash ROM（简称闪存）。它结合了 RAM 和 ROM 的长处，不但可以对信息进行改写，而且不会因断电而丢失数据，同时可以快速读取数据。目前 U 盘和数码相机里均使用 Flash ROM 存储器。

衡量存储器性能的指标主要有三个：速度、容量和成本。由于制造工艺的复杂性和难易度的存在，导致容量大、速度快的存储器价格较高，各种存储器的主要应用如表 2－1 所示。

表 2－1　各种存储器的主要应用

存储器	主要应用
SRAM	Cache
DRAM	计算机内存
ROM	固定程序
PROM	用户自编程序，用于工业控制或电器中
EPROM	用户编写并可修改程序或产品试制阶段试编程序
Flash ROM	BIOS、优盘、固态硬盘、存储卡中

3. 内存的性能指标

内存的主要性能指标为内存容量、存取时间和存取周期。

（1）内存容量

内存容量即内存的大小，通常以字节为单位，如内存容量为 4B 或 8GB。内存容量越大越好，但它会受到主板支持最大容量的限制。

（2）存取时间

又称为存储器访问时间，是指从启动一次存储器操作到完成该操作所经历的时间，单位为 ns。

（3）存取周期

指存储器进行一次完整的读写操作所需要的全部时间。具体地说，存取周期是启动两个独立的存储器操作（如连续两次读操作）所需间隔的最小时间。通常存取周期比存取时间大。

2.4.2　硬盘存储器

硬盘存储器简称硬盘，是计算机系统中用来存储数据最重要的辅助存储设备。它不但有很大的存储空间和较快的数据传输速度，而且安全系数很高，通过接口和主板相连。硬盘的特点是当计算机断电后，硬盘上保存的数据和文件不会丢失。现在我们一般所说的硬盘

有机械硬盘和固态硬盘两种。

1. 机械硬盘(Hard Disk Drive,HDD)

(1) 机械硬盘的结构与原理

机械硬盘结构包括:主轴、金属盘片、读写磁头和外壳。硬盘的最外层是坚硬的金属保护层,硬盘内部正中央一根主轴支撑着一组高速旋转的圆形金属盘片,计算机运行所需的数据全部存放在这个金属盘片上,在金属盘片上方悬浮着读、写磁头。硬盘工作状态有读、写和供电三种,当需要读取数据时,磁头将金属盘片上的数据通过电路经内存送到CPU,当需要将CPU处理完的数据保存时,也通过读、写磁头将其保存在金属盘片上。硬盘的内部结构图如图2-10所示。

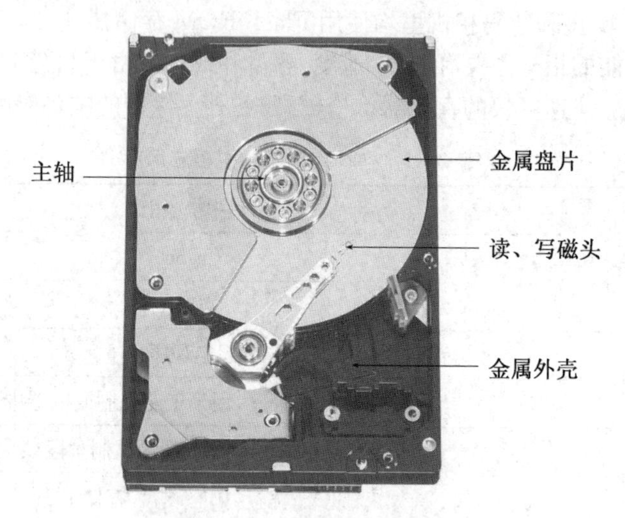

图2-10　硬盘的内部结构

目前绝大多数机械硬盘结构都源自1973年IBM公司生产的第一块硬盘,其采用的技术称为温彻斯特(Winchester)技术,后来的机械硬盘基本上都延续了这种技术。由于盘片要进行高速旋转,整个盘片被完全密封在金属外壳内,磁头悬浮于盘片上方沿磁盘径向移动,并且不与盘片接触。

在硬盘的盘片表面由外向里分成若干个同心圆,每个同心圆称为磁道。每个单碟一般都有几千个磁道。磁盘上的每个磁道被等分为若干个弧段,这些弧段便是磁盘的扇区,如图2-11所示。每个扇区存放的数据,可以存放512 B的数据,但是在容量超过2T的硬盘中,区大小是4 KB。磁盘驱动器以扇区为单位向磁盘读、写数据。硬盘通常由重叠的一组盘片构成,每个盘面都被划分为数目相等的磁道,并从外缘的“0”开始编号,具有相同编号的磁道形成一个圆柱,称之为磁盘的柱面。磁盘的柱面数与一个盘面上的磁道数是相等的。由于每个盘面都有自己的磁头,因此,盘面数等于总的磁头数。所以,硬盘上的

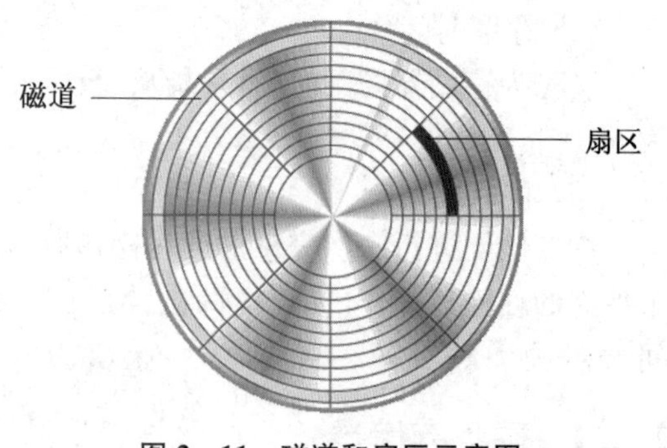

图2-11　磁道和扇区示意图

一块数据要用三个参数来定位:柱面号、扇区号和磁头号。

只要知道了硬盘的柱面、扇区和磁头的数目,即可确定硬盘的容量:

硬盘的容量=柱面数×磁头数×扇区数×512 B

为了提升磁道利用率,增加磁盘空间,现在都采用等密度结构生产硬盘,其磁道中扇区的磁道长度相等,内外磁道的扇区数量并不相同,计算公式也就不同。

(2) 硬盘的性能参数

硬盘的性能参数主要有容量、转速、缓存、平均访问时间、内/外部数据传输率等。

① 容量

硬盘的容量是指硬盘能够容纳数据的多少,通常以千兆字节(吉字节,Gigabyte,GB)或兆兆字节(太字节,Terabyte,TB)为单位。目前主流的硬盘的容量在 500 GB~2 TB 范围内。

硬盘容量的计算方法有两种:

一种是硬盘厂商的计算方式:

1 GB=1 000 MB=1 000×1 000 KB=1 000×1 000×1 000 B

另一种是计算机系统的计算方式:

1 GB=1 024 MB=1 024×1 024 KB=1 024×1 024×1 024 B

因为两种容量计算方式存在差异,导致硬盘厂商公布的产品容量跟用户实际可用容量有差异。例如,硬盘厂商销售容量为 500 GB 的硬盘,而在计算机上会显示为 465 GB 的容量。

② 转速

转速是指硬盘内主轴的转动速度,其单位是转/分。转速的快慢是衡量硬盘档次的重要标志之一。硬盘的转速越快,寻找文件的速度也越快。硬盘转速一般有 5 400 转/分、7 200 转/分、10 000 转/分,转速越快,数据传输速度就快,访问时间就能缩短,同时对硬盘的稳定性要求也越高。各种设备在进行硬盘速度选择时,会根据具体情况进行选择,比如:5 400 转/分一般是为笔记本硬盘的速度,72 00 转/分是标准的高速台式机硬盘的速度,服务器的 SAS 接口的硬盘的转速一般是 10 000 转/分。

③ 缓存

缓存大小是硬盘的一个重要参数,是指硬盘控制器上的高速存储器,用来缓冲硬盘内部数据传输速度与外部接口传输速度差异。目前硬盘的缓存主要为 64MB,缓存也不是越大越好。

④ 平均访问时间

平均访问时间是指磁头从起始位置到达目标磁道位置,并且从目标磁道上找到要读写的数据扇区所需的时间。

平均访问时间体现了硬盘的读写速度,它包括了硬盘的寻道时间和等待时间,即

平均访问时间=平均寻道时间+平均等待时间

硬盘的平均寻道时间是指硬盘的磁头移动到盘面指定磁道所需的时间。这个时间当然越小越好,目前硬盘的平均寻道时间通常在 8 ms 以下。

硬盘的等待时间,是指磁头已处于要访问的磁道,等待所要访问的扇区旋转至磁头下方

的时间。平均等待时间为盘片旋转一周所需的时间的一半，一般应在 4 ms 以下。

⑤ 数据传输率

硬盘的数据传输率是指硬盘读写数据的速度，单位为兆字节每秒(MB/s)。硬盘数据传输率又包括了内部数据传输率和外部数据传输率。

内部数据传输率是指硬盘将数据写入盘片的速度，内部数据传输率主要依赖于硬盘的旋转速度。外部传输率指的是计算机通过主板上的接口将数据传送给硬盘的速度，一般与硬盘接口类型和硬盘缓存的大小有关。由于硬盘的内部传输速率要小于外部传输速率，所以内部传输速率的高低才是评价一个硬盘整体性能的决定性因素。

HDD 与主机进行信息传输连接的接口是串行 ATA(简称 SATA)接口，传输速率快，SATA3.0 达到 600 MB/s。

2. 固态驱动器(Solid State Drive 或 Solid State Disk，SSD)

固态驱动器，有多种类型的内存，一种是基于 RAM 的 SSD，属于易失性闪存，用于无法承受高延迟或者较长停机时间的行业。另一种是基于 NAND 的 SSD，属于非易失性闪存，也称为固态硬盘，其主要用于数据存储，同时因为其接口规范、功能和机械硬盘相同，并具有读写速度快、抗震能力强、功耗低且没有噪音，逐步替代传统机械硬盘。

固态硬盘的结构如图 2-12 所示，在逻辑板上安装了 NAND 闪存芯片、控制芯片、缓存芯片等，并通过接口连接器与外面进行数据交换。内存芯片的数量决定 SSD 的存储容量，控制芯片的作用是坏块管理、掉电保护和延长闪存寿命等，不同控制芯片在数据处理算法和读写控制上有较大的区别，不同固态硬盘性能差由此产生。缓存芯片用来辅助主控芯片进行数据处理，从成本的角度考虑，可以省去缓存芯片，但固态硬盘的性能也会有一定的影响。目前主流的固态硬盘容量在 120 GB～1 TB 范围内。

SSD 与主机连接的接口一般采用 SATA 接口、MSATA 接口、M.2 接口(NVMe 协议)或者 PCI-E 接口等。

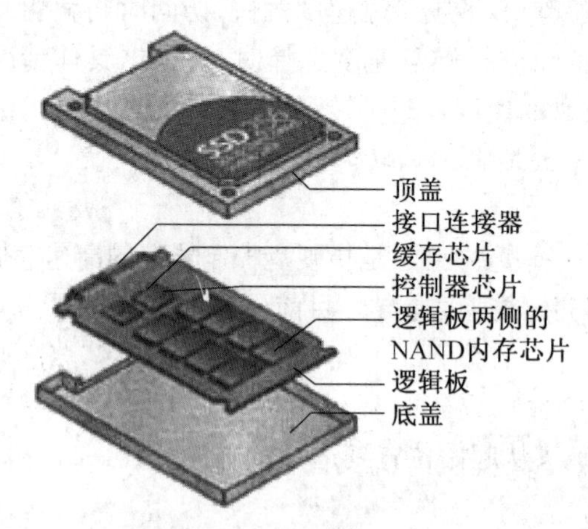

图 2-12　固态硬盘结构

2.4.3　光盘存储器

所谓光盘存储器，是利用光学原理读写信息的存储器。由于光盘的容量大，速度快，不易受干扰特点，数据存储安全可靠，不易被病毒感染，也不易被改写，在一些特定场合光盘的使用很广泛。

1. 光盘存储器的工作原理

光盘存储器由光盘片和光盘驱动器两个部分组成，是利用激光束在记录表面上存储信息，根据激光束及反射光的强弱不同，可以完成信息的读写。在光盘上用于记录数据的是一条由里向外的连续的螺旋状光道。光盘写入数据时，将激光束聚焦成直径小于 1 μm 的小光点，以其热作用融化盘表面上的光存储介质有机玻璃，在有机玻璃上形成凹坑。凹坑的边缘处表示“1”，而凹坑内和凹坑外的平坦部分表示“0”，如图 2－13 所示。读出数据时，在读出光束的照射下，可根据有无凹坑反射光强的不同，读出二进制信息。

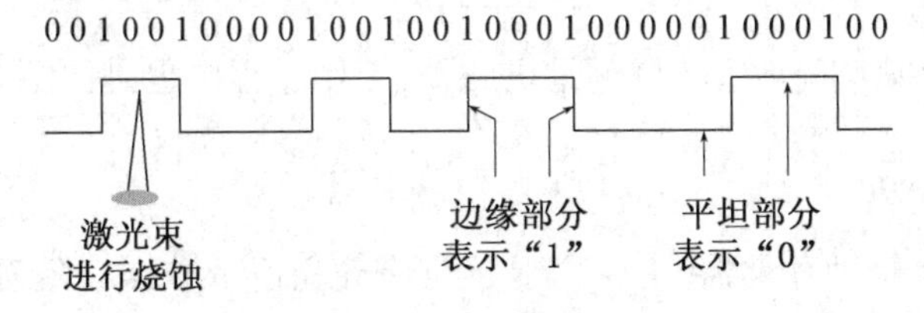

图 2－13　光盘存储信息原理

2. 光盘存储器的类型

根据性能和用途的不同，光盘存储器可分为 3 种类型。

(1) 只读式光盘(CD－ROM/DVD－ROM/BD)

只读式光盘是最早实用化的光盘，盘片是由厂家预先写入数据或程序，出厂后用户只能读取，不能写入和修改。这种产品主要用于电视唱片和数字音频唱片和影碟，可以获得高质量的图像和高保真度的音乐。一张 CD－ROM 光盘的容量大约是 650 MB；一张普通的 DVD－ROM 光盘单面单层容量约为 4.7 GB；BD(Blue-ray Disc)光盘存储器采用蓝色激光进行读写信息的光盘存储器，其存储容量单面单层达到 25 GB。

(2) 只写一次光盘(CD－R/DVD－R/BD－R)

只写一次光盘又称为写入后立即读出型光盘，可以由用户写入信息，写入后可以多次读出，不过只能写入一次，信息写入后不能修改。

(3) 可擦写式光盘(CD－RW/DVD－RW/BD－RE)

可擦写式光盘是一种允许用户删除光盘上原有记录信息并允许用户接着在光盘的相同物理区域上记录新信息的媒体和记录系统。

3. 光驱的类型

光驱是计算机的重要配件之一，其发展从 CD－ROM、DVD－ROM 到 COMBO、DVD 刻录机到蓝光光驱(BD)都得到了广泛的应用。根据其读/写原理，光驱可分为以下几类：

(1) CD－ROM 光驱

CD－ROM 中早期最常见的光盘驱动器，它能读取 CD、VCD、CD－R、CD－RW 格式的光盘，它是计算机中应用和普及最早的光驱产品，但是目前已经退出了市场。

(2) DVD-ROM 光驱

DVD 驱动器是用来读取 DVD 盘上数据的设备，从外观上看和 CD-ROM 驱动器并无差别。但 DVD 驱动器的读盘速度比原来的 CD-ROM 驱动器提高了近 4 倍以上。目前 DVD 驱动器采用的是波长为 635～650 nm 的红激光。DVD-ROM 光驱具有向下兼容性，它既能读 CD 光盘又能读 DVD 光盘，但不能在光盘上写入信息。

(3) COMBO 光驱

COMBO 光驱俗称“康宝”，是一种集合了 CD 刻录、CD-ROM 和 DVD-ROM 为一体的多功能光存储产品。它既可以读 CD-ROM，DVD-ROM，也可也刻录 CD-R 和 CD-RW 盘片。

(4) DVD 刻录机

DVD 刻录机向下兼容 CD-R、CD-RW，它又分为 DVD+R、DVD-R、DVD+RW、DVD-RW 和 DVD-RAM。

(5) BD 蓝光光驱

蓝光光驱有 BD 只读光驱和 BD 刻录机两种，工作过程中也是向下兼容的模式。

2.4.4 移动存储器

移动存储器属于辅助存储器，主要用于异地传输和携带数据。随着电子技术水平不断提高，移动存储设备种类越来越多，其存储容量越来越大，速度越来越快。

按照存储介质的不同，可以把移动存储器分为 U 盘、移动硬盘、存储卡等。

1. U 盘

U 盘(图 2-14)是一种闪存半导体存储器，主要用于存储数据文件，与计算机之间方便交换数据。U 盘不需要物理驱动器，也不需外接电源，可热插拔，使用非常方便。U 盘体积小、重量轻、存储容量大、性能可靠、价格便宜，是移动办公及文件交换时最理想的存储产品。一般的 U 盘容量有 8 GB、16 GB、32 GB、64 GB、128 GB 等。

图 2-14　U 盘

图 2-15　移动硬盘

2. 移动硬盘

移动硬盘(图 2-15)是一种便携式硬盘存储产品，是以标准笔记本硬盘为基础，采用 USB、IEEE 1394 等传输速度较快的接口，可以以较高的读/写速度进行数据传输。相对于 U 盘而言，移动硬盘具有以下特点：

（1）容量大

移动硬盘是以标准笔记本硬盘为基础，因此笔记本硬盘的容量有多大，移动硬盘的容量就有多大，现在一般使用的移动硬盘为 500 GB、1 TB、2 TB 等。

（2）传输速度高

移动硬盘大多数采用 USB、IEEE 1394 接口，能即插即用，在停止工作的情况下，支持热插拔，能够提供较高的数据传输速度，目前移动硬盘传输速度达到 800 MB/s。

（3）可靠性高

移动硬盘采用硅氧盘片，这种盘片更为坚固耐用，因此提高了数据的完整性。同时以硅氧为材料的磁盘驱动器，以更加平滑的盘面为特征，提高了数据传输的可靠性。

3. 存储卡

存储卡（图 2－16）是利用闪存技术实现存储数字信息的存储器，它作为存储介质应用在 PDA、数码相机、手机等小型设备。其大多使用闪存作材料，但由于形状、体积和接口的不同又分为：CF 卡、SD 卡、MMC 卡、Micro－SD 卡等。

（a）CF卡　　（b）SD卡　　（c）Micro-SD卡

图 2－16　存储卡

2.5　输入/输出设备

输入/输出设备是计算机中必不可少的外部设备。通过输入设备可以实现向计算机发出指令和输入数据等操作，计算机常用的输入设备有键盘、鼠标、扫描仪、触摸屏、数码相机等。计算机处理后的结果需要通过输出设备展示出来，常用的输出设备有显示器、打印机、投影仪等。

2.5.1　键盘、鼠标

1. 键盘

计算机系统中的键盘也称为 PC 键盘，是最重要的外部输入设备之一。用户与计算机进行交流，一般是使用键盘向计算机输入各种指令和字符。键盘是由一组排列成阵列形式的按键开关组成的，每按下一个键，产生一个相应的字符代码，然后将它转换成 ASCII 码或其他码，传送给主机。

标准键盘有 104 个键，除了数字键、字母键外，还有符号键、运算键、功能键、光标控制键等。键盘布局如图 2－17 所示。

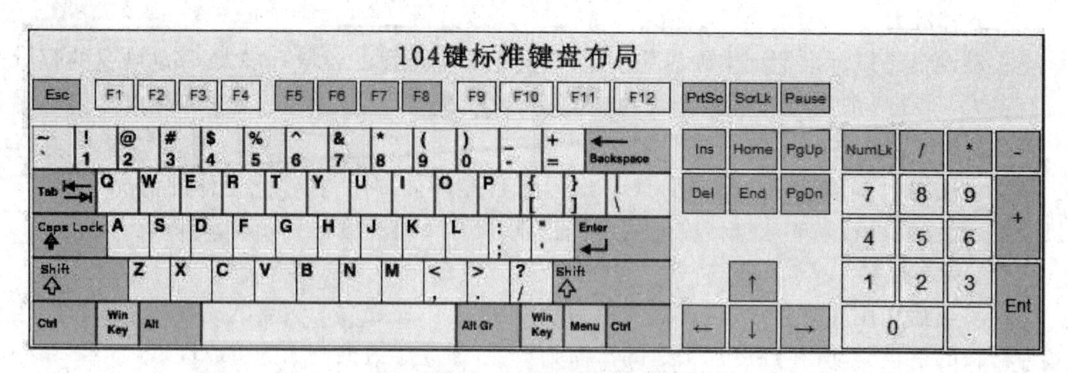

图 2-17　104 键标准键盘布局

控制键中，Alt 键、Ctrl 键主要是与某些键组合使用，一起按下时，将发出一个应用程序命令功能，如表 2-2 所示。其他如功能键 F1～F12，其功能由操作系统及运行的应用程序决定；Ins(Insert)键用于输入字符时覆盖方式和插入方式之间进行切换；Num Lock 数字小键盘可用作计算器键盘的开关。

常用的 PC 键盘有机械式按键和电容式按键两种方式。由于机械式键盘由于其击键响声大、手感较差、键盘磨损较快，现在基本淘汰。目前使用的键盘，其按键多采用电容式(无触点)开关。这种按键是利用电容器的电极间距离变化产生容量变化的一种按键开关。由于电容器无接触，所以这种键盘在工作过程中不存在磨损、接触不良等问题，耐久性、灵敏度和稳定性都比较好。电容式键盘显著的特点是：击键声音小、手感较好、寿命较长，但维修比较困难。

表 2-2　组合键功能表

组合键	作用
Ctrl+A	选择全部
Ctrl+C	复制
Ctrl+X	剪切
Ctrl+V	粘贴
Ctrl+Z	撤销
Ctrl+Alt+Del	调出任务管理器或重新启动计算机
Ctrl+Space	中英文输入法的切换
Ctrl+Shift	各种输入法的切换
Print Screen	复制整个屏幕映像
Alt+Print Screen	复制当前窗口
Alt+F4	关闭当前窗口或退出程序
Alt+Tab	切换当前程序

按照键盘的接口类型也可以把键盘分为 PS/2 接口、USB 接口和无线接口。PS/2 接口是键盘和鼠标的专用接口，是一种 6 针的圆形接口，这种接口不支持热插拔。而 USB 接口

是一种高速的通用接口，可以支持热插拔，USB 接口键盘在使用中比较方便。无线接口是通过蓝牙或者红外线进行信号通信，距离可达 10 米，操作灵活方便。除此分类外，很多输入法中提供了软键盘。

2. 鼠标

鼠标(Mouse)作为计算机系统中的一种辅助输入设备，可增强或代替键盘上的光标移动键和其他键(如回车键)的功能。使用鼠标可在屏幕上更快速、更准确地移动和定位光标。鼠标在工作过程中，其不同的鼠标形状代表不同的工作状态，相应的形状含义对应如表2-3所示。

表 2-3　鼠标形状工作状态

鼠标形状	含义	鼠标形状	含义
	标准选择		调整窗口垂直大小
	文字选择		调整窗口水平大小
	帮助选择		窗口对角线调整
	后台操作		窗口对角线调整
	忙		移动对象

鼠标经历过机械鼠标，现在主要使用的是工作速度快、灵敏度高、准确性高的光电鼠标。笔记本电脑还具有触摸板、指点杆、轨迹球等代替鼠标。现在一些平板电子产品配备触摸屏进行输入，其功能和鼠标功能相同。

鼠标的接口类型与键盘相同也有 PS/2 接口、USB 接口和无线接口。

2.5.2　扫描仪

扫描仪是除键盘和鼠标之外被广泛应用于计算机的输入设备。它是一种通过捕获图像并将其转换成计算机可显示、编辑、储存和输出的数字化图像输入设备。它的应用范围很广泛，例如将美术图形和照片扫描结合到文件中；将印刷文字扫描输入到文字处理软件中，避免再重新打字；将传真文件扫描输入到数据库软件或文字处理软件中储存；以及在多媒体中加入影像等等。

扫描仪按种类可以分为手持式扫描仪、平板式扫描仪和滚筒式扫描仪。

手持式扫描仪的扫描幅面窄，操作时需用手推动完成扫描工作，难于操作和捕获精确图像，扫描效果一般。

平板式扫描仪又称为平台式扫描仪或台式扫描仪。扫描时只需将原稿反放在扫描仪的玻璃板上即可，操作比较简单，是目前在家庭和办公自动化领域最常见的一种扫描仪。

滚筒式扫描仪是一种高分辨率的专用扫描仪，一般用于印刷出版等专业领域。

扫描仪是基于光电转换原理进行工作的，现以平板式扫描仪为例简单介绍其工作原理。扫描仪主要由光学部分、机械传动部分和转换电路三部分组成。扫描仪的核心部分是完成光电转换的光电转换部件 CCD,其结构如图 2－18 所示。

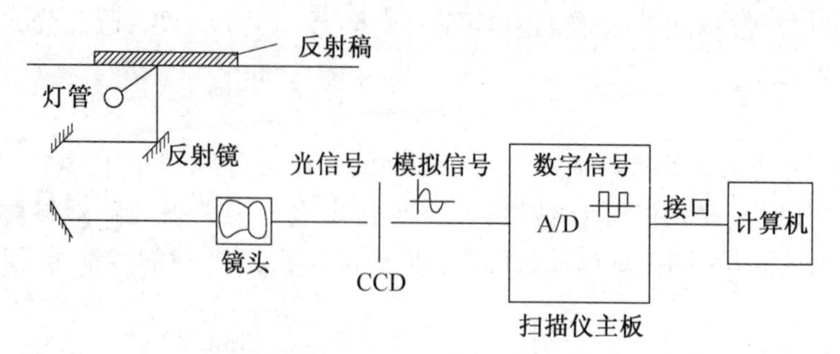

图 2－18　CCD 扫描仪的结构

扫描仪工作时,首先由光源将光线照在欲输入的图稿上,产生表示图像特征的反射光或透射光。光学系统采集这些光线,将其聚焦在感光器件上,由感光器件将光信号转换为电信号,然后由电路部分对这些信号进行 A/D 转换及处理,产生对应的数字信号输送给计算机。当机械传动机构在控制电路的控制下带动装有光学系统和 CCD 的扫描头与图稿进行相对运动,将图稿全部扫描一遍,一幅完整的图像就输入到计算机中。

扫描仪的性能指标包括以下几个方面:

(1) 分辨率

它是扫描仪最重要的性能指标之一,它直接决定了扫描仪扫描图像的清晰程度。扫描仪的分辨率通常用每英寸长度上的点数,即 dpi 来表示。

(2) 色彩位数

色彩位数越高越可以保证扫描仪反映的图像色彩与实物的真实色彩的一致,而且图像色彩会更加丰富。扫描仪的色彩位数值一般有 24 位、30 位、32 位、36 位、48 位等几种。

(3) 扫描幅面

是指扫描仪可以扫描的最大尺寸范围,常见的扫描仪幅面有 A4、A3、A1、A0 等。

(4) 接口类型

扫描仪的常见接口包括 SCSI、IEEE 1394 和 USB 接口,目前的家用扫描仪以 USB 接口居多。

2.5.3　数码相机

数码相机是一种利用电子传感器把光学影像转换成电子数据的照相机,是一种常用的图像输入设备。与普通照相机在胶卷上靠卤化银的化学变化来记录图像的原理不同,数码相机的传感器是一种光感应式的电荷耦合器件(CCD)或互补金属氧化物半导体(CMOS),其中 CCD 主要用于低像素普及型相机。在图像传输到计算机以前,通常会先储存在数码存储设备中。

根据用途不同可以将数码相机分为卡片数码相机(图 2－19)和单反数码相机(图 2－20)。卡片数码相机在业界内没有明确的概念,仅指那些小巧的外形、相对较轻的机身以及超薄时尚的数码相机。单反数码相机指的是单镜头反光数码相机,这是单反相机与其他数码相机的主要区别。

图 2－19　卡片数码相机

图 2－20　单反数码相机

数码相机的主要性能指标包括：

(1) CCD

CCD 是一种半导体装置，能够把光学影像转化为数字信号。CCD 的作用和传统相机的胶片一样形成图像，但它是把图像像素转换成数字信号。CCD 像素数目越多、单一像素尺寸越大，收集到的图像就会越清晰。

(2) 像素数

数码相机的像素数包括有效像素和最大像素。与最大像素不同的是，有效像素是指真正参与感光成像的像素值，而最高像素的数值是感光器件的真实像素，这个数据通常包含了感光器件的非成像部分，而有效像素是在镜头变焦倍率下所换算出来的值。数码相机的像素数越大，所拍摄的静态图像的分辨率也越大，相应的一张图片所占用的空间也越大。

(3) 变焦

数码相机的变焦分为光学变焦和数码变焦两种。光学变焦是指相机通过改变光学镜头中镜片组的相对位置来达到变换其焦距的一种方式。而数码变焦则是指相机通过截取其感光元件上影像的一部分，然后进行放大以获得变焦的方式。

2.5.4　显示器

显示器是计算机中最为重要的输出设备之一，它将显卡输出的数据信号转变为人眼可见的图像图形，用户通过显示器屏幕上的内容来了解计算机的最终输出结果从而控制其工作。计算机系统的显示器有 CRT 显示器、LCD 显示器。

1. CRT 显示器

CRT 显示器的主要部件阴极射线管由五部分组成：电子枪、偏转线圈、荫罩(荫罩孔、荫罩板)、荧光粉层及玻璃外壳。CRT 显示器阴极射线管是一个主动发光器件，其发光源就是电子枪。

CRT 显示器的电子枪是由灯丝、阴极、控制栅组成，通电后灯丝发热，阴极被激发，发射出电子，电子受高压的内部金属层的加速，并经电子透镜聚焦成极细的电子束，去轰击荧光屏，致使荧光粉发光。此电子束在偏转系统产生的电磁场作用下，可控制其射向荧光屏的指定位置。电子束的通断和强弱可受到显示信号控制，电子束轰击荧光屏形成发光点，各发光点组成了图像。R、G、B 三色荧光点被按不同比例强度的电子流点亮，就会产生各种色彩。

2. LCD 显示器

LCD 显示器又叫液晶显示器。液晶是一种具有规则性分子排列的有机化合物，介于固态和液态之间，不但具有固态晶体光学特性，又具有液态流动特性。当通电时，液晶排列变得有秩序，使光线容易通过；不通电时排列混乱，阻止光线通过。LCD 显示器采用透射显示技术，背光源采用荧光灯管或发光二极管。

LCD 的显像简单原理是将液晶置于两片导电玻璃基板之间，并加上一定的电压，在电场的作用下使得液晶分子扭曲以控制光源透射或遮蔽功能，而将影像显示出来。当玻璃基板没有加入电压时，光线透过偏光板跟着液晶做 90 度扭转，通过下方偏光板，液晶面板显示白色，如图 2－21(a)所示；当玻璃基板加入电压时，液晶分子产生配列变化，光线通过液晶分子空隙维持原方向，被下方偏光板遮蔽，光线被吸收无法透出，液晶面板显示黑色，如图 2－21(b) 所示。

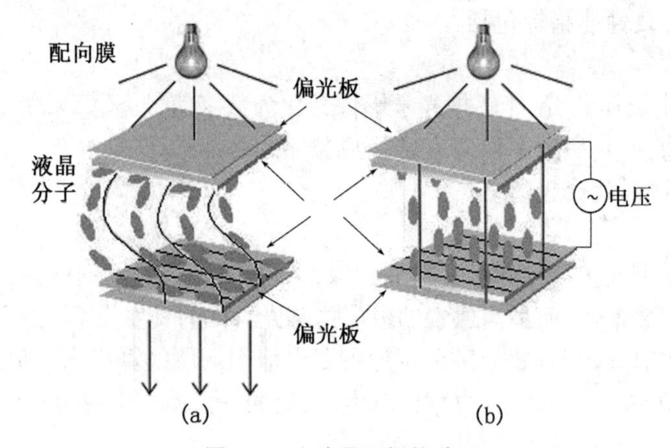

图 2－21　液晶面板构造示

与 CRT 相比，LCD 显示器的特点是工作电压低、功耗低，电磁辐射危害小、体积轻薄，易于实现大画面显示，目前已经广泛应用于笔记本电脑、数码相机、电视机等设备。

3. 显示器的性能指标

对于 CRT 显示器和 LCD 显示器，有一些共同的性能参数。

(1) 尺寸

显示器的尺寸是指显示屏的对角线长度，单位为英寸。显示器的宽高比一般为 16∶9 或 16∶10。目前常用的台式计算机显示器尺寸有 17、19、22、24 英寸，笔记本电脑的显示器尺寸有 10.1、12.2、13.3、14.1、15.6 英寸等。

(2) 分辨率

分辨率是指显示器屏幕上可以容纳的像素点总和，通常用水平分辨率×垂直分辨率来表示，如 1 024×768，1 440×900，1 920×1 080 等。分辨率越高，屏幕上的像素点就越多，显示的图像就越细腻，单位面积显示的内容就越多。

(3) 刷新率

刷新率是指显示的图像在单位时间内更新的次数。刷新率越高，屏幕闪烁感越小，图像显示的稳定性越好。一般显示器的刷新率应设置在 60 Hz 以上。

(4) 可显示颜色数目

可显示颜色数目就是屏幕上最多显示多少种颜色的总数。对屏幕上的每一个像素来说，256 种颜色要用 8 位二进制数表示，即 2^8，因此我们也把 256 色图形叫作 8 位图；如果每个像素的颜色用 16 位二进制数表示，我们就叫它 16 位图，它可以表达 2^{16} 即 65 536 种颜色；还有 24 位彩色图，可以表达 16 777 216 种颜色。液晶显示器一般都支持 24 位真彩色。

2.5.5　打印机

打印机也是计算机的一种主要的输出设备，它能把计算机中已处理过的文字图形通过纸张打印出来。目前市场上办公用打印机是按照工作方式进行分类，主要有针式打印机、喷墨打印机和激光打印机三种。

1. 针式打印机

针式打印机(图 2－22)也叫点阵式打印机，它通过机器与纸张的物理接触来打印字符或图形，属于击打式打印机。针式打印机结构简单、性价比好、耗材(色带)费用低、能实现多层套打，但噪声高、分辨率较低、打印针头容易损坏。现在的针式打印机普遍是 24 针打印机。所谓针数是指打印头内打印针的排列和数量，针数越多，打印的质量就越好。由于针式打印机的打印质量低，工作噪声大，已经无法适应高质量、高速度的商用打印的需要，然而在银行、证券、超市等用于票单打印有着不可替代的地位。

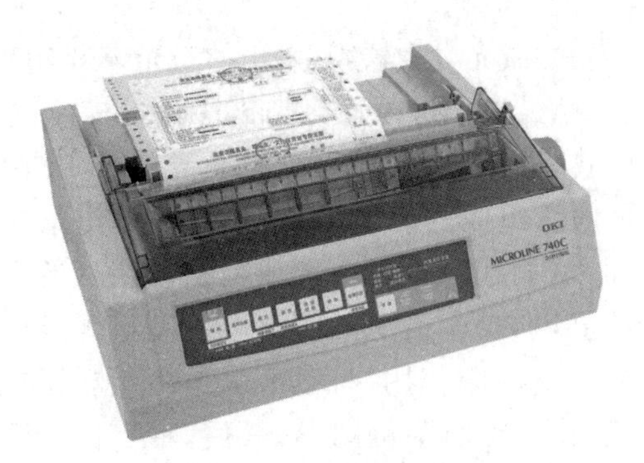

图 2－22　针式打印机

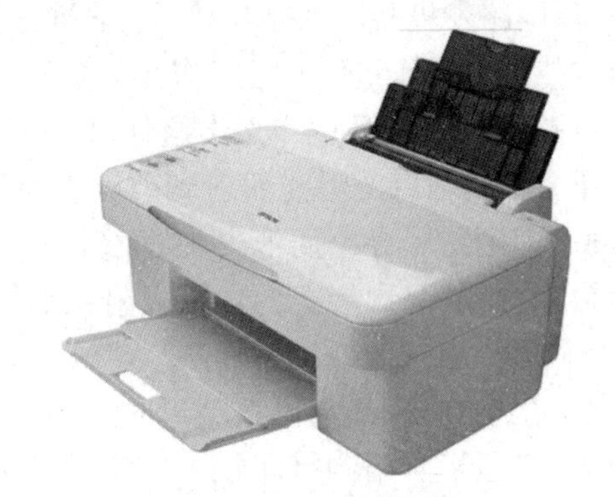

图 2－23　喷墨打印机

2. 喷墨打印机

喷墨打印机(图 2－23)属于非击打式打印机。它的打印头是由几百个细微的喷头构成的，其打印精度比针式打印机高。当打印头移动时，喷头按特定的方式喷出墨水，喷到打印纸上，形成图案。其主要特点是能输出彩色图像，无噪声，结构轻而小，清晰度较高。

目前喷墨打印机按打印头的工作方式可以分为压电喷墨技术和热喷墨技术两大类型。压电喷墨技术是将许多小的压电陶瓷放置到喷墨打印机的打印头喷嘴附近，利用它在电压作用下会发生形变的原理，适时地把电压加到它的上面。压电陶瓷随之产生伸缩使喷嘴中的墨汁喷出，在输出介质表面形成图案。用压电喷墨技术制作的喷墨打印头成本比较高，所以为了降低用户的使用成本，一般都将打印喷头和墨盒做成分离的结构，更换墨水时不必更换打印头。它对墨滴的控制力强，容易实现高精度的打印。缺点是喷头堵塞的更换成本非常昂贵。

热喷墨技术是让墨水通过细喷嘴，在强电场的作用下，将喷头管道中的一部分墨汁气化，形成一个气泡，并将喷嘴处的墨水顶出喷到输出介质表面，形成图案或字符。所以这种喷墨打印机有时又被称为气泡打印机。热喷墨技术的缺点是在使用过程中会加热墨水，而高温下墨水很容易发生化学变化，性质不稳定，所以打出的色彩真实性就会受到一定程度的影响；另一方面由于墨水是通过气泡喷出的，墨水微粒的方向性与体积大小很不好掌握，打印线条边缘容易参差不齐，一定程度地影响了打印质量，所以多数产品的打印效果还不如压电技术产品。

3. 激光打印机

激光打印机是激光技术与复印技术相结合的产物，它是一种高质量、高速度、低噪声、价格适中的输出设备。激光打印机属于非击打式打印机，如图2-24所示。

图 2-24　激光打印机

激光打印机的简单的工作原理是，激光打印机加电后，微处理器执行内部程序，检查各部分状态。各部分检测正常后，系统就绪，此时可接收打印作业。计算机传送的打印作业经接口逻辑电路处理，送给微处理器。微处理器控制各组件协调运行，此时高压电路发生器产生静电对硒鼓表面进行均匀充电，加热定影工作组件开始工作。经微处理器调制的激光发生器，其发出的激光束带有字符信息，并通过扫描马达和光学组件对均匀转动的硒鼓表面进行逐行扫描；因硒鼓为光电器件，不含字符信息的激光照射到硒鼓表面后，硒鼓表面的硒材料因见光而导电，原先附着的静电因硒材料导电而消失，从而形成由字符信息组成的静电潜像；这样的静电潜像利用静电作用将显影辊上的炭粉吸附在硒鼓表面，从而在硒鼓表面形成由炭粉组成的反面字符图形。当打印纸快贴近硒鼓时被充上高压静电，打印纸上的静电电压高过硒鼓上的静电电压，当打印纸与硒鼓贴近时，同样利用静电的吸附作用，将硒鼓表面由炭粉组成的反面字符图形吸附到打印纸上并形成由炭粉组成的正面字符图形；最后，带有由炭粉组成的正面字符图形的打印纸进入加热定影组件，由于炭粉中含有一种特殊熔剂，遇高温后熔化，从而将炭粉牢牢地固定在打印纸上，经加热定影套件处理后，最终形成了精美的稿件，完成打印过程。

三种打印机的性能对比如表 2-4 所示。

表 2-4　三种打印机性能对比

	类型	优点	缺点	应用
针式打印机	击打式	耗材成本低，能多层套打	打印质量不高，工作噪声很大，速度慢	银行、证券、邮电、商业等领域
喷墨打印机	非击打式	可以打印近似全彩色图像，经济，效果好，低噪音，使用低电压，环保	墨水成本高，且消耗快	家庭及办公
激光打印机	非击打式	分辨率较高，打印质量好；速度高，噪声低；处理能力强，价格适中	彩色输出价格较高	办公室和家庭应用

4. 打印机的性能指标

(1) 打印分辨率

打印分辨率也称为打印精度，是指打印机在每英寸上可以打印的点数(dot per inch, dpi)，包括水平和垂直两个方向，如 600 dpi×600 dip，1 200 dpi×1 200 dip 等。它的具体数值决定了打印内容的清晰程度，一般来说，打印分辨率越高，图像输出效果就越清晰逼真。

(2) 打印速度

对激光打印机和喷墨打印机来说，打印速度是指打印机每分钟打印 A4 页面的页数，通常用 ppm 来衡量。目前普通的激光打印机速度可以达到 10～35 ppm，而一些高品质的激光打印机的打印速度可以达到 70 ppm。而对于针式打印机来说，其打印速度指每分钟打印的行数，单位为行/分。

(3) 打印幅面

对激光打印机和喷墨打印机来说，打印幅面指打印机能打印的纸张大小，常用的打印机幅面为 A4 和 A3 两种，对于一般的家庭和办公用户，使用 A4 幅面的打印机即可。而对于有着专业输出要求的用户，可以使用 A2 甚至更大打印幅面的打印机。而对于针式打印机来说，指其每行可打印的字符数。

(4) 打印接口

打印机的接口类型主要的并行接口、SCSI 接口、USB 接口以及蓝牙无线接口。USB 接口的打印机不但输出速度快，而且还支持热插拔，是目前主流的打印机接口类型。蓝牙无线打印机可以便利地打印图片和文件。

2.5.6　投影仪

投影仪，是一种将图像或视频投射到幕布上的设备。投影仪应用范围很广，如:办公室、学校、家庭和娱乐场所。

投影仪按照使用方式分类可分为:台式投影仪、便携式投影仪、落地式投影仪、智能投影仪、触控互动投影仪等。

投影仪的主要指标

(1) 亮度

亮度是指屏幕表面受到光照射发出的光能量与屏幕面积之比。投影仪输出的光一定时，亮度随投射面积增大而降低。而投影仪光输出与荧光屏面积、投影仪镜头性能有关，荧光屏面积大，光输出大。

(2) 扫描频率

扫描包括水平扫描(也叫行扫描)和垂直扫描。每秒钟扫描的次数为水平扫描频率。电子光束在水平扫描时，每秒钟从上向下运动的次数为垂直扫描频率(也叫刷新频率)。刷新频率不能低于 50 Hz。

(3) 分辨率

像素是图形的最小单元。像素点越小，图形分辨率越高。

(4) 会聚

会聚是指 RGB 三种颜色在屏幕上重合。

(5) 输入接口

投影仪可以通过VGA、HDMI等不同的接口与计算机进行信号传输。

习　题

一、填空题

1. 一台计算机中往往有多个处理器,分别承担着不同的任务。其中承担系统软件和应用软件运行任务的处理器称为________处理器,它是计算机的核心部件。

2. 每一种不同类型的CPU都有自己独特的一组指令,一个CPU所能执行的全部指令称为________系统。

3. CD光盘和DVD光盘存储器已经使用多年,现在的另一种光盘存储器是________光盘存储器,其容量更大。

4. 目前数码相机使用的成像芯片主要有________芯片和CMOS芯片两大类。

5. 一种可写入信息但不允许反复擦写的CD光盘,称为可记录式光盘,其英文缩写为________。

6. 数码相机的重要电子部件有成像芯片、A/D转换部件、数字信号处理器和Flash存储器等,其中,________决定了图像分辨率的上限。

7. PC机上使用的外存储器主要有:硬盘、优盘、移动硬盘和________,它们所存储的信息在断电后不会丢失。

8. 扫描仪的色彩位数(色彩深度)反映了扫描仪对图像色彩的辨析能力。假设扫描仪色彩位数为________位,则可以分辨出256种不同的颜色。

9. 计算机的主机部分由CPU、________和总线等逻辑部件构成。

二、选择题

1. CPU中用来对数据进行各种算术运算和逻辑运算的部件是________。

A. 运算器　　B. 寄存器组　　C. 控制器　　D. 总线

2. 目前PC机中大多使用________接口把主机和显卡相互连接起来。

A. AGP　　B. PCI-E　　C. VGA　　D. USB

3. 硬盘存储器的平均存取时间与盘片的旋转速度有关,在其他参数相同的情况下,________转速的硬盘存取速度最快。

A. 4 500转/分　　B. 10 000转/分　　C. 7 200转/分　　D. 3 000转/分

4. 关于24针针式打印机的术语中,24针是指________。

A. 打印头内有24根针　　B. 信号线插头上有24针

C. 24×24点阵　　D. 打印头内有24×24根针

5. 下列存储器中,存取速度最快的是________。

A. 内存　　B. 硬盘　　C. 寄存器　　D. 光盘

6. 关于PC机主板上的CMOS芯片,下面说法中,正确的是________。

A. CMOS芯片用于存储计算机系统的配置参数,它是只读存储器

B. CMOS芯片用于存储BIOS,是易失性的

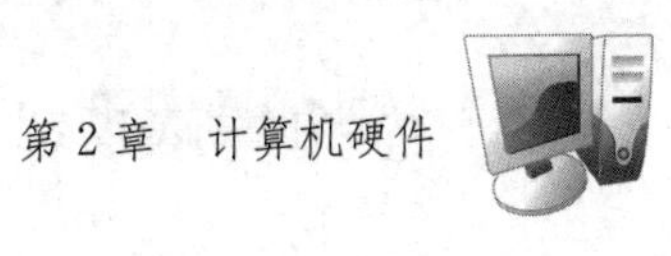

C. CMOS 芯片需要一个电池给它供电，否则其中的数据在主机断电时会丢失

D. CMOS 芯片用于存储加电自检程序

7. 目前普及型的扫描仪大多使用________接口与主机相连。

A. PS/2　　B. USB　　C. SCSI　　D. RJ-45

8. 在台式 PC 机中，CPU 芯片是通过________安装在主板上的。

A. PCI(PCI-E)总线槽　　B. I/O 接口

C. CPU 插座　　D. AT 总线槽

9. PC 机主存的每个存储单元各有不同的地址，每个单元可以存放________个二进位。

A. 8　　B. 4　　C. 2　　D. 16

10. 下列哪部分不属于 CPU 的组成部分________。

A. 控制器　　B. BIOS　　C. 运算器　　D. 寄存器

11. 下面关于硬盘使用注意事项的叙述中，错误的是________。

A. 高温下使用硬盘，对其寿命没有任何影响

B. 工作时防止硬盘受震动

C. 及时对硬盘中的数据进行整理

D. 硬盘正在读写操作时一般不能关掉电源

12. 显示器分辨率是衡量显示器性能的一个重要指标，它指的是整屏可显示多少________。

A. 颜色　　B. ASCII 字符　　C. 像素　　D. 中文字符

13. 激光打印机通常不采用________。

A. USB 接口　　B. 并行接口　　C. SCSI 接口　　D. PS/2 接口

14. 当前计算机硬盘容量的计量单位是 GB 或 TB，厂商标称的 1GB 相当于________字节。

A. 2 的 20 次方　　B. 10 的 6 次方

C. 2 的 30 次方　　D. 10 的 9 次方

15. PC 机的主板用于存放 BIOS 程序的芯片大都是________。

A. 闪存(Flash ROM)　　B. 超级 I/O 芯片

C. 芯片组　　D. 双倍数据速率(DDR)SDRAM

16. 芯片组集成了主板上许多的控制功能，下列关于芯片组的叙述中，错误的是________。

A. 芯片组已标准化，同一芯片组可用于所有类型的 CPU

B. 芯片组提供了多种 I/O 接口的控制电路

C. 芯片组由超大规模集成电路组成

D. Intel 推出了“PCH 单芯片”设计

17. 显示器的尺寸大小以________为度量依据。

A. 显示屏的面积　　B. 显示屏的高度

C. 显示屏对角线长度　　D. 显示屏的宽度

18. 销售广告标为“Core i5/3.2G/4GB/1T”的一台个人计算机，其 CPU 的时钟频率是________。

A. 4 GHz　　B. 5 GHz　　C. 1 000 GHz　　D. 3.2 GHz

19. 某计算机的内存储器容量是2 GB,则它相当于________ MB。

A. 2 048　　B. 1 000　　C. 1 024　　D. 2 000

20. PC机按传统方式启动时,计算机首先执行BIOS中的第一部分程序,其目的是________。

A. 读出引导程序,装入操作系统

B. 从硬盘中装入基本外围设备的驱动程序

C. 测试PC机各部件的工作状态是否正常

D. 启动CMOS设置程序,对系统的硬件配置信息进行修改

三、判断题

1. 鼠标器通常有两个按键,称为左键和右键,操作系统可以识别鼠标的多种动作,如左单击、左双击、右单击、拖动等。 (　　)

2. 只有多CPU的系统才能实现多任务处理。 (　　)

3. USB接口是一种传输速率高的I/O接口,它的最新版本已达到USB 3.0以上。 (　　)

4. 针式打印机和喷墨打印机属于击打式打印机,激光打印机属于非击打式打印机。 (　　)

5. 串行I/O接口一次只能传输一位数据,并行接口一次传输多位数据,因此,串行接口用于连接慢速设备,并行接口用于连接快速设备。 (　　)

第 3 章
计算机软件

一个完整的计算机系统由硬件和软件两个部分组成。只有硬件的计算机是不能为用户完成相应的任务。计算机系统是在硬件的基础上，通过配置相对应的软件，才能发挥计算机的作用，用户可以通过软件与计算机进行交流。硬件是计算机的躯体，那么软件是灵魂。

操作系统是计算机中最基础的，最重要的系统软件。它是硬件和软件之间的纽带和桥梁，为用户提供一个方便、灵活、安全、可靠的人机交互的工作环境。

3.1 概述

3.1.1 计算机软件的定义与特性

国际标准化组织对计算机软件的定义是："包含与数据处理系统操作有关的程序、规程、规则以及相关文档的智力创作。"其中，程序是软件的主体，单独的数据和文档一般不认为是软件；数据是程序所处理的对象及处理过程中使用的一些参数；文档是指用自然语言等编写的文字资料和图表，用来描述程序的内容、组成、设计、功能规格、开发情况、测试结果及使用方法，如程序设计说明书、使用指南、用户手册等。

人们想用计算机解决一个问题，必须事先设计好计算机处理信息的步骤，把这些步骤用计算机能够识别的指令编写出来并送入计算机执行，计算机才能按照人的意图完成指定的工作。把计算机能执行的指令序列称为程序，程序是软件的主体。

计算机软件是无形的，不能被人们直接观察、欣赏和评价，它依附于特定的硬件、网络环境，它可以适应一类应用问题的需要，比如进行文字处理、数值计算等。计算机软件规模越来越大，开发人员越来越多，开发成本也越来越高。在使用过程中因为可以非常容易且毫无失真地进行复制，使得盗版现象越来越严重。盗版软件是指那些非法获得的软件。如果购买了这种软件，这种行为会让软件版权者的创造性劳动得不到回报。为了阻止软件的盗版，很多软件制造商都要求用户在计算机上安装软件时注册，如果没有注册，软件就不能正常运行。在购买软件后，用户只是得到了该软件的使用权，并没有获得它的版权。版权是法律保护的一种形式，它给予原作者独有的权利来复制、发布、出售和修改他的作品。

在计算机系统中，与有形的硬件不同，无形的软件具有许多与硬件不同的特性。

软件具有以下 5 个特点：

① 不可见性(是无形的，不能被人们直接观察、欣赏和评价)

② 适用性(可以适应一类应用问题的需要)

③ 依附性(依附于特定的硬件、网络和其他软件)

④ 复用性(软件开发出来的很容易被复制,从而形成多个副本)

⑤ 复杂性(规模越来越大,开发人员越来越多,开发成本也越来越高)

以软件复杂性举例,微软 Vista 及 Office 2007 两个团队的开发人员总共 9 000 余人,仅 Vista 就投入 90 亿美元,开发历时 6 年。

3.1.2 计算机软件的分类

1. 按照用途分类

按照用途通常将软件分为系统软件和应用软件两大类,如图 3-1 所示。

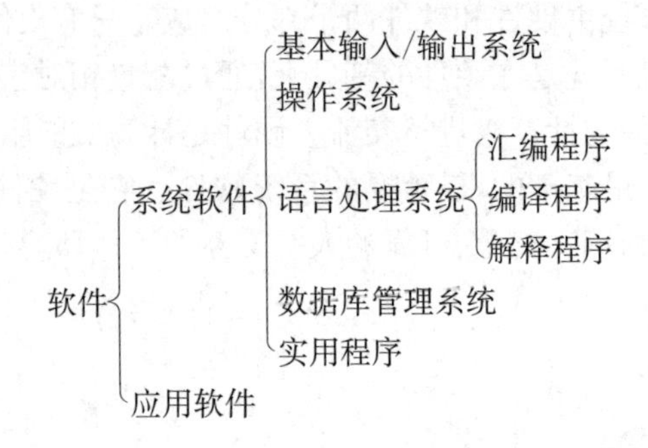

图 3-1 软件的分类(按照用途分类)

(1) 系统软件

系统软件是用来处理以计算机为中心任务,能让应用软件与计算机相配合,并同时帮助计算机管理内部与外部的资源。在计算机系统中,系统软件是必不可少的。

系统软件位于计算机系统中最靠近硬件的层次。系统软件对其上层的软件提供支持,并且与具体的应用领域无关,常见的有操作系统、语言处理系统等。系统软件不是为了解决某种具体应用,而是为了给用户使用计算机提供方便,给应用软件的开发与运行提供支持,使计算机有效、安全、可靠地运行。应用软件是指用于实现用户的特定领域、特定问题的应用需求而非解决计算机本身问题的软件。所以说,应用软件是在系统软件的基础上开发出来的。

系统软件主要包括以下内容:

① 基本输入/输出系统(BIOS):是存放在主板上闪烁存储器中的一组机器语言程序。

② 操作系统:是整个计算机系统的管理与指挥机构,管理计算机的所有资源。

③ 语言处理程序:把用汇编语言或高级语言编写的源程序翻译成可在计算机上执行的目标程序。

④ 数据库管理系统(DBMS):能够帮助用户输入、查找、组织和更新存储在数据库里的信息,是数据库系统的核心。如 Oracle、MySQL、SQL Sever、Access 等软件。

数据库系统(Database System,DBS)是按照数据模式存储、管理、处理和维护数据,使数据共享,数据具有比较高的独立性的软件系统,主要由数据库、数据库管理系统和数据库管理员组成。数据库(Database,DB)可以是关于数据处理的一门学科,是关于互相关联的

数据集合的获取、转换、存储、查询及其应用的理论、方法和技术，也可以是数据库系统的一个组成部分，包括集成、共享的、无冗余的数据集合。在数据库系统中，用户通过数据库管理系统访问数据库中的数据，数据库管理员也通过它进行数据库的维护工作。

⑤ 实用程序

磁盘清理程序：使用磁盘清理程序可以帮助用户释放硬盘存储空间，删除临时文件、Internet 缓存文件和可以安全删除不需要的文件，释放它们占用的系统资源，以提高系统性能。

磁盘碎片整理程序：使用磁盘碎片整理程序可以重新安排文件在磁盘中的存储位置，将文件的存储位置整理到一起，同时合并可用空间，实现提高运行速度的目的。

(2) 应用软件

应用软件(App)专门用于帮助最终用户解决各种具体应用问题的软件。包括定制应用软件，通用应用软件。几乎所有领域、所有人都需要使用，设计精巧，易学易用，商品化，价格较低。主要包括：

① 文字处理软件

文字处理软件的功能有文本编辑、文字处理、桌面出版等，如 Word、Adobe Acrobat、FrontPage 等。

② 电子表格软件

电子表格软件的功能有数值计算、制表、绘图等，如 Excel 等。

③ 演示软件

演示软件的功能是制作与播放投影片，如 PowerPoint 等。

④ 图形图像软件

图形图像软件的功能有图像处理、几何图形绘制、动画制作等，如 AutoCAD、Photoshop 等。

⑤ 网络通信软件

网络通信软件的功能有收发电子邮件、拨打 IP 电话等，如 QQ、MSN 等。

⑥ 媒体播放软件

媒体播放软件的功能是播放各种数字音频和视频文件，如 Media Player、暴风影音等。

⑦ 娱乐休闲软件

娱乐休闲软件的功能是游戏和娱乐，如下棋、扑克等。

⑧ 信息检索软件

信息检索软件的功能是在数据库和因特网中查找需要的信息，如百度、Google 等。

用户主要与应用软件进行交互，应用软件与系统软件交互，系统软件则用于控制硬件。

2. 按照产权的性质分类

按照产权的性质，通常将软件分为下列四类：

(1) 商品软件

商品软件是指用户需要付费才能得到其使用权。它除了受版权保护之外，常常还受软件许可证条款的保护。软件许可证是规定了计算机程序使用方式的法律合同。软件许可证对软件的使用做出额外的限制，或者可以为消费者提供额外的权利。例如，多数软件都是以单用户许可证的形式销售的，这说明一次只允许一个用户使用软件。但一些软件发行商也为学校和企业提供了多用户许可证，允许指定数量的用户在任何时间使用软件。

(2) 共享软件

共享软件是一种版权软件，用户可以免费获得，但如果想继续使用就必须付费或者支付注册费用，换句话说，用户可以在购买之前使用软件。一旦付了钱，用户通常都会得到升级版本的支持文件，同时还可能得到一些技术支持。共享软件主要通过互联网获得，但是因为这是有版权的，所以用户并不能使用它来开发自己的程序并与原产品进行竞争。如果用户复制了共享软件发送给朋友，同时这些人也想使用这个软件，那么也需支付注册费。

(3) 免费软件

免费软件就是可以免费使用的具有版权的软件。用户不必为使用软件支付任何费用。一般，免费软件的许可证允许使用、复制软件和把软件给其他人，但是不允许更改或者出售软件。很多实用程序、驱动程序和一些游戏都是免费软件。

(4) 开源软件(自由软件)

开源软件向那些想要修改和改进的程序员提供了未编译的程序指令，即软件的源代码。开源软件可以以编译过的形式出售或免费传播，但是不管在何种情况下都必须包括源代码。例如，Linux 就是开源软件。

大多数自由软件都是免费软件，但免费软件并不全都是自由软件。

3.2 操作系统

操作系统(Operating System，OS)是一种特殊的大型系统软件，是最重要的一种系统软件。操作系统是整个计算机系统的管理与指挥机构，管理计算机的所有资源，无论是软件还是硬件，都由操作系统来指挥和调度。当我们让计算机做一件事情的时候，是操作系统听从我们的命令，指挥相应的软件及硬件完成我们想做的事情。

3.2.1 操作系统基础知识

1. 操作系统的目标

(1) 方便性

一个未配置操作系统的计算机系统是很难使用的，因为计算机硬件只能识别 0 和 1 代码。如果我们在计算机硬件上配置了操作系统，用户便可以通过操作系统所提供的各种命令来使用计算机系统。配置操作系统后可以使计算机系统更方便、容易使用。

(2) 有效性

CPU 的高速和 I/O 设备的相对低速是计算机硬件无法逾越的基本矛盾，如果没有操作系统的管理，CPU 和 I/O 设备就会经常处于空闲状态。配置了操作系统后，可以使 CPU、I/O设备等资源由于能保持忙碌状态而得到有效的利用。

2. 操作系统的作用

(1) 作为计算机系统的资源管理者

计算机系统有硬件资源和软件资源两大类。硬件资源分为处理器、存储器、I/O 设备等；软件资源分为程序和数据等。操作系统作为计算机系统的资源管理者，其重要任务是有序地管理计算机中的硬件、软件资源，满足用户对资源的需求，协调各程序对资源的使用冲

突，让用户简单、有效的使用资源，最大限度地实现各类资源的共享，提高资源利用率，从而使得计算机系统的效率有很大提高。操作系统的资源管理功能主要包括处理器管理、存储管理、文件管理、I/O 设备管理等几个方面。

(2) 提供虚拟计算机，为应用程序的开发和运行提供一个高效率的平台

人们常把没有安装任何软件的计算机称为裸机。在硬件基础上，加上软件就可对其功能和性能进行扩充和完善。操作系统位于应用软件和硬件之间，计算机上安装操作系统后，提供应用软件的运行环境，应用软件不能脱离操作系统而独立运行，操作系统为用户提供一台功能显著增强，使用更加方便，安全可靠性好，效率明显提高的机器，称为虚拟计算机。如图 3－2 所示为操作系统虚拟机。

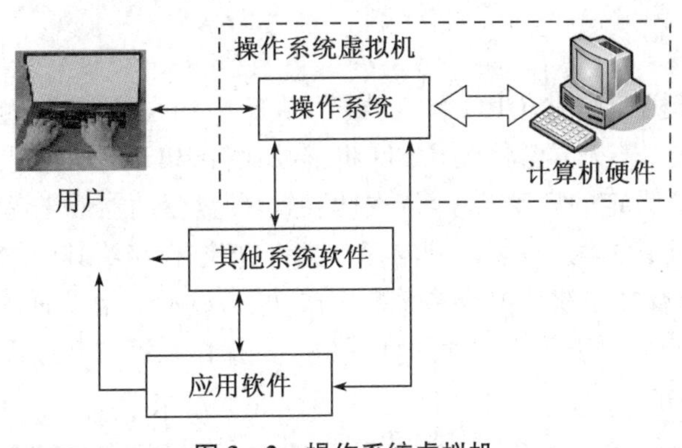

图 3－2　操作系统虚拟机

(3) 为用户提供友善的用户界面

用户界面是指用来帮助用户与计算机相互通信的软件与硬件的结合。计算机的用户界面包括能够帮助用户观察和操作计算机的显示器、鼠标、键盘等。当然用户界面也包括软件元素(如菜单、工具栏按钮等)。操作系统的用户界面为可兼容的软件定义了所谓的“外观”。例如，在 Windows 下运行的应用软件使用一组基于操作系统的用户界面的标准菜单、按钮和工具栏。

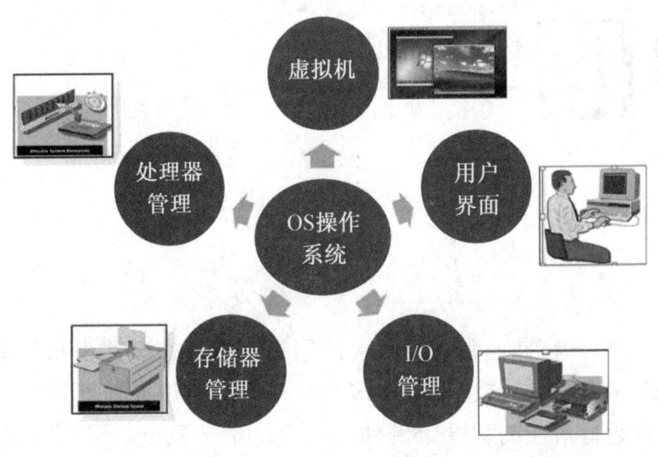

图 3－3　操作系统的作用

操作系统除了具有上述作用(图 3-3)外,还具有检测监测计算机运行和故障,维护计算机安全等功能。总之,安装了操作系统,有了用户界面,就方便用户的操作使用,也提供应用程序开发平台。

3. 操作系统的启动

(1) 启动盘

安装了操作系统的计算机,操作系统大多驻留在硬盘存储器中。通常,计算机会从硬盘驱动器启动,如果硬盘驱动器遭到损坏,则可以使用称为启动盘的磁盘来启动计算机。启动盘大多使用光盘,包含了启动操作系统所需的所有文件。将启动盘插入到计算机的光驱中时,启动盘就强行将操作系统文件传递给 BIOS,这就使计算机启动操作系统并完成启动程序。

(2) 启动过程

当加电启动计算机工作时,CPU 首先执行 BIOS 中的自检程序,测试计算机中各部件的工作状态是否正常。若无异常情况,CPU 将继续执行 BIOS 中的引导装入程序。装入程序按照 CMOS 中预先设定的启动顺序,依次搜寻软、硬盘驱动器或光盘驱动器,将其第一个扇区的内容(主引导记录)读出并装入到内存,然后将控制权交给其中的操作系统引导程序,由引导程序继续装入操作系统。操作系统装入成功后,显示初始界面,整个计算机就处于操作系统的控制下,用户就可以正常地使用计算机了。操作系统加载过程,如图 3-4 所示。

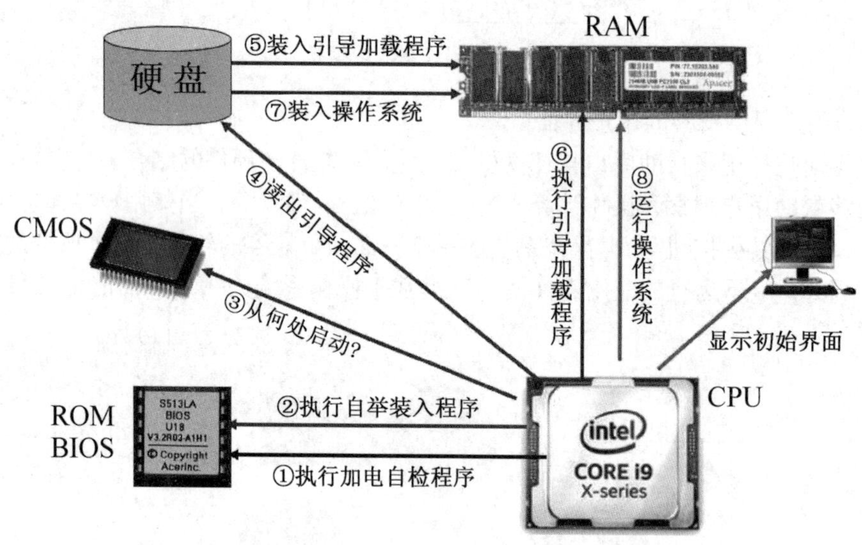

图 3-4 操作系统加载过程

3.2.2 多任务处理

多任务是指一个用户在同一台计算机上使用一个中央处理器来执行多个程序。当然 1 个 CPU 芯片中包含 1 个 CPU 核也可以是多个 CPU 核,多任务处理就是在操作系统的作用下,轮流为每个任务运行对应的程序。例如,在 Windows 系统中可以在编辑文档的同时播放音乐。用户可以借助任务管理器了解系统中有哪些任务正在运行,处于什么状态,CPU 的使用率是多少等相关信息。同时按下 Ctrl+Alt+Delete 组合键可以弹出 Windows 任务管理器窗口(图 3－5),可查看系统中的任务运行情况。

任务管理器

文件(F) 选项(O) 查看(V)

进程 性能 应用历史记录 启动 用户 详细信息 服务

名称	状态	34% CPU	37% 内存	1% 磁盘	0% 网络	25% GPU	GPU 引擎
System		5.3%	0.1 MB	0.1 MB/秒	0 Mbps	0.1%	GPU 0 -
桌面窗口管理器		5.2%	120.8 MB	0 MB/秒	0 Mbps	27.5%	GPU 0 -
Windows 资...		4.2%	84.5 MB	0 MB/秒	0 Mbps	0%	
壁纸 (32 位)		3.1%	5.3 MB	0 MB/秒	0 Mbps	0%	
360安全卫士 ...		2.5%	27.5 MB	0.1 MB/秒	0 Mbps	0%	
截图和草图 (3)		2.3%	21.3 MB	0.1 MB/秒	0 Mbps	0.4%	GPU 0 -
Application F...		2.3%	9.7 MB	0 MB/秒	0 Mbps	0%	
开始		1.6%	29.6 MB	0 MB/秒	0 Mbps	0%	GPU 0 -

简略信息(D)　　结束任务(E)

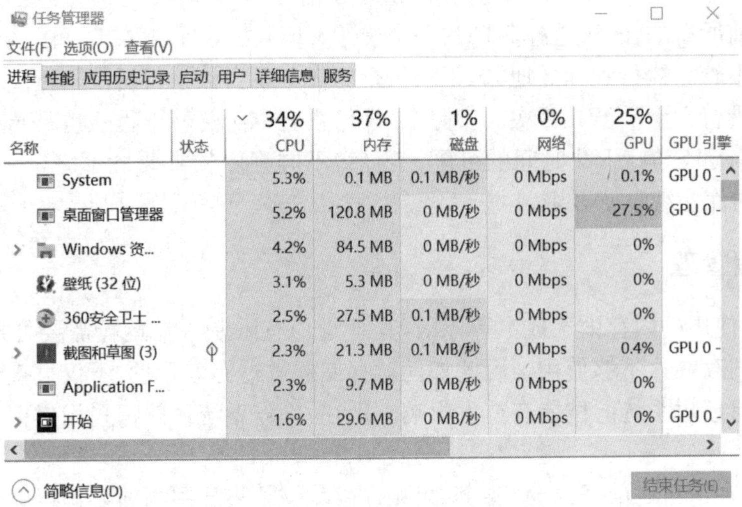

图 3－5　使用任务管理器查看系统中的任务运行情况

由于系统内一般都有多个程序存在,这些程序都要享用 CPU 资源,而在同一时刻,CPU 只能执行其中一个程序,故需要把 CPU 的时间合理、动态地分配给各个程序,使 CPU 得到充分利用,同时使得各个程序的需求也能够得到满足。CPU 调度程序负责把 CPU 时间分配给各个程序,使得多个程序"同时"执行。调度程序采用"时间片轮转"的策略,将所有就需的任务按先来先服务的原则排成一个队列,每次调度时,将 CPU 的使用权分配给队头任务,并令其执行一个时间片,处于执行状态的任务时间片用完后即被剥夺 CPU 的使用权。

在 Windows 系统中,能接受用户输入(击键或按击鼠标)的窗口只能有一个,称为活动窗口,它所对应的任务称为前台任务,除前台任务外,所有其他任务均为后台任务。前台任务只能有一个,后台任务可以有多个。前台任务对应的窗口(活动窗口)位于其他窗口的前面,它的标题栏比非活动窗口颜色更深(深蓝色)。前台任务与后台任务的共同点都在计算机中运行。为了输入信息到某个后台任务中去,必须窗口切换(单击要激活的后台任务窗口的任何部位,或单击任务栏中对应的任务按钮)实现前台任务与后台任务的切换。

3.2.3　多处理器处理

多处理器处理指的是一个或多个用户在两个或更多的 CPU 上同时执行程序。这种模式可以一次处理不同程序的指令或者同一程序中的不用指令。如同在只有一个处理器的多任务中,处理过程应该足够快捷,交替在每一个程序上只花费很少的时间,这样几个程序就能同时运行。但多处理器进行处理所需要的操作系统比多任务操作系统更复杂。

实现多处理器处理的方法是并行处理。并行处理,让 CPU 轮流为所有任务服务,公平性;优先级;负载均衡,按时间片轮转(10～20 ms 为 1 个时间片)。在并行处理中,几个独立的处理器共同完成同一个任务,并且共享内存。并行处理通常使用在大型计算机系统上,如果其中一个 CPU 坏了,系统仍然可以运行。

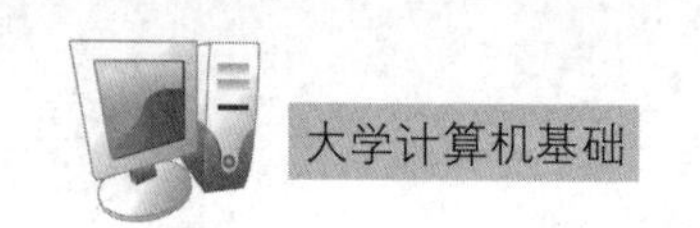

Windows 为了确保每个已经启动的任务都有机会运行，它采用“抢先式”多任务处理技术：由硬件计时器大约每 10～20ms 发出 1 次中断信号，Windows 立即暂停当前正在运行的任务，查看当前所有的任务，选择其中的一个交给 CPU 去运行，只要时间片结束，不管任务有多重要，也不管它执行到什么地方，正在执行的任务就会被强行暂停执行。上述的任务调度，每秒钟要进行几十次至几百次。实际上，操作系统本身的若干程序也是与应用程序同时运行的，它们一起参与 CPU 时间的分配。当然，不同程序的重要性不完全一样，它们获得 CPU 使用权的优先级也有区别。

3.2.4 存储管理

计算机上使用的内存由于成本等原因，其容量总有限制。在运行需要处理具有大量数据的程序时，内存往往不够使用。因此如何对存储器进行有效管理，不仅直接影响到存储器的利用率，而且还对系统的性能有重大影响。现在，操作系统一般都采用虚拟存储技术进行存储管理。

应用程序在运行之前，没有必要全部装入内存，仅须将那些当前要运行的部分页面先装入内存便可运行，其余部分暂留在硬盘提供的虚拟内存中。程序在运行时，每个进程都在各自的虚存空间中工作，虚存空间分成许多页，程序和数据就安排在一个个“页面”中。虚存空间中的页面一部分在物理内存，一部分在硬盘中的虚拟内存，它们均登记在页表中。进程运行需访问某个页面中的内容时，若该页面在物理内存，就直接访问物理内存，但如果程序所要访问的页尚未调入内存(称为缺页)，此时程序应利用操作系统所提供的请求调页功能，将它们调入内存，以使进程能继续执行下去。如果此时内存已满，无法再装入新的页，则还须再利用页的置换功能，将内存中暂时不用的页调至硬盘的虚拟内存中，腾出足够的内存空间后，再将要访问的页调入内存，使程序继续执行下去(图 3-6)。这样，便可使一个大的用户程序能在较小的内存空间中运行；页可在内存中同时装入更多的进程使他们并发执行。从用户角度看，该系统所具有的内存容量，将比实际内存容量大得多。但须说明，用户所看到的容量只是一种感觉，是虚的，故人们把这样的存储器称为虚拟存储器。

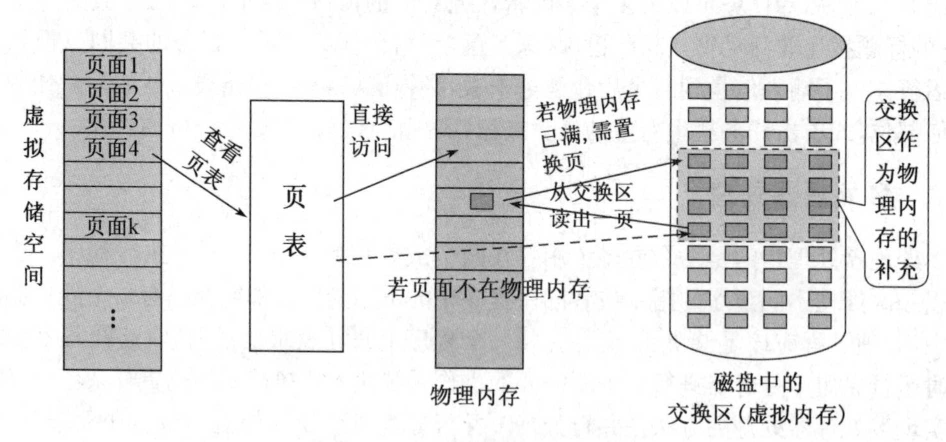

图 3-6　虚拟存储器的工作过程

由上所述可以得知，所谓虚拟存储器，是指具有请求调入功能和置换功能，能从逻辑上对内存容量加以扩充的一种存储器系统，其逻辑容量由物理内存和硬盘上的虚拟内存所决定。虚拟存储技术是一种性能非常优越的存储器管理技术。

Windows 操作系统中，每个程序的虚存空间最大可达到 4 GB，页面的大小通常是 4 KB，虚拟内存是系统盘根目录下的一个名为 pagefile. sys 的文件，其大小和位置用户可设置，如图 3－7 所示。

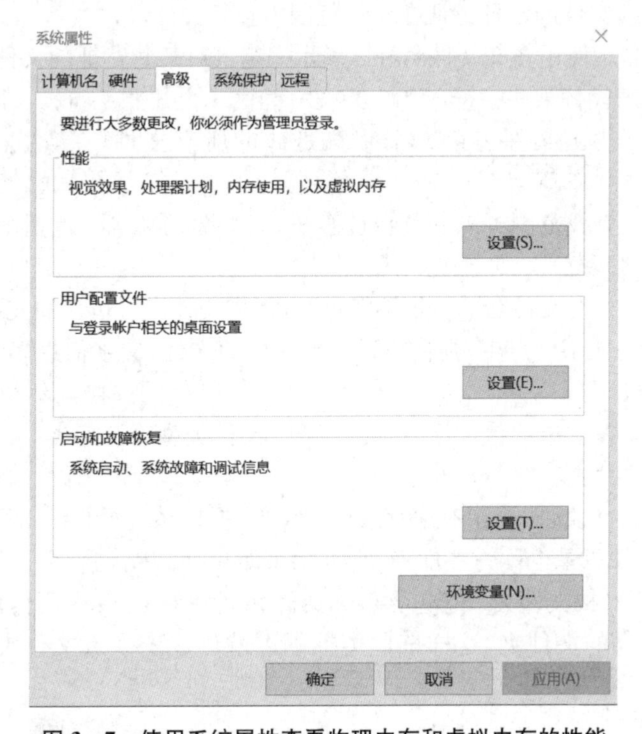

图 3－7　使用系统属性查看物理内存和虚拟内存的性能

3. 2. 5　文件管理

1. 文件的概念

文件是存储在外存储器中的一组相关信息的集合。计算机中的程序、数据、文档通常都组织成为文件存放在外存储器中，用户必须以文件为单位对外存储器中的信息进行访问和操作。

为了便于管理和使用，每个文件都有一个名称即文件名，计算机是靠文件名来识别不同文件的，就像每个人都有一个名字，相互之间靠姓名区分一样。文件名最多由 255 个字符组成，文件名中允许有空格，但不能含有?、*、\、/、<、>、:、“、|等字符。

文件名由两部分组成：主文件名和扩展名，主文件名是文件的主要标识，不可省略。文件扩展名由“.”加 3～4 个英文字母组成，用于区分文件的类型。例如，程序文件(可执行文件)的扩展名有. exe、. com 等，数据文件的扩展名有纯文本文件(. txt)、PDF 文件(. pdf)、Word 文件(. doc)、投影片文件(. ppt)、数码照片文件(. jpg)、MP3 音乐文件(. mp3)等。

2. 文件的属性

在 Windows 操作系统中文件属性有很多种，如系统属性，表示该文件为计算机系统运行所必需的文件；存档属性，表示自上次备份后又修改过的文件属性；隐藏属性，表示在目录显示时文件名不显示出来；只读属性，表示该文件只能读取，不能修改。Windows 操作系统允许一个文件兼有多种属性。

3. 文件的查找

文件的查找是按文件的某种特征在某一范围内查找文件。

(1) 多义文件名。使用多义文件名可以表示一组具有某些特征的文件名。表示的方法是采用两个通配符来代替某些字符，其中"?"表示替代一个任意字符；"*"表示替代多个任意字符。例如，要查找出文件名第二个字符是 a 的所有文件，在查找对话框中应输入 ? a*.*。

(2) 查找范围。查找范围可以是整台计算机、某个驱动器等。范围小、搜索速度快，但容易遗漏；范围大，则反之。

(3) 包含文字。当对文件名的特征不知道时，提供文件中所包含的文字，也是一种可行的方法。当然提供的文字信息少，则会找到许多这样的文件；文字信息多了，容易造成信息有误，反而找不到了。

(4) 搜索选项。搜索选项包含日期、文件大小、文件类型等。

4. 文件目录(文件夹)

计算机中有若干个文件，为了有序存放这些文件，操作系统把它们组织在若干文件目录中。Windows 中文件目录也称为文件夹，它采用多级层次式结构。在这种结构中，每个逻辑磁盘有一个根目录(根文件夹)，它包含若干文件和文件夹，文件夹不但可以包含文件，而且还可以包含下一级的文件夹，这样依此类推下去就形成了多级文件夹结构，如图 3-8 所示。

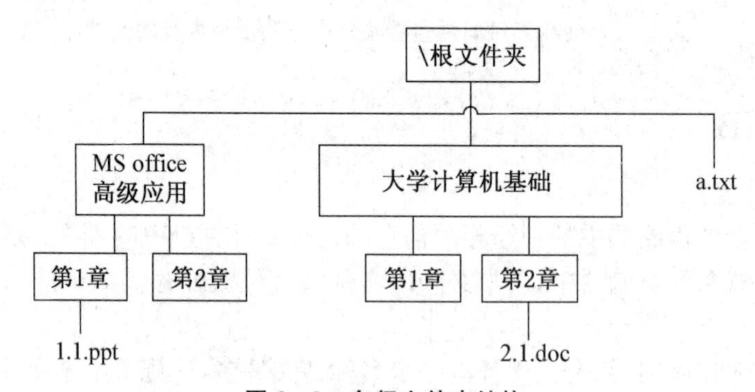

图 3-8　多级文件夹结构

5. 文件管理

(1) 文件管理的任务

文件管理的任务是有效地支持文件的存储、检索和修改等操作，解决文件的共享、保密和保护问题。操作系统中的文件管理子系统完成文件管理的任务。文件管理子系统的主要职责是如何在外存储器中为创建(或保存)文件而分配空间，为删除文件而回收空间，并对空闲空间进行管理。

(2) 文件管理系统向用户(或程序)提供的基本功能

① 创建新文件(文件夹)在外存储器中分配空间,将新创建文件(文件夹)的说明信息添加到指定的文件夹中;

② 保存文件,将内存中的信息以规定的文件名存储到指定位置;

③ 读入文件,将指定外存的指定文件夹中的指定文件读入到内存;

④ 删除文件,从指定外存的指定文件夹中将指定的文件删除,释放其原先占用的存储空间。

3.2.6　设备管理

设备管理的对象主要是 I/O 设备,重要任务是负责控制和操纵所有 I/O 设备,实现不同类型的 I/O 设备之间、I/O 设备与 CPU 之间、I/O 设备与通道和 I/O 设备与控制器之间的数据传输,使它们能协调地工作,为用户提供高效、便捷的 I/O 操作服务。设备管理的目的是方便用户操作,提高设备利用率和处理效率。

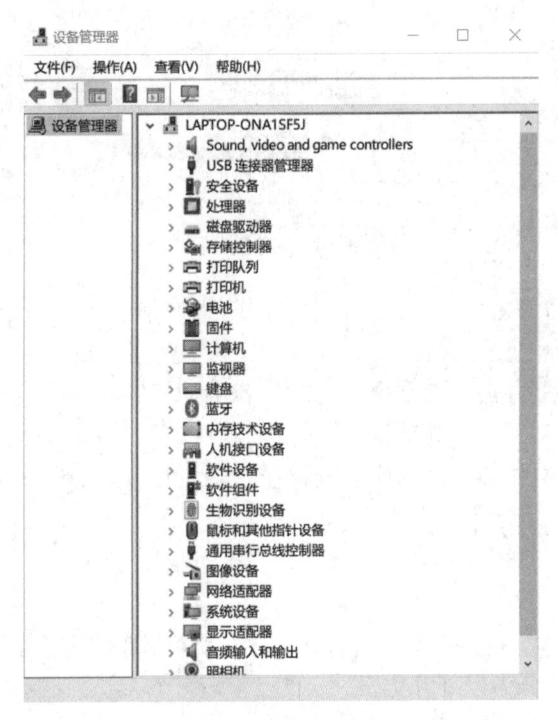

图 3-9　设备管理器

Windows 操作系统设置有"设备管理器",如图 3-9 所示。用户可以查看相关设备的有关信息和当前工作状态,也可以重新设置设备的操作环境。

3.2.7　磁盘管理

磁盘管理是以一组磁盘管理应用程序来为用户实现计算机管理的,它包括碎片整理和优化驱动程序以及磁盘清理程序。

每台计算机都可以安装多块磁盘,每块磁盘又可以划分为多个分区,每个分区就被称为一个盘符，如 C:、D:、E:、F:。每个分区是一个独立的逻辑磁盘存储区域，可以通过建立一个根目录，并通过盘符来访问(图 3-10)。习惯上把操作系统和一些应用软件安装在 C 盘，如果操作系统破坏了，只需要对 C 盘进行格式化，并重新安装操作系统就可以，也不会影响其他磁盘中的文件和数据。在计算机上进行磁盘分区需要谨慎，因为分区以后，磁盘上的数据将会全部丢失。

图 3-10　磁盘分区

磁盘在存储数据和信息前，需进行格式化操作，即在磁盘上划分磁道和扇区，并在格式化的磁盘上建立文件分配表和文件目录，为存储文件做准备。磁盘被格式化后，被划分为许多同心圆和扇区，磁盘文件是存储在扇区上的。若干个相邻的扇区组成“簇”，每个簇包含相同的扇区数，文件系统又是以簇为单位对文件进行存储的。不同的文件系统使用的扇区数也是不同的，属于一个文件的各个扇区之间存在一个相互联系的顺序链。

3.2.8　常用操作系统

1. 操作系统分类

操作系统伴随着计算机技术及其应用的日益发展，功能不断完善，产品类型也越来越丰富。通常操作系统主要分为以下几类。

- 批处理操作系统(Batch Processing Operation System)
- 分时处理系统(Time Sharing Operating System)
- 实时操作系统(Personal Operating System)
- 个人操作系统(Personal Operating System)
- 网络操作系统(Real Time Operating System)
- 分布式操作系统(Distributed Operating System)

最初阶段，输入/输出是手工操作，输入/输出速度慢，而处理速度快，用户独占全机、人机速度矛盾导致资源利用率极低，随后，引入脱机输入/输出技术，即用磁带来完成，并由监督程序负责控制作业的输入、输出，也就是操作系统的雏形，把这种称为单道批处理系统，它

缓解了一定程度的人机速度矛盾，资源利用率有所提升，但内存中仅能有一道程序运行，只有该程序运行结束之后才能调入下一道程序。CPU 有大量的时间是在空闲等待 I/O 完成。资源利用率依然很低。之后，操作系统进入了多道程序阶段，每次往内存中输入多道程序，并引入了中断技术，由操作系统负责管理这些程序的运行，标志操作系统正式诞生。各个程序并发执行，使得计算机资源利用率得到提高，这种采用批量处理作业技术的操作系统称为批处理操作系统。采用批处理操作系统，用户提交自己的作业之后就只能等待计算机处理完成，中间不能控制自己的作业执行，不具有人机交互性，用户响应时间长，它是为了提高 CPU 的利用率而提出的一种操作系统。

分时处理系统是指多个用户通过终端共享一台主机 CPU 的工作方式。利用分时技术的一种联机的多用户交互式操作系统，每个用户可以通过自己的终端向系统发出各种操作控制命令，完成作业的运行。分时是指把处理机的运行时间分成很短的时间片，按时间片轮流把处理机分配给各联机作业使用，系统按分时原则为每个用户服务，提高了资源利用率。过程中用户请求可以被即时响应，解决了人机交互问题，允许多个同时使用一台计算机，并且用户对计算机的操作相互独立，感受不到别人的存在，但不能优先处理一些紧急任务。

有一些特殊的操作系统，它们能及时响应外部事件的请求，在规定的时间内完成对该事件的处理，并控制所有实时任务协调一致地运行，这些系统称为实时操作系统。实时操作系统是一个能够在指定或者确定的时间内完成系统功能以及对外部或内部事件在同步或异步时间内做出响应的系统，实时意思就是对响应时间有严格要求，要以足够快的速度进行处理。它分为硬实时系统和软实时系统。硬实时系统是必须在绝对严格的规定时间内完成成处理。譬如导航控制系统、自动驾驶系统。软实时系统是指能够偶尔违反时间规定。如 12306 火车订票系统。实时操作系统的主要特点是及时性和可靠性。

个人计算机上的操作系统是一种单用户的操作系统，如 Windows XP、Mac OS，方便个人使用。它的特点是计算机在某一时间为单个用户服务，采用图形用户界面，提高了人机交互能力，使用户能轻松地操作计算机。而安装在网络服务器上运行的网络操作系统则具有多用户处理的能力，它的功能包括网络管理、通信、资源共享等。在网络操作系统环境下，用户不受地理条件的限制，可以方便地使用远程计算机资源，实现网络环境下计算机之间的通信和资源共享。

网络操作系统是一种在通常操作系统功能的基础上提供网络通信和网络服务功能的操作系统，如 Windows NT 就是一个典型的网络操作系统，网站服务器可以使用。

分布式操作系统它是一种以计算机网络为基础的，将物理上分布的具有自治功能的数据处理系统或计算机系统互联起来的操作系统。分布式系统具有分步性和并行性，各台计算机的地位相同，系统中若干台计算机可以并行运行同一个程序，用于管理分布式系统资源。下面介绍一下一些目前常用的操作系统。

2. 常用操作系统

(1) Windows 操作系统

全世界大约 80%的个人计算机上安装了 Windows 操作系统。Windows 操作系统的名称来源于出现在基于屏幕的桌面上的那些矩形工作区。每一个工作区窗口都能显示不同的文档或程序，为操作系统的多任务处理能力提供了可视化模型。

从一开始 Windows 操作系统就是为使用 Intel 或与 Intel 兼容的微处理器的计算机设

计的。随着芯片体系结构从16位到32位，然后发展到64位，Windows始终跟随着芯片发展的脚步。Windows开发人员添加和升级了各种功能，他们还对用户界面进行了改进，使用户界面外观更漂亮而且更容易使用。Windows是系列产品，它在发展过程中推出了多种不同的版本。

1995年推出的Windows 95是Windows 9x系列的第一个版本，之后在1998年推出了Windows 98版本，此版本最大的特点是稳定性的增强，这其中包括了Internet Explorer浏览器。Windows 95、Windows 98以及在Windows 98基础上推出的Windows 98 SE以及Windows Me，它们曾经是PC机上安装最多的操作系统。

从1989年起，微软公司开发了一个新的操作系统系列——Windows NT，此系统可配置在大、中、小型企业网络中，用于管理整个网络中的资源和实现用户通信。

2000年推出的Windows 2000是将Windows 98与Windows NT的特性相结合发展而来的多用途操作系统。Windows 2000系列包括工作站版本和服务器版本。

2001年推出的Windows XP是一个既适合家庭也适合商业用户使用的一种Windows操作系统。在增强稳定性的同时，Windows XP加强了驱动程序与硬件的支持。

它包括为家庭用户设计的家庭版，为各种规模企业设计的专业版，以及媒体中心版等版本。媒体中心版是一个面向媒体的操作系统，支持DVD刻录、高清晰度电视、卫星电视等，并且提供了更新的用户界面。

自2006年底开始，微软公司开始推出称为Windows Vista的新一代操作系统。此操作系统将计算机系统更加紧密地与用户及其朋友、需要的信息以及使用的各种电子设备无缝地连接起来，让用户界面更简洁，更有效地处理和管好用户的数据。它有家庭版、企业版等多种版本。

Windows 7是微软公司继Windows XP、Vista之后的下一代操作系统，它比Vista性能更高、启动更快、兼容性更强，具有很多新特性和优点，比如提高了屏幕触控支持和手写识别，支持虚拟硬盘，改善开机速度等。

微软公司在2012年10月正式推出Windows 8，该操作系统有着独特的开始界面和触控式交互系统。

Windows 10就是独立的一个操作系统，它在易用性和安全性方面有了极大的提升，除了针对云服务、智能移动设备、自然人机交互等新技术进行融合外，还对固态硬盘、生物识别、高分辨率屏幕等硬件进行了优化完善与支持。

2021年，微软正式发布了新一代Windows 11操作系统。Windows 11提供了许多创新功能，旨在支持当前的混合工作环境，侧重于在灵活多变的全新体验中提高最终用户的工作效率。截至2021年11月23日，Windows 11正式版已更新至22000.348版本，预览版已更新至22504版本。

(2) Unix操作系统

Unix操作系统是1969年由A&T公司的贝尔实验室开发的。Unix是通用、多用户、多任务应用领域的主流操作系统之一，它的众多版本被大型机、工作站所使用。Sun微机系统中的Solaris是Unix的一个版本，多用于处理大型电子交易服务器与大型网站上。到现在，Unix已经有了3个版本，除了Solaris还有惠普公司的HP-Unix和IBM公司的AIX(Advanced Interactive eXecutive)，用户可以从网络上获得。

(3) Linux操作系统

Linux产生于1991年初,当时的芬兰程序员Linus Torvalds还是一个研究生,他将免费的Linux操作系统贴到因特网上。Linux是Unix的一个免费版本,它由成千上万的程序员不断地改进。Windows操作系统是Microsoft公司的版权产品,而Linux是开放源代码的软件,这就意味着任何程序员都可以从因特网上免费下载Linux并对它改进。唯一的限制是所有的改动都不能拥有版权,Linux必须对所有人都可用,并且保存在公共区域上。Linux吸引了许多商业软件公司和Unix爱好者加盟到Linux系统的开发行列中,从而使其快速地向高水平、高性能发展。

(4) Mac OS操作系统

Mac OS是一套运行于苹果Macintosh系列计算机上的操作系统,由苹果公司自行开发。

Mac OS界面非常独特,突出了形象的图标和人机对话。另外,疯狂肆虐的计算机病毒几乎都是针对Windows操作系统的,Mac OS的架构与Windows不同,所以很少受到病毒的袭击。Mac OS是基于Unix内核的图形化操作系统,一般情况下在个人计算机上无法安装。基于Unix内核的图形化操作系统。它的主要特点:

① 突出了形象的图标和人机对话;

② 很少受到病毒的袭击;

③ 一般情况下在个人计算机上无法安装。

(5) 智能手机操作系统

① 安卓(Android)操作系统

Google推出以Linux为基础的开放源代码操作系统,是自由及开放源代码软件

支持的处理器类型:ARM、MIPS、Power Architecture、Intel x86,采用Android系统的手机厂商:宏达电、三星电子、摩托罗拉、乐喜金星、索尼爱立信、华为等。安卓应用程序的后缀是APK(或apk),APK是Android Package的缩写,即Android安装包。把APK文件直接传到Android平板电脑或手机中即可安装运行。APK文件其实是zip格式,通过UnZip解压得到Dex文件(Dex是Dalvik VM执行程序)后,即可直接运行。

② Apple iOS操作系统

iOS是由苹果公司开发的移动操作系统。苹果公司最早于2007年1月9日的Macworld大会上公布这个系统,最初是设计给iPhone使用的,后来陆续套用到iPod touch、iPad上。iOS与苹果的Mac OS操作系统一样,属于类Unix的商业操作系统。原本这个系统名为iPhone OS,因为iPad,iPhone,iPod touch都使用iPhone OS,所以2010年WWDC上宣布改名为iOS(iOS为美国Cisco公司网络设备操作系统注册商标,苹果改名已获得Cisco公司授权)。iOS是苹果公司为iPhone、iPod touch、iPad及Apple TV开发的操作系统,占用约240 MB的存储空间。用户界面:使用多点触控直接操作。控制方法包括:滑动、轻按、挤压及旋转。支持硬件:基于ARM架构的CPU。

3.2.9　国产操作系统的发展

2014年4月8日起,美国微软公司停止了对Windows XP SP3操作系统提供服务支持,这引起了社会的广泛关注和对信息安全的担忧。同时,2020年1月14日起,微软对

Windows 7 操作系统不再提供技术支持、软件更新、安全更新或修复等服务。这些事件进一步推动了国产操作系统的发展。据相关资料显示，2018 年中国操作系统市场规模约 189 亿元，占全球市场规模的 10%，在外部压力和国内政策的双重刺激下，国产操作系统迎来了广阔的发展空间，目前国内已出现一批商用操作系统，且初具生态，其中比较有影响力的操作系统包括深度、中标麒麟、优麒麟、中兴新支点、红旗 Linux 等。绝大部分国产操作系统是以 Linux 为基础进行二次开发的。

下面对其中几款主流的国产操作系统进行介绍。

1. 深度(Deepin)

深度(Deepin)是基于 Linux 进行二次开发的系统，但是它抛弃了像其他某些系统一样的仿 Windows 界面，而是使用自己研发的桌面环境，而且易用美观，与各芯片、整机、中间件、数据库等厂商结成了紧密合作关系，还与 360、金山、网易、搜狗等企业联合开发了多款符合中国用户需求的应用软件。深度科技的操作系统产品，已通过了公安部安全操作系统认证、工信部国产操作系统适配认证、入围国管局中央集中采购名录，并在国内党政军、金融、运营商、教育等客户中得到了广泛应用。

2. 中标麒麟(NeoKylin)

中标麒麟(NeoKylin)操作系统采用强化的 Linux 内核，分成桌面版、通用版、高级版和安全版等，可以满足不同客户的需求，广泛应用于能源、金融、交通、政府、央企等行业领域。如图 3－11 所示为中标麒麟操作系统。

图 3－11　中标麒麟操作系统

国产中标麒麟桌面操作系统是一款面向桌面应用的图形化桌面操作系统，针对 X86 及龙芯、申威、众志、飞腾等国产 CPU 平台进行自主开发，率先实现了对 X86 及国产 CPU 平台的支持，提供高性能的操作系统产品。通过进一步对硬件外设的适配支持、对桌面应用的移植优化和对应用场景解决方案的构建，完全满足项目支撑，应用开发和系统定制的需求。

该系统除了具备基本功能外，还可以根据客户的具体要求，针对特定软硬件环境，提供定制化解决方案，实现性能优化和个性化功能定制。中标麒麟桌面操作系统是国家重大专项的核心组成部分，是民用、军用“核高基”项目桌面操作系统项目的重要研究成果，该系统成功通过了多个国家权威部门的测评，为实现操作系统领域自主的战略目标做出了重大贡献。中标麒麟桌面操作系统针对国产 CPU 平台，完成了硬件适配、软件移植、功能定制和性能优化，可以运行在台式机、笔记本、一体机、车载机等不同产品形态之上，支撑着国防、政

府、企业、电力和金融等各领域的应用。中标麒麟桌面操作系统，也针对各种异构 CPU 平台进行硬件适配和软件移植，提供一致的软硬件接口，实现了操作系统对不同体系结构平台的统一，从而在以下方面产生明显的收益：提供强大的外设适配能力，提供强大的软件移植能力，包括数据库、中间件和办公软件的移植，有效降低应用开发成本，有效降低软件迁移成本，有效降低培训成本有效降低维护成本。

国产中标麒麟安全云操作系统桌面虚拟化方案致力于解决用户在使用大量桌面（几百或几千个）过程中遇到的问题：企业信息资产存储于分散的桌面系统中难以安全管控、IT 运维效率低成本高、消耗大量能源等。通过虚拟化技术，将传统桌面从分散的终端收回到数据中心进行集中管理，用户的数据存放在企业的数据中心，既保证了企业涉密资料不外泄，又简化了软、硬件的部署和维护，同时还为企业节约了大量的电费成本。

3. 优麒麟（Ubuntu Kylin）

优麒麟开源操作系统是由国防科技大学主导设计开发的国产 Linux 开源发行版，突破了桌面与移动终端的 UI 统一设计、与桌面环境融合的中文化定制、插件式系统管理与维护框架、基于软件仓库的软件包自动更新、基于社区模式的版本自动化测试等技术。从 2013 年至今，已成功发布 7 个正式版本，官网下载量突破 1 200 万次，社区爱好者和开发者超过 4 万人，是我国第一个得到国际主流社区认可的开源操作系统发行版。它能提供类 Windows 操作系统风格的交互功能。基于 Linux 内核的嵌入式操作系统（NewStart CGEL），服务器操作系统（NewStart CGSL），桌面操作系统（NewStart NSDL）。

4. 中兴新支点

中兴新支点操作系统基于 Linux 内核，分为嵌入式操作系统（NewStart CGEL）、服务器，操作系统（NewStart CGSL）、桌面操作系统（NewStart NSDL）。

中兴新支点桌面操作系统，是一款基于开源 Linux 核心进行研发的桌面操作系统，支持国产芯片（龙芯、兆芯、ARM）及软、硬件，可以安装在台式机、笔记本、一体机、ATM 柜员机、取票机、医疗设备等终端，已满足日常办公使用，目前已被众多企业、政府及教育机构采用。

面向未来的全新版本新支点操作系统支持 3 种模式（桌面模式、服务器模式、平板模式）、1 个核心（微内核）、N 种场景，只需一个操作系统即可满足各种设备的需求，从常用的笔记本电脑、一体机、台式机、平板电脑，到专用的智能终端、智能汽车、服务器、边缘计算、云计算平台、数字基础设施等，让不同场景不同设备使用同一平台，解决操作系统的碎片（如图 3 - 12 所示新支点操作系统）。新支点操作系统可以在办公、娱乐、出行、智能驾驶、5G、大数据、智慧城市、智能制造等全场景的无缝体验。而对于国产芯片，全新版本的新支点操作系统也全部支持了。在应用生态方面，除了适配的数百款常用软件外，新支点操作操作系统还自有容易能兼容大部分 Windows 软件，如此看来，新支点操作系统完全可以满足日常所

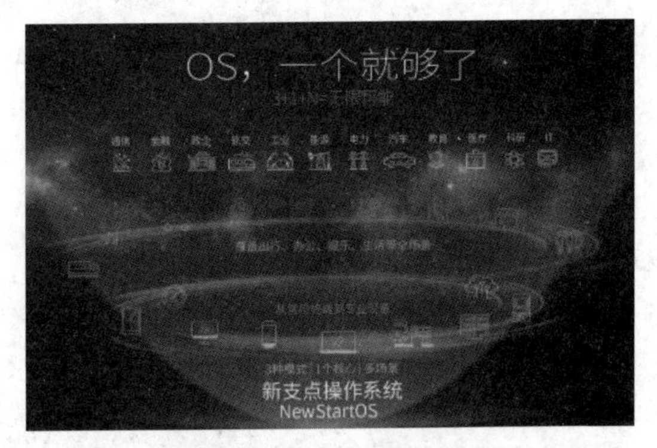

图 3 - 12　新支点操作系统

用，甚至代替微软的 Windowns 系统。

5. 红旗 Linux

红旗 Linux 是一款面向家庭、教育、政府、金融等行业领域的通用桌面操作系统平台，适。用于学习、办公、上网、开发，以及娱乐等各类应用。红旗 Linux 是中国较大、较成熟的 Linux 发行版之一。它具有完善的中文支持，与 Windows 相似的用户界面，通过 LSB 4.1 测试认证，具备了 Linux 标准基础的一切品质；X86 平台对 Intel EFI 的支持，Linux 下网页嵌入式多媒体插件的支持，实现了 Windows Media Player 和 RealPlayer 的标准 JavaScript 接口，前台窗口优化调度功能。支持 MMS/RTSP/HTTP/FTP 协议的多线程下载工具，界面友好的内核级实时检测防火墙，KDE 登录窗口、注销窗口、主皮肤的主题支持，可缩放的系统托盘，源代码已经进入 KDE 项目，GTK2 Qt 打开关闭文件对话框的统一。

如今，国产操作系统的发展取得了一定的成就，在我国信息化和民生的各个方面都有其应用，如政府、国防、教育、金融等。目前国家大力扶持发展以大数据、芯片、操作系统为主的高精尖产业，加大产业生态建设。中美科技摩擦在一定程度上会加速国产相关产业自主可控的进程，我国操作系统产业面临相当大的挑战与机遇。随着物联网和 5G 技术的进一步发展，未来的智能终端设备将会越来越多，而有一个可以无缝协同、安全可靠的操作系统必然有着极大的优势。

6. 鸿蒙 OS 操作系统

鸿蒙 OS 是华为公司开发的一款基于微内核、耗时 10 年、4 000 多名研发人员投入开发、面向 5G 物联网、面向全场景的分布式操作系统。鸿蒙的英文名是 HarmonyOS，意为和谐。不是安卓系统的分支或修改而来的。与安卓、iOS 是不一样的操作系统。性能上不弱于安卓系统，而且华为还为基于安卓生态开发的应用能够平稳迁移到鸿蒙 OS 上做好衔接——将相关系统及应用迁移到鸿蒙 OS 上，差不多两天就可以完成迁移及部署。这个新的操作系统将打通手机、电脑、平板、电视、工业自动化控制、无人驾驶、车机设备、智能穿戴统一成一个操作系统，并且该系统是面向下一代技术而设计的，能兼容全部安卓应用的所有 Web 应用。若安卓应用重新编译，在鸿蒙 OS 上，运行性能提升超过 60%。鸿蒙 OS 架构中的内核会把之前的 Linux 内核、鸿蒙 OS 微内核与 LiteOS 合并为一个鸿蒙 OS 微内核。创造一个超级虚拟终端互联的世界，将人、设备、场景有机联系在一起。同时由于鸿蒙系统微内核的代码量只有 Linux 宏内核的千分之一，其受攻击概率也大幅降低。

3.3 算法与程序设计语言

对于计算机科学来说，算法是至关重要的。例如，在一个大型软件系统的开发中，设计出有效的算法将起决定性的作用；而程序就是利用某种程序设计语言对问题的对象和解题步骤进行描述。程序是算法的一种具体实现。

一般来说，用计算机解决一个具体问题时，大致需要经过下列几个步骤：

(1) 确定并理解问题；

(2) 寻找解决问题的方法与步骤，并将其表示成算法(Algorithm)；

(3) 使用某种程序设计语言描述该算法(编程)，并编译成目标程序和进行调试；

(4) 运行程序，获得问题的解答；

(5) 进行评估,改进算法和程序。

人类已经积累了大量的知识财富,算法的设计往往是有章可循、有据可依的,因此日常生活中的任何问题都可以找到解决该问题的算法。算法在我们日常生活中也是随处可见。如:文件的压缩与解压缩方法,是一种典型的算法;Word 的查找功能、Excel 中的函数功能,以及把文件装入内存,都是通过算法来实现。

3.3.1　算法

1. 算法的概念

算法(Algorithm)是使用计算机求解问题的步骤。通俗地说,算法就是对特定问题求解步骤的一种描述。例如求 3 个数 a,b,c 中的最大数。方法一:先求 a 和 b 的最大数,再与 c 进行比较,从而产生最大数;方法二:先求 b 和 c 的最大数,再与 a 进行比较,从而产生最大数;方法三:先求 a 和 c 的最大数,再与 b 进行比较,从而产生最大数。算法是多种多样的,但必须满足下述 4 条性质:

(1) 确定性。算法中的每一条指令必须有确切的含义,不存在二义性。

(2) 有穷性。一个算法必须总是在执行有穷步之后结束,且每一步都可在有穷时间内完成。

(3) 能行性。算法中描述的操作在计算机上都是可以实现的。

(4) 输出。一个算法应该有 1 个或多个输出。

其中有穷性的特点,程序不是一定需要。

2. 算法设计

算法的设计一般采用由粗到细、由抽象到具体的逐步求精的方法。先设计好程序的顶层,然后步步深入,逐层细分,逐步求精,直到整个问题可用程序设计语言明确地描述出来为止。例如,给定 n 个整数,现给出任意一个整数 x,要求确定数据 x 是否在这 n 个数据中。首先给出一种思路:

这 n 个数据如果按任意次序排列($a_1,a_2,\cdots,a_n$),那么,要查找 x,就首先必须让 x 与 a_1 比较,若不等,则与 a_2 比较,依此类推,直到存在某个 $i(1\leqslant i\leqslant n)$ 使得 x 等于 a_i,或者 i 大于 n 为止,后者说明没有找到。

如果我们将数据按大小次序排列起来,满足 $a_1\leqslant a_2\leqslant\cdots\leqslant a_n$。则顺序在表中查找 x 时只要发现 $x<a_1$,或出现 $a_i<x<a_{i+1}$,$(1\leqslant i\leqslant n-1)$,或者 $a_n<x$,就可以断定 x 不在这 n 个数据中,只要 x 不是这 n 个数据中最大的,就不会要 n 次比较,这样确定 x 不在数据中的平均查找时间就要少得多了。

在数据按大小顺序排列后,若我们采用下面的二分查找方法,则平均查找时间会大大减少。二分查找的算法是:

开始设 $l=1,h=n$;重复以下步骤,直到 $l>h$ 后转⑤:

① 计算中点 $m=(l+h)/2$ 的整数部分(小数部分丢弃);

② 若待查数据 x 与第 m 个数据相同,查找成功,算法结束;

③ 若 x 小于第 m 个数据,则 h 改为 $m-1$,转①:

④ 若 x 大于第 m 个数据,则 l 改为 $m+1$,转①;

⑤ 查找不成功,x 不在这 n 个数据中,算法结束。

3. 算法的分析

从上面我们又看出，同样的数据排列方式。不同的算法将影响任务完成的效率。

对于一个具体的问题常常会有许多不同的算法，那么如何去评价一个算法的优劣呢？一个好的算法应该具有以下几个标准：

（1）正确性。算法描述中不应含有语法错误，对于一切合法的输入数据都能得出满足要求的结果。

（2）可读性。算法主要是为了人的阅读，其次才是为计算机执行，因此算法应该易于人的理解。

（3）健壮性。当输入非法数据时，算法应当适当地作出反应或进行处理，而不会产生莫名其妙的输出结果。

（4）高效率与低存储量需求。效率指的是算法的执行时间，以时间复杂度来衡量。所谓时间复杂度是指算法中所包含操作的执行次数。存储量需求是指算法执行过程中所需要占用计算机存储器的存储空间，以空间复杂度来衡量。

4. 算法的表示

算法的表示有很多种方法，最简单的就是自然语言，但这样的描述不够细致，也不够明确，一般用于设计初期做一个大致的轮廓的描述。常用的算法表示方法有三种：

- 流程图
- 程序设计语言
- 伪代码

（1）流程图是用一些几何图形、线条和文字来说明处理步骤，相对来说比较直观、清晰、易懂，便于检查和修改。前面所讲的求 3 个数 a,b,c 中的最大数的例子用流程图表示如图 3－13 所示。但当算法比较复杂时，流程图也难以表达清楚，且容易产生错误。

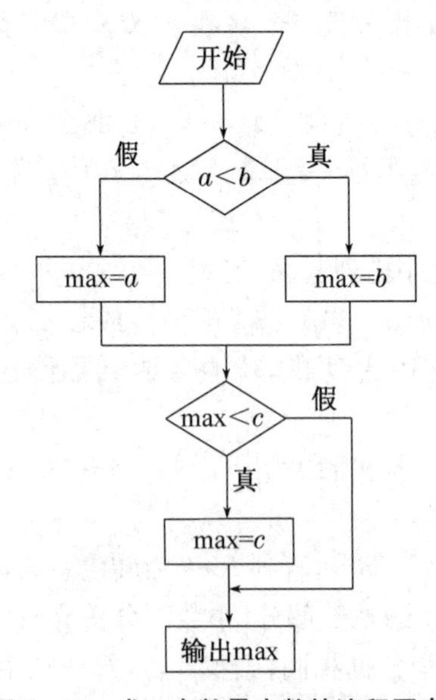

图 3－13　求 3 个数最大数的流程图表示

(2) 用程序设计语言表示算法显得清晰、简明，可以一步到位，写出的算法能由计算机处理。将上述的流程图用程序设计语言(如C语言)表示如下：

```
main( )
{ int a,b,c,max;
  scanf("%d,%d,%d",&a,&b,&c);
  if(a<b)
   max=b;
  else   max=a;
  if(max<c)
   max=c;
  printf("%d",max);
}
```

程序设计语言表示算法过于具体，增加了不必要的工作量，尤其对没有学过程序设计的人员来说，理解起来有一定的困难，因此这种表示对算法设计不太适合。

(3) 伪代码是介于自然语言和程序设计语言之间的一种表示方法，丢弃程序设计语言中的烦琐细节，保留程序设计语言中的关键的流程控制结构，再适当辅之以自然语言描述。是一种既精确又容易理解的表示方法。

3.3.2　程序设计语言

语言是人们交流思想、传递信息的工具。要让计算机为我们工作，就必须同计算机交流信息，同样需要有个语言工具，完成与计算机交换信息。为了解决人和计算机对话的语言问题，于是就出现了计算机语言。我们把计算机语言称之为程序设计语言。下面介绍程序设计语言的一些基本知识。

1. 程序设计语言分类

程序设计语言是人们根据实际问题的需要而设计的。目前可以分为三大类：一是机器语言，它是用计算机的机器指令表达的语言；二是汇编语言，它是用一些能反映指令功能的助记符表达的语言；三是高级语言，它比较接近自然语言，而且易学、易用、易修改。

(1) 机器语言

在计算机科学发展的早期阶段，一般只能用机器指令来编写程序，这就是机器语言。机器语言就是计算机的指令系统，由于机器语言直接用机器指令编写程序，无论是指令还是数据，都须得用二进制数表示，是计算机唯一能直接识别、直接执行的计算机语言。

例如，计算"A=2+3"的机器语言程序如下：

```
10110000   00000010      :  将2放入寄存器A中；
00101100   00000011      :  将3与寄存器A中的值相加，结果仍放入A中；
11110100                 :  结束。
```

机器语言每条指令记忆起来困难，很多工作(如把十进制数表示为计算机能识别的二进制数)都要人来编制程序完成。用机器语言编写程序时，程序设计人员不仅非常费力，而且编写程序的效率还非常低。另外不同计算机的机器语言是不相同的，因此，用机器语言编写的程序在不同的计算机上不能通用。用机器语言编写的程序称为目标程序。

(2) 汇编语言

为了解决上述的问题，使程序既能简便地编制，又易于修改和维护，于是出现了程序设计语言。程序设计语言一般分为低级语言和高级语言。低级语言较接近机器语言，它是用由英文字母的助记符代替指令编码，用英文字母和阿拉伯数字组成的十六进制数代替二进制数，从而避免了过去用来表示指令、地址和数据的令人烦恼的二进制数码问题。典型的低级语言是汇编语言，出现于20世纪50年代初期。正因为汇编语言是低级语言，所以它对机器依赖性较大。不同的机器有不同的指令系统，所以，不同的机器都有不同的汇编语言。

汇编语言是用一些助记符表示指令功能的计算机语言，它和机器语言基本上是一一对应的，更便于记忆。例如，汇编语言中用LOAD表示取数操作，用ADD表示加法操作等，而不再用0和1的数字组合。用汇编语言编写的程序称为汇编语言源程序，需要采用汇编程序将源程序翻译成机器语言目标程序，计算机才能执行。

例如，编写求解加、减法的程序，计算“A＝6－(2＋3)”的机器语言程序如下：

MOV　AX　2:将2放入AX寄存器中；

MOV　BX　3:将3放入BX寄存器中；

ADDBX　AX:将BX内容加AX内容，结果在BX中；

MOV　AX　6:将6放入AX寄存器中；

SUB　AX　BX:将AX内容减BX内容，结果在AX寄存器中。

(3) 高级语言

为了克服汇编语言的缺陷，提高编写程序和维护程序的效率，一种接近于人们自然语言(主要是英语)的程序设计语言出现了，这就是高级语言。高级语言则是独立于指令系统而存在的程序设计语言，它比较接近人类的自然语言。用高级语言编写程序，可大大缩短程序编写的周期。高级语言比汇编语言和机器语言简便、直观、易学，且便于修改和推广。高级语言与具体的计算机指令系统无关，其表达方式更接近人们对求解过程或问题的描述方式。这是面向程序的、易于掌握和书写的程序设计语言。

高级语言目前有许多种，每种高级语言都有自身的特点及特殊的用途，但它们的语法成分、层次结构却有相似处。在结构上一般由基本元素、表达式及语句组成。

2. 程序设计语言的基本成分

程序设计语言的基本成分有：① 数据成分，用于描述程序所涉及的数据；② 运算成分，用以描述程序中所包含的运算；③ 控制成分，用以描述程序中所包含的控制；④ 传输成分，用以表达程序中数据的传输。

程序设计语言中的控制成分可以分为顺序结构、选择结构和重复结构三种。

(1) 顺序结构

图3-14为顺序结构的流程图，表示先执行操作A，然后执行操作B。

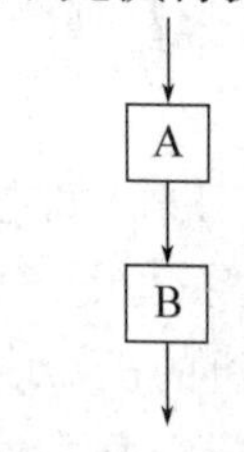

图3-14　顺序结构

(2) 选择结构

图 3－15 为选择结构的流程图，表示当条件 P 成立时执行操作 A，当条件 P 不成立时执行操作 B。

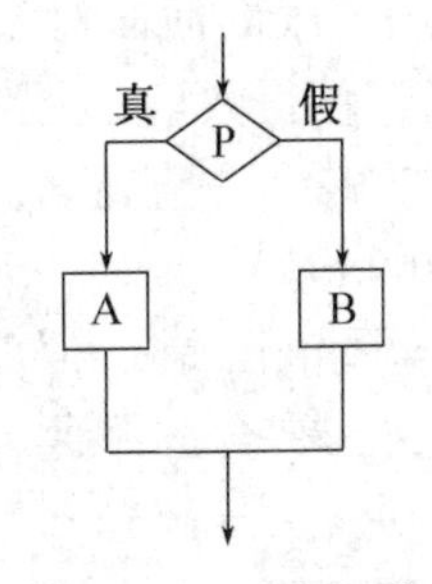

图 3－15　选择结构

(3) 重复结构

重复结构有多种形式，最基本的形式为 while 型重复结构。图 3－16 为 while 型重复结构的流程图，表示当条件 P 成立时重复执行操作 A，直到条件 P 不成立时结束重复操作。

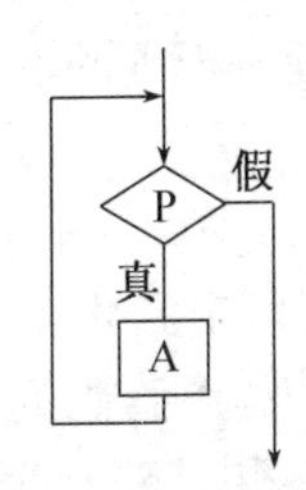

图 3－16　while 型重复结构

3. 常用程序设计语言介绍

(1) FORTRAN 语言

FORTRAN 语言是 Formula Translation 的缩写，意为“公式翻译”。它是为科学、工程问题或企事业管理中的那些能够用数学公式表达的问题而设计的，其数值计算的功能较强。

FORTRAN 语言是世界上第一个被正式推广使用的高级语言。它是 1954 年被提出来的，1956 年开始正式使用，直到 2021 年已有六十年的历史，但仍历久不衰，它始终是数值计算领域所使用的主要语言。

(2) BASIC 和 VB 语言

BASIC 是 Beginners' All-purpose Symbolic Instruction Code(初学者通用符号指令代码)的缩写，诞生于 1964 年。该语言简明易学，具有人机对话功能。BASIC 的发展很快，已经形成了多种版本，如 True BASIC、Turbo BASIC、Quick BASIC、Visual BASIC 等。VB (Visual BASIC) 是美国 Microsoft 公司于 1991 年研制的一种基于图形用户接口的 Windows 环境下的开发工具，是一种面向对象、可视化的开发工具。Visual BASIC 具有强大的数据库访问能力，可以方便地实现分布式的数据库处理。

(3) C 语言

C 语言是由美国贝尔实验室的 D. M. Ritchie 等人在 20 世纪 70 年代中期设计而成的面向过程的程序设计语言。C 语言的表达式精炼，数据结构和控制结构都十分灵活，用 C 语言编写的程序兼有高级语言和汇编语言两者的优点。已广泛应用于实时控制、数据处理等领域，特别适合于操作系统、编译程序的描述，适宜于系统软件的开发。

(4) C++语言

C++语言是在C语言基础上发展起来的面向对象的程序设计语言，它既有数据抽象和面向对象能力，又能与C语言相兼容，使得数量巨大的C语言程序能方便地在C++语言环境中得以重用。因而C++语言十分流行，一直是面向对象程序设计的主流语言。

(5) Java语言

Sun Microsystem 公司开发的 Java 语言是一种面向对象的编程语言，非常适合为 WWW 编程，它能将图形浏览器和超文本结合成一种启动技术，使 Internet 真正成为国际性的大众传媒。随着 Java 芯片、Java OS、Java 解释和编译以及 Java 虚拟机等技术的不断发展，Java 语言在软件设计中将发挥更大的作用。

(6) Python语言

Python 语言由荷兰数学和计算机科学研究学会的 Guido van Rossum 于 1990 年代初设计，作为一门叫作 ABC 语言的替代品。Python 提供了高效的高级数据结构，还能简单有效地面向对象编程。Python 语法和动态类型，以及解释型语言的本质，使它成为多数平台上写脚本和快速开发应用的编程语言，随着版本的不断更新和语言新功能的添加，逐渐被用于独立的、大型项目的开发。

Python 解释器易于扩展，可以使用 C 或 C++(或者其他可以通过 C 调用的语言)扩展新的功能和数据类型。Python 也可用于可定制化软件中的扩展程序语言。Python 丰富的标准库，提供了适用于各个主要系统平台的源码或机器码。

2021 年 10 月，语言流行指数的编译器 Tiobe 将 Python 加冕为最受欢迎的编程语言；它是一种交互式语言，可以在一个 Python 提示符“＞＞＞”后直接执行代码；Python 也是面向对象语言，支持面向对象的风格或代码封装在对象的编程技术；Python 是初学者的语言，对初级程序员而言，是一种伟大的语言，它支持广泛的应用程序开发，从简单的文字处理到 WWW 浏览器再到游戏。20 年来首次将其置于 Java、C 和 JavaScript 之上。

3.3.3 语言处理程序

目前，世界上已有许多各种各样的程序设计语言。由于计算机本身只认识它自己的机器指令，所以对每个程序设计语言都要编制编译程序或解释程序。编译程序、解释程序是人和计算机之间的翻译，它负责把程序员用汇编语言或者高级语言编写的程序翻译成机器指令。这样，计算机才能认识该程序，该程序才可以上机运行。

语言处理程序的作用是把用汇编语言或高级语言编写的源程序翻译成可在计算机上执行的目标程序。负责完成这些功能的软件是汇编程序、解释程序和编译程序，它们统称为语言处理程序。

1. 汇编程序

汇编程序是将汇编语言编写的源程序翻译加工成机器语言表示的目标程序。输入汇编语言源程序，检查语法的正确性，如果正确，则将源程序翻译成等价的二进制或浮动二进制的机器语言程序，并根据用户的需要输出源程序和目标程序的对照清单；如果语法有错，则输出错误信息，指明错误的部位、类型和编号。最后，对已汇编出的目标程序进行处理。许

多汇编程序为程序开发、汇编控制、辅助调试提供了额外的支持机制。有的汇编语言编程工具经常会提供宏，它们也被称为宏汇编器。

2. 编译程序

编译程序是一类很重要的语言处理程序，它把高级语言(如 FORTRAN、C 等)源程序作为输入，进行翻译转换，产生出机器语言的目标程序，然后再让计算机去执行这个目标程序，得到计算结果(图 3－17)。通过编译程序的处理可以产生高效运行的目标程序，并把它保存在磁盘上，以备多次执行。因此，编译程序更适合于翻译那些规模大、运行时间长的大型应用程序。

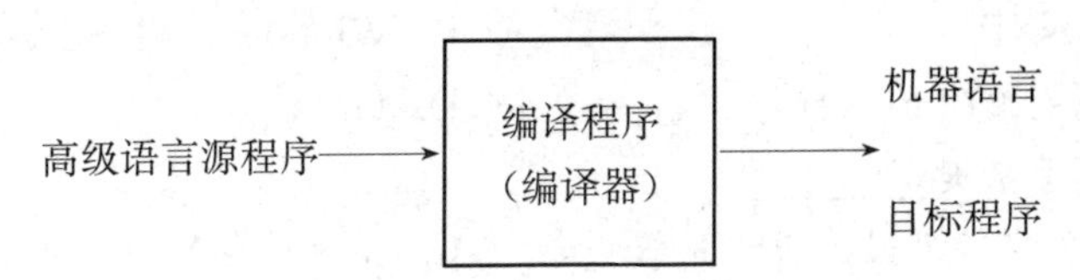

图 3－17　编译程序执行过程

3. 解释程序

解释程序是高级语言翻译程序的一种，它将源语言(如 BASIC)书写的源程序作为输入，解释一句后就提交计算机执行一句，并不形成目标程序(图 3－18)。就像外语翻译中的"口译"一样，说一句翻一句，不产生全文的翻译文本。

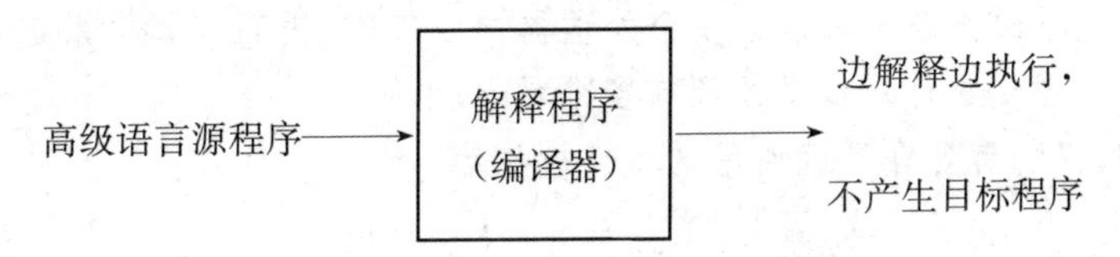

图 3－18　解释程序执行过程

这种工作方式非常适合于人通过终端设备与计算机会话，如在终端上输入一条命令或语句，解释程序就立即将此语句解释成一条或几条指令并提交硬件立即执行且将执行结果反映到终端，从终端把命令输入后，就能立即得到计算结果。这的确是很方便的，很适合于一些小型机的计算问题。但解释程序执行速度很慢，例如源程序中出现循环，则解释程序也重复地解释并提交执行这一组语句，这就造成很大浪费。

习　题

一、填空题

1. 按照用途，通常将软件分为________和应用软件两类。

2. 算法和________的设计是程序设计的主要内容。

3. 解决某一问题的算法也许有多种，但它们都必须满足确定性、有穷性、能行性和输出。其中输出的个数应大于等于________。(填一个数字)

4. 程序设计语言可以划分为________、汇编语言和________三类。

5. Java 语言是一种面向________的、适用于网络环境的程序设计语言。

二、选择题

1. 能管理计算机的硬件和软件资源，为应用程序开发和运行提供高效率平台的是________。

A. 操作系统　　B. 数据库管理系统
C. CPU　　D. 专用软件

2. 下列操作系统都具有网络通信功能，但其中不能作为网络服务器操作系统的是________。

A. WindowsXP　　B. Windows NT Server
C. Windows 2012 Server　　D. Unix

3. 数据库管理系统是________。

A. 应用软件　　B. 操作系统　　C. 系统软件　　D. 编译系统

4. 理论上已经证明，有了________三种控制结构，就可以编写任何复杂的计算机程序。

A. 转子(程序)，返回，处理　　B. 输入，输出，处理
C. 顺序，选择，重复　　D. I/O，转移，循环

5. 下列关于操作系统任务管理的说法，错误的是________。

A. Windows 操作系统支持多任务处理
B. 分时是指将 CPU 时间划分成时间片，轮流为多个程序服务
C. 并行处理操作系统可以让多个处理器同时工作，提高计算机系统的效率
D. 分时处理要求计算机必须配有多个 CPU

6. 未获得版权所有者许可就使用的软件被称为________软件。

A. 共享　　B. 盗版　　C. 自由　　D. 授权

7. 下面关于虚拟存储器的说明中，正确的是________。

A. 虚拟存储器是提高计算机运算速度的设备
B. 虚拟存储器由 RAM 加上高速缓存组成
C. 虚拟存储器的容量等于主存加上 cache 的容量
D. 虚拟存储器由物理内存和硬盘上的虚拟内存组成

8. CPU 唯一能够执行的语言是________。

A. 机器语言　　B. 高级语言　　C. 汇编语言　　D. 目标语言

9. 软件可分为应用软件和系统软件两大类。下列软件中全部属于应用软件的是________。

A. WPS、Windows、Word
B. PowerPoint、Excel、Word
C. BIOS、Photoshop、FORTRAN 编译器
D. PowerPoint、QQ、Unix

10. 数据库(DB)、数据库系统(DBS)和数据库管理系统(DBMS)三之间的关系是________。

A. DB 包括 DBS 和 DBMS　　B. DBS 就是 DB，也就是 DBMS
C. DBMS 包括 DB 和 DBS　　D. DBS 包括 DB 和 DBMS

三、判断题

1. 为了方便人们记忆、阅读和编程，对机器指令用符号表示，相应形成的计算机语言称为汇编语言。（　）

2. 计算机系统中最重要的应用软件是操作系统。（　）

3. FORTRAN 是一种主要用于数值计算面向对象的程序设计语言。（　）

4. 操作系统一旦被安装到计算机系统内，它就永远驻留在计算机的内存中。（　）

第4章 计算机网络

4.1 通信技术

4.1.1 通信基本概念

通信技术指的是信息从一个地方传递到另一个地方。在古代,人们用驿站、飞鸽传书、烽火台等方式传递信息,而在科技飞速发展的今天,无线电、移动电话、互联网等各种通信方式应运而生。通信技术缩短了人与人之间的距离,提高了经济效率,改变了人类的生活方式。

1. 通信系统的组成

通信的目的归根结底就是完成信息间的传递和交流。例如,如果消息从地点A发送到地点B,则地点A可以称为发送端,也称为信源,地点B可以称为接收端,也称为信宿。在从A到B的消息传输过程中,传输介质或传输路径也是必不可少的,统称为信道。信源、信宿和信道称为通信的三要素。通信系统简单模型如图4-1所示。

图4-1 通信系统简单模型

在通信过程中,首先通过在发送端添加输入变换器将一系列原始信息(如语音和图像)转换为电信号。为了使变换器产生的电信号适合在信道中传输,在发送端必须有一个发送设备。在接收端,必须完成反向过程以恢复接收到的电信号。因此,接收设备和输出变换器也是必不可少的部件。由于信号不可避免地受到设备和信道中的噪声干扰,通常将所有可能的噪声都归结于信道。通信系统的一般模型如图4-2所示。

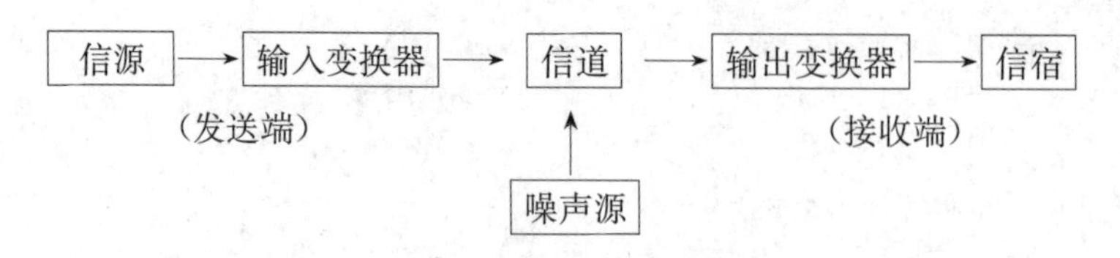

图4-2 通信系统一般模型

2. 通信系统分类

(1) 按信号分类

根据信道传输的是模拟信号还是数字信号，通信系统可分为两种类型：模拟通信系统和数字通信系统。在信道中传输模拟信号的通信系统是模拟通信系统，而传输数字信号的通信系统是数字通信系统。

(2) 按传输介质分类

根据传输介质的不同，通信系统可分为有线通信系统和无线通信系统。在有线通信系统中通常使用双绞线、同轴电缆、光纤作为传输介质；在无线通信系统中使用无线电、微波、红外线等作为传输介质。

(3) 按通信方式分类

根据通信方式的不同，通信系统可分为三类：单工通信、半双工通信和全双工通信。单工通信指的是信息只能在一个方向上传输的工作模式。半双工通信可以实现双向通信，但不能同时在两个方向上传输，必须交替进行。全双工通信可以在两个方向上同时通信，即通信中双方可以同时发送和接收信息。

(4) 按调制方式分类

根据调制方式的不同，通信系统可分为基带通信系统和频带通信系统。基带通信系统发送未调制的信号，频带通信系统传输调制后的信号。

(5) 按复用方法分类

根据信号复用方式的不同，通信系统可分为四类：频分复用通信系统、时分复用通信系统、码分复用通信系统和波分复用通信系统。频分复用通信系统允许不同的信号在不同的频率范围进行通信；时分复用通信系统允许不同的信号在不同的时间间隔进行通信；码分多址通信系统使用不同的编码来区分不同信号；波分复用允许不同的信号在不同的波长范围进行通信，是一种特殊的频分复用方式，通常应用于光通信系统。

4.1.2　传输介质

常用的有线传输介质有：双绞线、同轴电缆、光纤。

1. 双绞线

双绞线(TP)如图 4-3 所示，由相互缠绕绞合的绝缘线组成，双绞线可用于传输模拟信号和数字信号。双绞线电缆分为屏蔽双绞线(Shielded Twisted Pair，STP)和非屏蔽双绞线(Unshielded Twisted Pair，UTP)，适用于短距离通信。屏蔽双绞线在双绞线与外层绝缘封套之间有一个金属屏蔽层。屏蔽层可以减少辐射，防止信息被窃听，还可以防止外部电磁干扰的进入，使得屏蔽双绞线较同类非屏蔽双绞线具有更高的传输速率，但价格相对较高。非屏蔽双绞线(Unshield twisted pair，UTP)是由四对不同颜色的传输线组成，广泛应用于以太网和电话线中，价格低廉，传输速度低，抗干扰能力差。常见双绞线包括 3 类、5 类、超 5 类，以及 6 类线。

图 4-3　双绞线

2. 同轴电缆

同轴电缆由一根空心的外圆柱导体和一根位于中心轴线的内导线组成，内导线和圆柱导体及外界之间用绝缘材料隔开，如图 4－4 所示。

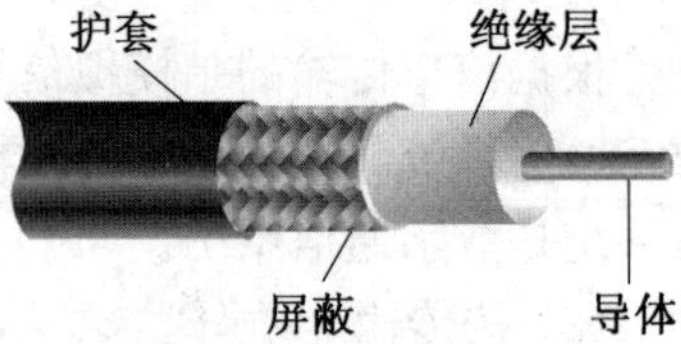

图 4－4　同轴电缆

(1) 根据直径的不同，可分为粗电缆和细缆两种：

① 粗缆：传输距离长，性能好但成本高，网络安装和维护困难，一般用于大型局域网的干线。

② 细缆：安装方便，成本低，但日常维护不方便。一旦一个用户出现故障，就会影响其他用户的正常工作。

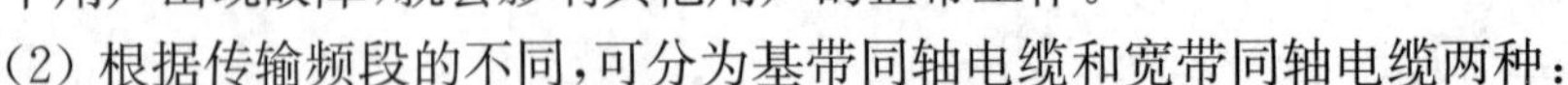

(2) 根据传输频段的不同，可分为基带同轴电缆和宽带同轴电缆两种：

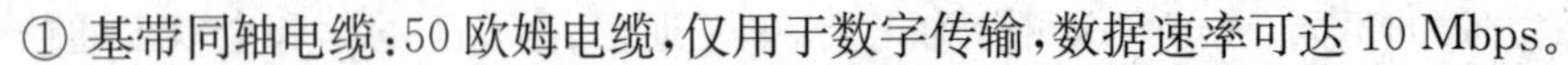

① 基带同轴电缆：50 欧姆电缆，仅用于数字传输，数据速率可达 10 Mbps。

② 宽带同轴电缆：75 欧姆电缆，可用于使用频分复用的模拟信号以及数字信号传输。

同轴电缆比双绞线贵，但抗干扰性能较双绞线强。

3. 光纤

如图 4－5 所示，光纤是由一组光导纤维组成的用来传播光束的、细小而柔韧的传输介质。应用光学原理，光发射机产生光束，将电信号转换为光信号，然后将光信号引入光纤。在另一端，光接收器接收来自光纤的光信号并将其转换为电信号，经解码后处理。在通信系统中，由于光纤中光的传导损耗远低于电线中电的传导损耗，光纤被广泛用于骨干网等远距离信息传输。

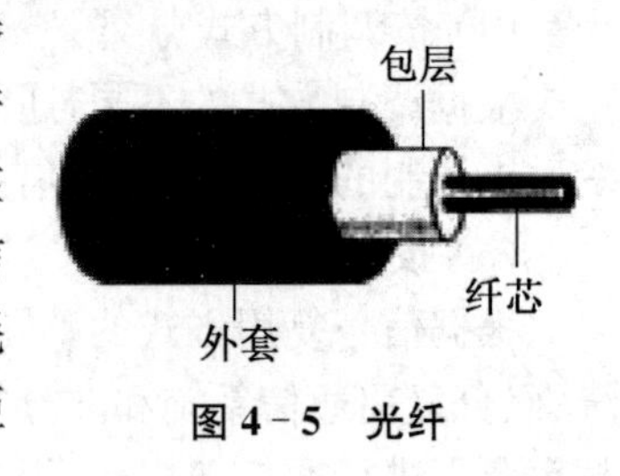

图 4－5　光纤

(1) 光纤分为单模光纤和多模光纤：

① 单模光纤：采用激光作为光源，只有一条光通路，传输距离长，通常超过 2 千米。

② 多模光纤：采用二极管发光，传输距离较短，通常 2 千米以内。

(2) 光纤传输的优点

① 频带宽度

频带宽度表示传输容量的大小。载波频率越高，可传输信号带宽越大。采用先进的相干光通信技术可在 30 000 GHz 范围内设置 2 000 个光载波，对信号进行波分复用，约可容纳上百万个频道。

② 低损耗

光纤的损耗远低于同轴电缆的功率损，因此它可以传输得更远。同时，光纤传输损耗有两个特点：一是在全部有线电视频道内具有相同的损耗，不需要像电缆干线那样必须引入均衡器进行均衡；另一个是它的损耗几乎不随温度变化，因此不必担心周围环境温度变化引起的干线电平波动。

③ 重量轻

光纤非常细，单模光纤芯线直径一般为 4～10 μm，外径也只有 125 μm，加上防水层、加强筋、护套等，用 4～48 根光纤组成的光缆直径还不到 13 mm，相较于标准同轴电缆的直径 47 mm 要小得多，加上光纤是玻璃纤维，比重小，使它具有直径小、重量轻的特点，安装十分方便。

④ 抗干扰能力强

光纤的基本成分是石英，它只传输光，不导电，不受电磁场的影响，在其中传输的光信号同样不受电磁场的影响。因此，光纤传输具有很强的抗电磁干扰能力，在光纤中传输的信号不容易被窃听，这有利于信号加密。

⑤ 高保真度

光纤传输通常不需要中继放大，也不会因放大而引入新的非线性失真。只要激光器的线性度好，信号即可实现高保真地传输。

⑥ 高可靠性

光纤通信系统设备数量少，可靠性高。此外，光纤设备的寿命很长，无故障工作时间为 500 000～750 000 小时。其中，激光在光发射机中的寿命最短，但也超过 100 000 小时。因此，一个设计完善、安装正确、调试良好的光纤系统工作性能是非常可靠的。

⑦ 低成本

由于制造光纤的材料(石英)来源非常丰富，随着技术的进步，成本将进一步降低，而电缆所需的材料(铜)原材料有限，价格会越来越高。显然，相较于传统电缆，光纤传输在未来将具有绝对优势。

4.1.3　移动通信

移动通信指是移动体之间的通信，或移动体与固定体之间的通信。移动体可以是人，也可以是移动状态下的物体，如汽车、火车、轮船等。

1. 移动通信系统的组成

移动通信系统如图 4-6 所示，由三部分组成：

(1) 移动台

移动台是用于移动通信的终端设备，例如手机、笔记本电脑等。

(2) 基站

基站用于接收来自移动台的无线信号，每个基站负责该区域内所有移动台的通信。

(3) 移动电话交换中心

移动电话交换中心与基站交换信息，并接入公用电话网。

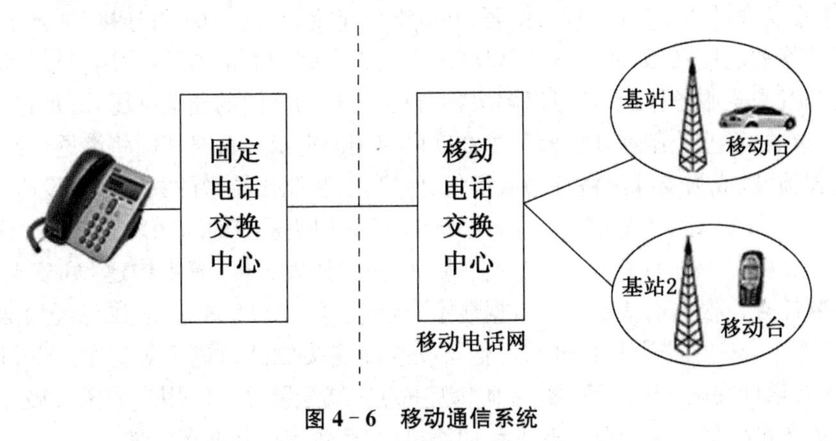

图 4-6　移动通信系统

2. 移动通信系统的分代

(1) 第一代移动通信(1G)

主要采用模拟技术和频分多址(Frequency Division Multiple Access/Address,FDMA)技术。由于传输带宽的限制,无法进行远程漫游,只能在区域内实现移动通信。第一代移动通信存在容量有限、标准多、相互不兼容、保密性差、通话质量低、无法提供数据服务、无法提供自动漫游等缺点。

(2) 第二代移动通信(2G)

主要采用的是数字的时分多址(Time Division Multiple Access/Address,TDMA)技术和码分多址(Code Division Multiple Access,简称 CDMA)技术,主要业务为语音通信。主要特点是提供数字语音业务及低速数据业务。它克服了模拟移动通信系统的弱点,语音质量和安全性能大大提高,可以在省内和省际进行自动漫游。第二代移动通信系统取代第一代移动通信系统,完成了移动通信系统从模拟技术到数字技术的过渡。但是,由于第二代采用不同的制式,移动通信标准不统一,用户只能在同一制式的覆盖范围内漫游。同时,由于第二代移动通信系统带宽有限,数据业务的应用受到很大限制,无法实现移动多媒体等高速业务。

(3) 第三代移动通信(3G)

与第二代移动通信技术相比,3G 具有更宽的带宽,不仅可以处理图像、音乐等媒体形式,还可以提供快捷方便的无线应用,如电话会议等一些商务功能。为了支持以上所述功能,无线网络可以对不同数据传输的速度进行充分的支持,即无论是在室内外,还是在行车的环境下,都可以提供最少为 2 Mbps、384 kbps 与 144 kbps 的数据传输速度。

(4) 第四代移动通信(4G)

第四代移动通信技术(4G)的制式分为 FDD 和 TDD 两种。4G 与 3G 相比传输速度更快,最高可达 100 Mbps,频谱利用率更高,网络容量更大且灵活性更强。同时,它将 WLAN 技术与 3G 通信技术良好结合,网络制式兼容性提高,图像的传输速度加快,图像的质量也更清晰,可以实现高质量的多媒体通信。

(5) 第五代移动通信(5G)

第五代移动通信技术(5G)是新一代宽带移动通信技术,具有高速、低延迟、大连接等特点,用户体验速率可达 1Gbps,时延低至 1ms,用户连接能力达 100 万连接/平方千米。作为一种新型的移动通信网络,5G 不仅可以解决人与人之间的通信问题,为用户提供增强现实、虚拟现实等沉浸式服务体验,还可以解决物与物、人与物之间的通信问题,满足移动医疗、车辆网、智能家居、工业控制和环境监测等物联网应用的需求。最终,5G 将渗透到经济社会的各个行业和领域,成为支撑经济社会数字化、网络化、智能化转型的关键基础设施。

2020 年 3 月 24 日,工信部发布了《关于推动 5G 加快发展的通知》,提出了加快 5G 网络建设部署、丰富 5G 技术应用场景、持续加大 5G 技术研发力度、着力构建 5G 安全保障体系等四项重要任务。根据工信部统计数据显示,截至 2020 年 10 月底,全国已经建成 5G 基站累计近 70 万个,5G 用户数量超过 1.1 亿,5G 终端连接数已超过 1.8 亿个。2021 年,全国 5G 基站部署累计突破 160 万座,实现地市级重点区域全覆盖,5G 用户数量突破 3.5 亿,5G 终端连接数超过 5 亿,5G 产业创业平台加速建设,有效支撑新业态发展。

4.1.4　光纤通信

随着各种新兴技术如物联网、大数据、虚拟现实、人工智能(AI)、第五代移动通信(5G)等技术的不断涌现,对信息交流与传递提出了更高的需求。光纤通信是一种以光波为传输媒质的通信方式,属于有线通信,光波沿光导纤维传输,常用波分多路复用技术进一步提高通信容量。光纤通信技术是当前互联网世界的重要承载力量,同时也是信息时代的核心技术之一。光纤通信技术的基本要素是光源、光纤和光电探测器(PD)。当前各类信息技术都需依靠通信网络来传递信息,光纤通信技术可以连接至各类通信网络,构成信息传输过程中的大动脉,并在信息传输中发挥重要作用。现代通信网络架构主要包括:核心网、城域网、接入网、蜂窝网、局域网、数据中心网络与卫星网络等。不同网络之间的连接都可由光纤通信技术完成,如在移动蜂窝网中,基站连接到城域网、核心网的部分也都是由光纤通信构成的。而在数据中心网络中,光互连是当前最广泛应用的一种方式,即采用光纤通信的方式实现数据中心内与数据中心间的信息传递。由此可见,光纤通信技术在现在的通信网络系统中不仅发挥着主干道的作用,还充当了诸多关键的支线道路的作用。可以说,由光纤通信技术构筑的光纤传送网是其他业务网络的基础承载网络。

光波按其波长长短,依次可分为红外线光、可见光和紫外线光。红外线光和紫外线光属不可见光,它们同可见光一样都可用来传输信息。光通信按光源特性可分为激光通信和非激光通信;按传输媒介的不同,可分为有线光通信和无线光通信(也叫大气光通信);根据宽带光纤接入方式,可分为光纤到户 FTTH(Fiber To The Home)、光纤到大楼 FTTB(Fiber To The Building)、光纤到路边 FTTC(Fiber To The Curb)等。

4.2　计算机网络概述

21 世纪的重要特征是数字化、网络化和信息化。这是一个以互联网为中心的信息时代。网络已成为信息社会的命脉,是知识经济发展的重要基础。常见的网络主要分为电信网络、有线电视网络和计算机网络。随着技术的发展和网络技术的融合,电信网络和有线电视网络都逐步融入了现代计算机网络技术,扩大了原有的服务范围,计算机网络也可以为用户提供电话通信,视频通信以及视频节目服务。

4.2.1　计算机网络功能

利用计算机网络,我们可以更加方便地使用计算机资源,更快速地实现信息交换,并可以将多个计算机系统联合起来协同工作。随着技术发展,计算机网络的功能将越来越强大,通常我们将计算机网络的功能概括为以下几个方面:

(1) 资源共享。用户可以通过计算机网络共享网络中的各种软件、硬件、数据信息和其他资源。资源共享是计算机网络最主要的功能。

(2) 信息传输。计算机网络上的计算机系统可以通过通信链路相互传输数据,实现数据通信,达到信息交换的目的。其中,信息的类型可以多种多样,如数据、文本、图像和声音等。

(3) 分布式处理。单个独立计算机处理问题的能力有限,通过计算机网络将多个计算机系统结合在一起并使它们协同工作,可以完成许多大型复杂的数据处理任务。

(4) 提高健壮性。通过计算机网络,可以在多台计算机中相互备份重要数据信息,以防止单台计算机由于故障或病毒入侵时等原因数据丢失,从而提高整个系统的可靠性,确保数据安全。

4.2.2 覆盖范围分类

从不同的角度可以将计算机网络分为各种类型。

(1) 根据网络覆盖范围的不同,可以分为局域网、城域网和广域网。

局域网(Local Area Network,LAN)通常覆盖范围在几公里以内,地理范围有限,局限在较小的范围(如1公里左右),如房间、建筑物内部、学校等。其优点是数据传输速度快,误码率低,网络建设成本低。

广域网(World Area Network,WAN)覆盖范围最大,作用范围通常为几十到几千公里,例如一个城市、一个国家甚至世界。因此,广域网也称为远程网络。与局域网相比,广域网传输速度慢,误码率高,网络建设成本也高。我们广泛使用的互联网就是一个典型的广域网。

城域网(Metropolitan Area Network,MAN)的地理覆盖范围介于局域网和广域网之间,通常作用距离约为几至几十公里,可以覆盖一个城市。

(2) 根据网络的拓扑结构的不同,可以分为总线型、星型、环型。

网络的拓扑结构是通过点和线的几何关系来描述计算机网络中多个计算机节点之间互相连接的方式。在拓扑结构图中将计算机与其他连网设备表示为若干个节点,而节点之间的通信线路则用连线来表示。

总线型网络(图 4-7)的特点是所有节点都连接到一条公共总线上,所有节点的数据都在公共总线上传输,主要应用在同轴电缆架构的以太网。该拓扑结构具有结构简单、成本低、使用方便,易于扩充等优点。缺点是网络性能不高,数据传输有延迟,当节点过多时,网络性能会急剧下降。

星型网络(图 4-8)的特点是网络中有一个中心节点,负责控制整个网络的数据通信,其余节点直接连接到中心节点上,并通过中心节点与其他节点进行通信,主要应用在交换机网络。这种拓扑结构的优点是结构简单,扩展性强,网络延迟较低,便于控制和管理。缺点是中心节点负担较重,一旦中心节点出现故障,整个网络将面临瘫痪。

环型网络(图 4-9)的特点是网络中的所有节点相互连接,形成一个闭环,任意两个节点之间的数据依次沿环路进行传输,主要应用在令牌环网、FDDI 网。这种拓扑结构的优点是结构简单,可使用光纤。缺点是网络管理复杂。

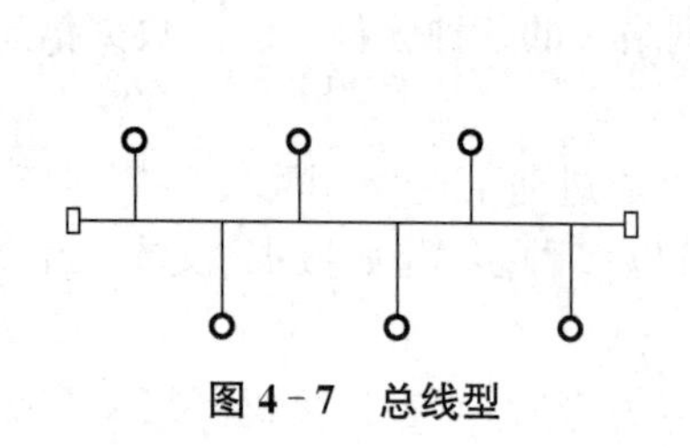

图 4-7　总线型

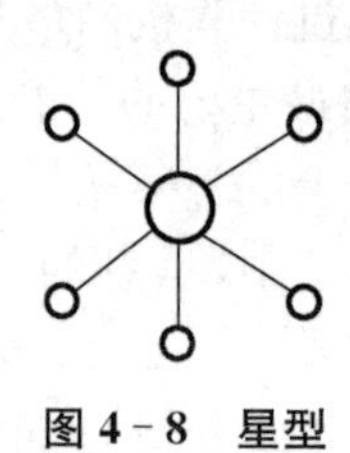

图 4-8　星型

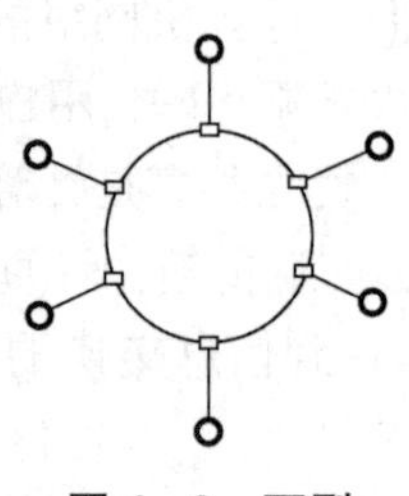

图 4-9　环型

上述三种拓扑结构属于基本结构。在基本结构上还可以组建复杂的拓扑结构，如树型拓扑和网状拓扑。

(3) 根据网络使用范围的不同，可以分为公用网和专用网。

公众使用的网络称为公用网，如互联网；为特殊业务工作的需要而建造的网络称为专用网，它不提供对外服务，如军事网络、电力系统网络、跨国公司网络等。

(4) 根据网络用途的不同，可以分为科研网、教育网、校园网、企业网等。

4.2.3　计算机网络性能指标

1. 信道带宽

在模拟通信系统中，信道带宽是指传输的模拟信号的频率变化范围；在数字通信系统中，信道带宽表示在单位时间内网络中的某信道所能通过的“最高数据率”。

2. 数据传输速率

数据传输速率是指数据的传送速率，即每秒传输的比特数。若一个数字通信系统每秒传输 1 000 比特，其数据传输速率为 1 000 b/s 或 1 000 bps。

3. 吞吐量

吞吐量指的是在单位时间内通过某个网络(或信道、接口)的实际数据量。

4. 端到端延迟

端到端时延是指数据从发送端到接收端所需的时间。

5. 误码率

误码率是指规定时间内数据传输中出错的数据占传输数据总数的比率。误码率越小，传输质量越高。

除了性能指标外，计算机网络中一些非性能特征也很重要，它们与前面介绍的性能指标有很大的关系。主要包括：费用、质量、标准化、可靠性、可扩展性以及易于管理和维护性。

4.3　计算机网络体系

4.3.1　计算机网络的组成

计算机网络是通过通信链路将多个独立的计算机系统相互连接起来，并按照网络协议进行数据通信以实现资源共享等功能的计算机集合。

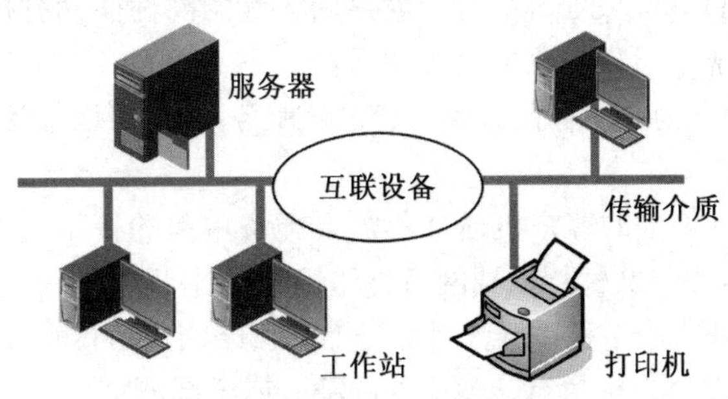

图 4 - 10　计算机网络示意图

如图 4 - 10 所示，在以上对于网络的定义中，可以看出计算机网络主要包含计算机主机、通信链路、网络协议三个部分。

(1) 计算机主机，指连接到网络中的具有数据处理和信息交互能力的计算设备，例如大型机、小型机、个人电脑、外部设备终端等。

(2) 通信链路，由通信传输介质及网络互连设备组成，用于将多个计算机主机连接在一起，实现数据通信。通信传输介质种类很多，如双绞线、同轴电缆、光缆、无线电波等。网络互连设备主要包括集线器、交换机(图 4 - 11)、路由器(图 4 - 12)等。

图 4 - 11　交换机

图 4 - 12　路由器

(3) 网络协议，是为进行网络中的数据交换而建立的规则、标准或约定。目前常见的网络协议有 TCP、IP、HTTP 等。

计算机网络中的计算机主机、通信链路等设备属于网络硬件，而网络协议属于网络软件，除此之外网络软件还包括网络操作系统(如 Windows 系列、Unix、Linux)、网络管理软件、各种网络应用软件(如浏览器、微信)等。

4.3.2　计算机网络的工作模式

根据计算机在网络中的功能和作用的不同，网络中的计算机主机可分为两种类型：服务器和客户机。

1. 服务器

服务器通常选择具有强大处理能力和大存储容量的高性能计算机，为客户机提供资源共享和网络服务。服务器可以提供的服务如下：

(1) 文件服务，也称为共享存储服务。通过该服务，用户可以访问服务器中的共享程序和数据，并对其进行存取。

(2) 打印服务。网络上的客户机通常不需要配备单独的打印机。当需要打印时，他们可以访问打印服务器，并将文件传输到网络打印机进行打印。

(3) 应用程序服务。应用程序服务是服务器为网络用户运行软件的服务，也就是说，应用程序服务器可以帮助客户机执行某项任务的部分或全部内容。

(4) 消息服务。消息服务是指网络用户通过服务器进行通信，如发送文本、图像、声音

等消息。常见的消息服务包括电子邮件服务、在线聊天服务、互联网电话、视频会议等。

(5) 数据库服务。数据库管理软件运行在数据库服务器上，负责完成数据库中的数据存储和检索等服务。

2. 客户机

客户机是指用户使用的一般计算机。用户可以通过客户机访问网络服务器的共享资源，享受网络服务。

3. 工作模式

计算机网络中每一台计算机的"身份"可以是客户机或者服务器，也可以既是客户机又是服务器。根据身份划分的区别，可以将计算机网络的工作模式划分为对等(Peer-to-Peer, P2P)模式和客户机/服务器(Client/Server, C/S)模式。

对等模式是指网络中的每台计算机既可以是客户机又可以是服务器，可以请求服务，也可以提供服务。如：互联网中"BT"下载服务即采用对等工作模式，其特点是"下载的请求越多、下载速度越快"。Windows 操作系统中，工作组中电脑共享彼此文件夹是按照对等模式进行工作。

客户机/服务器模式是指网络中每台计算机的角色是固定的，始终充当客户机角色去请求服务，或者一直充当服务器角色为其他客户机提供网络服务，在客户/服务器模式中通常选用一些性能较高的计算机作为服务器，如图 4－13 所示。

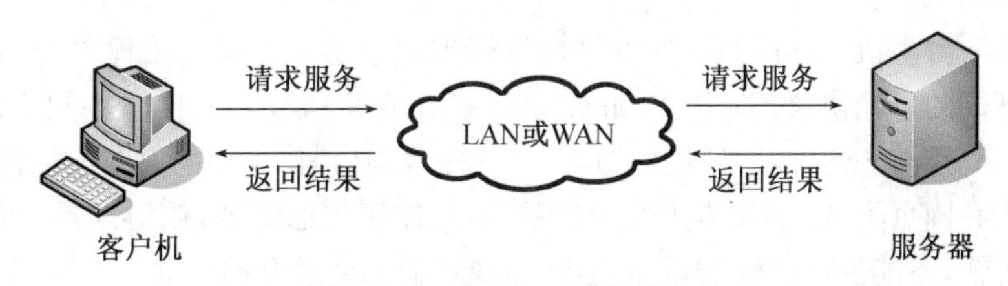

图 4－13　客户机/服务器模式

4.3.3　计算机网络的体系结构

因特网是由许多不同类型的物理网络连接在一起组成的互连网络，它们各自的操作系统、通信模式和拓扑结构均不相同。为了实现不同网络之间的相互通信，必须遵守一组共同的规则，即网络协议。目前著名的网络体系结构有两种：开放系统互连参考模型(OSI)和传输控制/网际协议(TCP/IP)。OSI 体系结构由国际标准化组织(ISO)提出，它将网络分为七层：应用层、表示层、会话层、传输层、网络层、数据链路层和物理层。OSI 的七层协议体系结构虽然概念清楚，理论也较完整，但它既复杂又不实用，尚未得到市场认可。目前互联网采用的是更高效的 TCP/IP 五层体系结构，它将网络分为应用层、传输层、网络互连层、网络接口和硬件层。

TCP/IP 协议将网络分为应用层、传输层、网络互连层和网络接口层这四层，它与 OSI 分层结构有一定的对应关系，如图 4－14 所示。TCP/IP 协议中每层都包含很多协议，整个 TCP/IP 协议簇约包含 100 多个协议，其中传输控制协议(Transmission Control Protocol, TCP)和网络互连协议(Internet Protocol, IP)是其中最重要、最基本的两个协议，因此采用 TCP/IP 来表示整个协议簇。

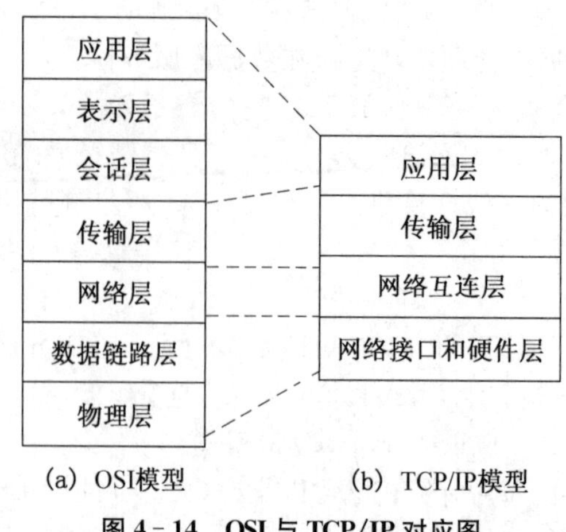

图 4-14　OSI 与 TCP/IP 对应图

1. *应用层*

应用层是 TCP/IP 协议的最高层，为用户提供各种网络应用程序和应用层协议。不同的网络应用程序需要不同的协议，例如用于电子邮件传输的 SMTP 协议、用于网页浏览器的 HTTP 协议、用于文件传输的 FTP 协议以及用于远程登录的 Telnet 协议等。

2. *传输层*

传输层为两台主机上的网络应用程序提供端到端通信。根据应用程序的不同需求，传输层有两种不同的运输协议：TCP(Transmission Control Protocol，传输控制协议)和 UDP(User Datagram Protocol，用户数据包协议)。其中 TCP 提供可靠的面向连接传输服务，如电子邮件传输和网页下载；UDP 提供简单高效的无连接传输服务，该协议是一种尽力而为的快速数据传输，不能保证传输的可靠性，如在线音频和视频等的传输。

3. *网络互连层*

网络互连层为互连网络中的所有计算机指定统一的寻址方案和数据包(也称为 IP 数据报)格式，并通过路由转发机制将 IP 数据报从一台计算机通过中间节点逐跳传输到目的计算机。

4. *网络接口和硬件层*

网络接口和硬件层提供与物理网络的接口方法和规范，并负责把 IP 数据报转换成适合在特定物理网络中传输的帧格式，可以支持各种采用不同拓扑结构和不同介质的底层物理网络，如以太网、ATM 网、FDDI 网等。

4.4　局域网

4.4.1　局域网概述

局域网是指在有限的地理区域范围内将多台计算机互起来实现资源共享和数据传输的计算机网络，譬如在一栋大楼建筑或一所大学中的网络。随着局域网的发展，出现了许多局域网类型，如以太网、令牌环网、FDDI 网(光纤分布数字接口网)等。目前，以太网得到了广泛的应用，本节将重点介绍以太网。在局域网的发展过程中，IEEE（国际电子电气工程师协会）推动了局域网技术的标准化，产生了 IEEE 802 系列标准。

1. *局域网的特点*

局域网具有以下主要特点：

（1）地理范围分布较小，一般为几百米到几公里。

（2）数据传输速率较高，一般为 10 Mbps～10 Gbps。

（3）延迟时间短，误码率低，一般为 10^{-11}～10^{-8}。

（4）组建方便，协议简单，投资较少，使用灵活，便于管理。

2. *局域网的组成*

局域网包含网络节点、传输介质以及网络互联设备等，并需要网络协议的支持。图 4－15 为局域网的组成示意图。

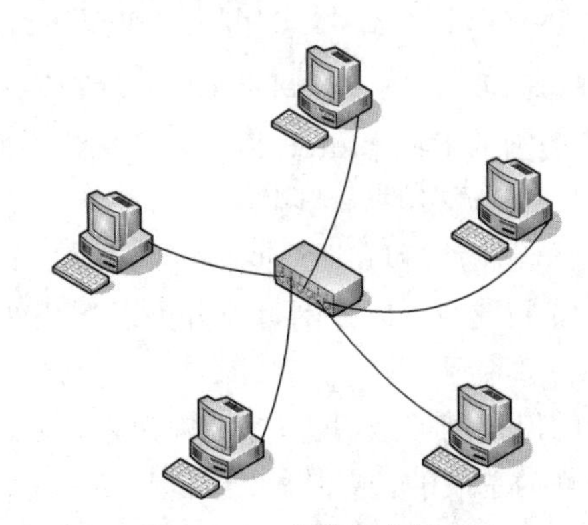

图 4－15　局域网的组成

（1）节点

网络中的工作站、服务器、打印机等都可以被称为节点。

① MAC 地址

IEEE 802 标准规定局域网中的每个节点都有一个全球唯一的物理地址，该地址称为介质访问地址（Media Access Address，即 MAC 地址），是一组由 IEEE 的注册管理机构 RA 负责向厂家分配的组织唯一标识符和厂家自行指派的扩展唯一标识符组成的 48 位二进制地址（通常表示为 12 个十六进制数），实现节点互相通信。

② 数据帧

当局域网中的任意两个节点通信时，数据被分成几个单元进行传输，每个单元称为数据帧或帧（Frame）。帧的格式如图 4－16 所示。

发送节点 MAC 地址	接收节点 MAC 地址	控制信息	有效载荷（传输的数据）	校验信息

图 4－16　局域网数据帧格式

③ 网卡

局域网上的每台计算机进行通信都需要安装网络接口卡，称为网卡。每个网络节点的 MAC 地址存储在该节点的网卡中。网卡通过传输介质（如双绞线）将计算机连接到网络。

网卡的任务是发送和接收数据、进行数据缓存、实现局域网协议等。

(2) 传输介质与互联设备

传输介质的功能是将计算机等网络设备连接到网络中,局域网中的传输介质通常包括双绞线、同轴电缆、光缆、无线电波等。局域网中常用的互联设备主要由集线器和交换机。

(3) 局域网协议

除了必要的硬件设备外,局域网还需要网络协议的支持来完成寻址、路由和流量控制等功能,以便将数据通过复杂的网络结构传输到目的地。常见的局域网协议有 TCP/IP 协议、NetBEUI 协议和 IPX/SPX 协议等,其中 TCP/IP 是最常用的局域网网络协议,也是互联网当前使用的网络协议。

4.4.2 常见局域网

1. 以太网

以太网是一种典型的局域网,1975 年美国 Xerox(施乐)公司最早建立了以太网(Ethernet)。随后在 1980 年美国的 DEC、Intel、Xerox 三家公司联合将以太网开发成为局域网技术规范标准,1985 年 IEEE 颁布的局域网协议 IEEE 802.3 与该技术标准基本一致,它规定了包括物理层的连线、电子信号和介质访问协议的内容。随着以太网的发展,逐渐取代了令牌环网、FDDI 网等传统局域网。以太网可以分为以下几种类型:

(1) 共享式以太网

共享式以太网属于早期的以太网类型,其拓扑结构为总线型,如图 4-17 所示。局域网中的所有节点都连接到一条称为总线的公共传输线路,节点之间的通信通过总线实现。

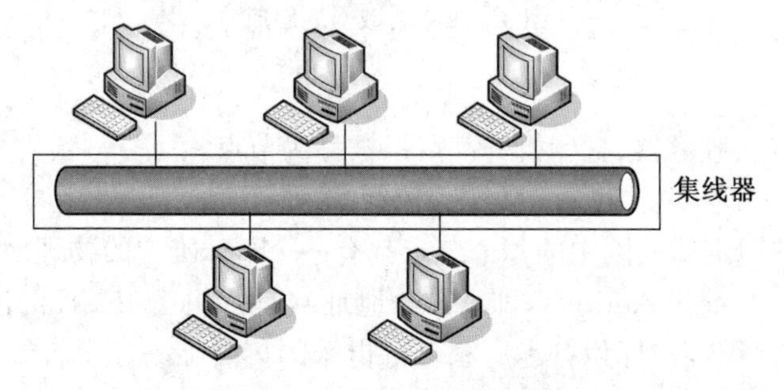

图 4-17 共享式以太网结构

在实际组网中,共享以太网一般使用集线器(Hub)来实现总线功能,网络中的计算机节点通过网卡和传输介质连接到集线器,传输介质类型通常为双绞线。作为共享式以太网中的网络互连设备,集线器的主要功能是放大和重塑信号,以实现更长距离的传输,并以广播方式将任意节点发送的信息分发至总线上的其他节点。

采用集线器组网的以太网尽管在物理上是星型结构,但在逻辑上仍然是总线型的,所有节点共享一根总线,并使用广播的方式传输数据帧。因此,当网络中有两个以上的节点同时发送数据时,就会产生冲突并导致网络故障。半双工的通信方式采用 CSMA/CD 的冲突检测方法。每一个数据包都被发送到集线器的每一个端口,所以带宽和安全问题仍没有解决。对于普通 10 Mbit/s 的共享式以太网,若共有 N 个用户,则每个用户占有的平均带宽只有总带宽(10 Mbit/s)的 N 分之一。

(2) 交换式以太网

目前以太网普遍使用的是交换式以太网，拓扑结构为星型，以太网交换机(Switcher)作为中心互连设备，其他节点通过网卡和传输介质连接到交换机上，如图 4 - 18 所示。

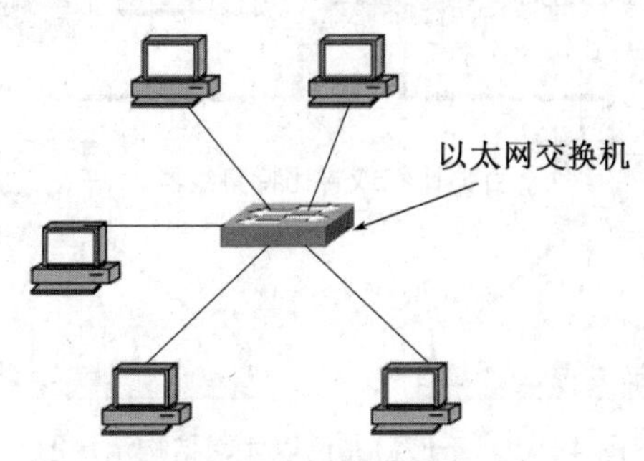

图 4 - 18　交换式以太网结构

在交换式以太网中，尽管所有节点都连接到中心交换机，但当以太网交换机接收到每个节点发送的数据帧时，并不会以广播的方式将其发送给其他所有节点，而是根据数据帧中的目的 MAC 地址与端口的对应关系进行转发。这种点对点的通信方式大大减轻了网络的负担，同时也可以支持多对计算机之间的通信，提高网络通信的效率。对于普通 10 Mbit/s 的交换式以太网，虽然在每个接口到主机的带宽还是 10 Mbit/s，但由于一个用户在通信时是独占而不是和其他网络用户共享传输媒体的带宽，因此每个用户占有的平均带宽均为 10 Mbit/s。两者差异如表 4 - 1 所示。

表 4 - 1　总线/交换式以太网差异表

总线式以太网	交换式以太网
Hub 向所有计算机发送数据帧(广播)，由计算机选择接收	交换机按 MAC 地址将数据帧直接发送给指定的计算机
1 次只允许 1 对计算机进行数据帧传输	允许多对计算机同时进行数据帧传输
实质上是总线式拓扑结构	星形拓扑结构
所有计算机共享一定的带宽	每个计算机各自独享一定的带宽

(3) 千(万)兆位以太网

千(万)兆以太网作为最新的高速以太网技术，继承了传统以太网的低成本优势，可以用作现有网络的主干网，也可在高带宽(高速率)的应用场景中。

通常，一个单位或学校有多个系，每个系有一个或多个局域网，需要将这些局域网相互连接以形成完整校园网络。在构建网络时，可以根据以太网交换机的性能以树状方式实现这种结构，如图 4 - 19 所示。千(万)兆以太网使用光纤作为传输介质，中央交换机的带宽可以达到每秒千兆或万兆以上。

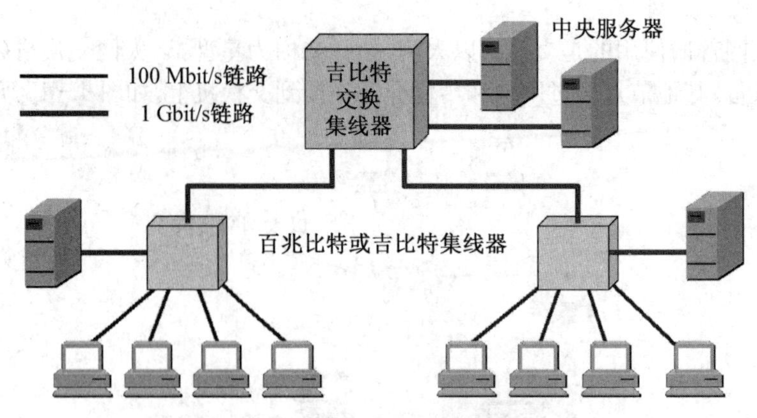

图 4－19　千(万)兆位以太网结构示意图

2. 无线局域网

无线局域网(Wireless Local Area Network，WLAN)指应用无线通信技术将计算机设备互联起来，构成可以互相通信和实现资源共享的网络体系。

无线局域网作为有线网络的补充和延伸，它使互联网上的计算机可以移动，并可以快速方便地解决有线网络难以实现的网络连接问题，但并不能实现在任何地方接入因特网的需求。目前，无线局域网广泛应用于商店、医院、学校等各种公共场所。

无线局域网采用的协议主要是 802.11，即 Wi－Fi。构建无线局域网所需的硬件设备包括无线网卡、无线接入点(Access Point，AP)等，其中无线 AP 是无线网络的接入点，通常被称为“热点”，主要有路由交换接入一体设备和纯接入点设备，路由交换接入一体设备执行接入和路由工作，纯接入点设备仅负责无线客户端的接入。无线局域网示意图如图 4－20 所示。

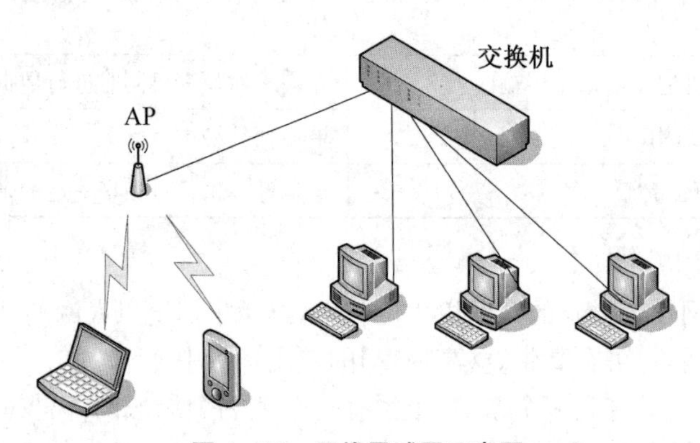

图 4－20　无线局域网示意图

另一种构建无线局域网的技术是“蓝牙”(Bluetooth)，它基于低成本、近距离无线连接，能在包括移动电话、PDA、无线耳机、笔记本电脑等众多设备之间进行无线信息交换，通过“蓝牙”技术可以构建一个操作空间在 10 米以内的无线个人区域网(WPAN)。

4.5　互联网

4.5.1　互联网概述

1. 互联网的发展

互联网(Internet)最早出现于 1969 年美国国防部高级研究计划局研制的 ARPANET 网络,早期主要用于军事方面。随着 ARPANET 网络规模的不断增长,连接的计算机数目也越来越多,并于 1984 年分解为民用和军用两个网络,其中的民用网络仍称为 ARPANET,军用网络称为 MILNET。后来 ARPANET 与美国国家科学基金会建立的国家科学基金网(NSFNET)合并,改名为互联网。自 20 世纪 90 年代以后,以互联网为代表的计算机网络得到了飞速的发展,已从最初的教育科研网络(免费)逐步发展成为商业网络(有偿使用),同时也成为全球最大的和最重要的计算机网络,是人类自印刷术发明以来人类在存储和交换信息领域中的最大变革。目前互联网逐渐形成了多层次 ISP(Internet Service Provider)结构,如图 4-21 所示。

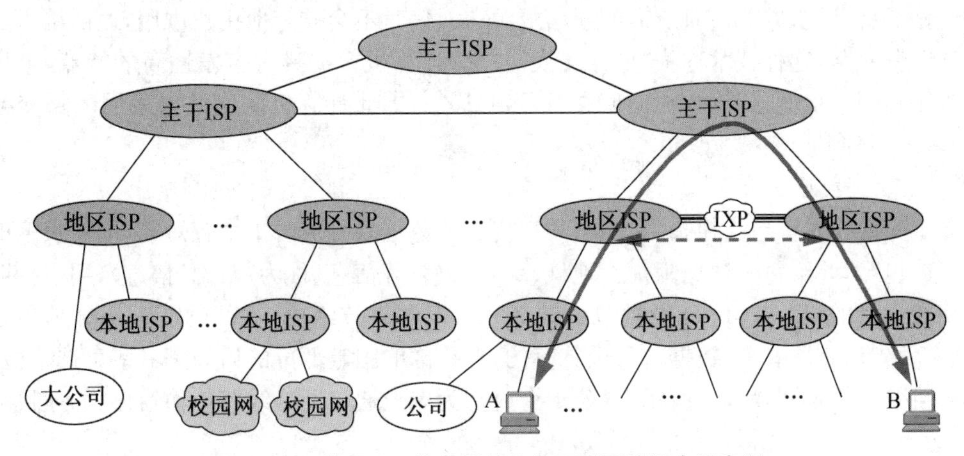

图 4-21　基于 ISP 的多层结构的互联网的概念示意图

2. 互联网在我国的发展

互联网在我国的发展迅猛,已经形成规模,互联网应用也走向多元化。中国互联网目前是全球第一大网,网民人数最多,联网区域最广。百度、腾讯、奇虎等中文网络影响全球,为中国网民带来了与世界交流的窗口。互联网越来越深刻地改变着人们的学习、工作以及生活方式,甚至影响着整个社会进程。我国先后建立了多个与互联网相连的全国性网络,典型的代表有:

(1) 中国电信互联网 CHINANET

(2) 中国联通互联网 UNINET

(3) 中国移动互联网 CMNET

(4) 中国教育和科研计算机网 CERNET

(5) 中国科学技术网 CSTNET

近年来，中国互联网产业实现平稳发展，有效应对了贸易战、新冠疫情等不确定性因素冲击。新冠疫情发生及蔓延扩展已经对全球经济社会发展产生了重大影响，大部分企业加快推进企业数字化转型，加快推进线下服务加速向线上迁移，整个经济社会对云计算等各类互联网应用服务需求猛增。截至 2021 年 6 月，我国网民总体规模超过 10 亿，庞大的网民规模为推动我国经济高质量发展提供强大内生动力。一是互联网基础资源加速建设，为网民增长夯实基础。目前，我国 IPv6 地址数量达 62 023 块/32，移动电话基站总数达 948 万个。二是数字应用基础服务日益丰富，带动更多网民使用。互联网及科技企业不断向四五线城市及乡村下沉，带动农村地区物流和数字服务设施不断改善，推动消费流通、生活服务、文娱内容、医疗教育等领域的数字应用基础服务愈加丰富，为用户带来数字化便利。三是政务服务水平不断提升，用户习惯加速形成。全国一体化政务服务平台在疫情期间推出返岗就业、在线招聘、网上办税等高频办事服务 700 余项，加大政务信息化建设统筹力度，不断增进人民福祉。

4.5.2 分组交换和存储转发

在电话通信网络中，通话双方经过拨号接通双方的线路，在此过程中双方之间建立一条物理通路，以保证双方通话时所需的通信资源在通信时不会被其他用户占用，通话结束后再释放该专有线路，这种技术称为“电路交换”技术，计算机数据具有突发性高的特点，这导致专有线路利用率很低(传输数据时间往往不到 1%)，因此计算机网络并未采用电路交换技术，而是采用分组交换技术。

1. 分组交换原理

分组交换技术称包交换技术，是将用户传送的数据划分成若干个较短的、固定长度的分组(也称“包”)，并给每份数据附加上地址、编号、校验等信息(称为“头部”信息)，用于指明数据如何发往目的地。如：IPv4 数据包由首部和数据两部分组成，首部的前一部分是固定长度，共 20 字节，是所有 IP 数据包必须具有的，在首部的固定部分的后面是一些可选字段，其长度是可变的。如图 4－22 所示，以若干个“包”为单位通过网络线路传输给接收方(目的计算机)。

源计算机地址	目的计算机地址	编号	校验信息	传输的数据块

图 4－22 数据包格式

分组数据包沿着相同或不同路径发往接收方，接收方接收到发送方传输过来的包后，依次剥去每个包的头部，然后将其按编号顺序重新合并成原来的数据文件，如图 4－23 所示。

分组交换技术中通信双方不需要预先建立链接，每个包传输的路径不一定都相同，这种服务方式称为“无连接服务”，其特点是通信灵活可靠，线路利用率高，缺点是通信过程中包容易丢失，出现包重复及失序等现象。分组交换特点如下：

(1) 同一报文的不同分组可以由不同的传输路径通过通信子网。

(2) 同一报文的不同分组到达目的结点时可能出现乱序、重复与丢失现象。

(3) 每一个分组在传输过程中都必须带有目的地址与源地址。

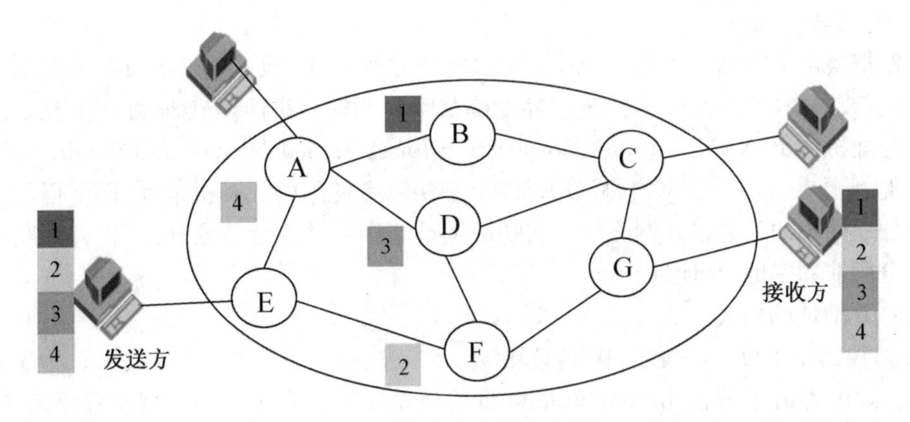

图 4－23　分组交换示意图

(4) 数据报方式报文传输延迟较大，适用于突发性通信，不适用于长报文、会话式通信。

2. 分组交换机

分组交换网中实现分组转发的中间节点叫作分组交换机，如图 4－23 中的 A、B、C、D、E、F、G 节点。

分组交换机的基本工作模式是“存储转发”。当交换机从输入端口接收到数据包时，首先将其放入缓冲区，交换机根据数据包中的接收方地址和交换机中存储的转发表，找出数据包应该从哪个输出端口发送，期间并不检查数据包内容，如图 4－24 所示。通常会有多个数据包需要从同一输出端口转发，因此，分组交换机的每个输出端口将有一个输出缓冲区。数据包暂时存储在相应输出端口的缓冲区中，并排队等待输出，这种技术叫作存储转发技术。

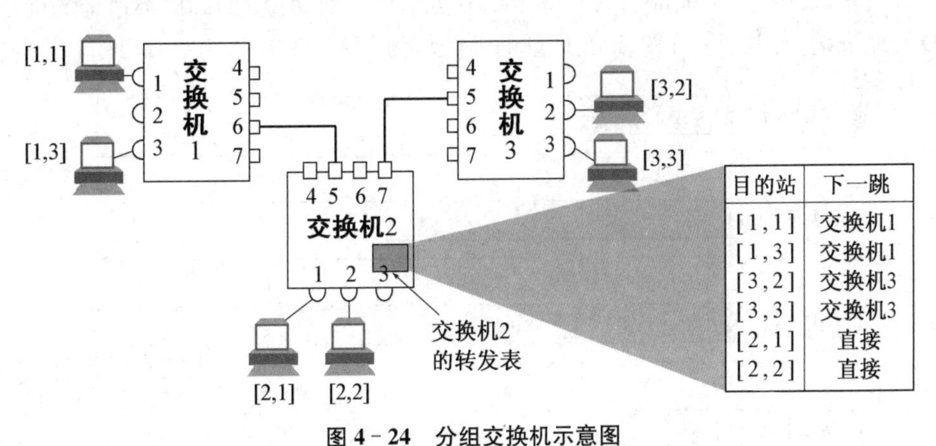

图 4－24　分组交换机示意图

4.5.3　网际协议 IP

网际协议 IP 是 TCP/IP 体系中最重要的协议之一，用于实现大规模、异构网络的互连。根据端到端的设计原则，IP 只为主机提供一种无连接、不可靠的、尽力而为的数据包传输服务。互联网由多个物理网络互连而成，为了实现互联网上计算机之间的通信，连接到互联网的每台计算机都必须具有唯一的地址标识，即 IP 地址。

1. IP 地址

我们把整个因特网看成为一个单一的、抽象的网络。IP 地址就是给每个连接在互联网上的主机(或路由器)分配一个在全世界范围是唯一的标识符。IP 地址目前由互联网名字和数字分配机构 ICANN(Internet Corporation for Assigned Names and Numbers)进行分配。IP 地址是在 TCP/IP 网络协议中网络互连层以上使用的计算机地址，而下面的网络接口和硬件层使用的还是物理网络原有的物理地址。当用户从运营商开户后，即可获得一个由 ISP 分配非固定的 IP 地址。

(1) IP 地址的格式

IP 协议第 4 版(IPv4)规定，IP 地址用 32 个二进制位，即 4 个字节来表示。为了表示方便，通常采用“点分十进制”的格式来表示，即将每个字节用其等值的十进制数字来表示，每个字节间用点号“.”来分隔。

例如，IP 地址 11010011 00011110 00000011 01111010，可以表示为 211.46.3.122。

(2) IP 地址的分类

IP 地址分为几个固定的类，每种类型的地址由两个固定长度的字段组成：一个字段是网络号 net-id，标识主机(或路由器)连接到的网络；另一个字段是主机号 host-id，标识主机(或路由器)。其中主机号全 0 的 IP 地址称为网络地址，用来表示整个一个物理网络；主机号全 1 的 IP 地址称为广播地址。主机号在它前面的网络号所指明的网络范围内必须是唯一的，因此，IP 地址必须在整个互联网范围内是唯一的才可以通信。

由于 Internet 互连网络中各种物理网络的类型和规模不同，Internet 管理委员会按照网络规模的大小将 IP 地址分为五种类型，分别为 A、B、C、D、E 类。分类的 IP 地址格式如图 4 - 25 所示，其中，A 类地址的第一位为 0，B 类地址的前两位为 10，C 类地址的前三位为 110，D 类地址的前四位为 1110，E 类地址的前四位为 1111。

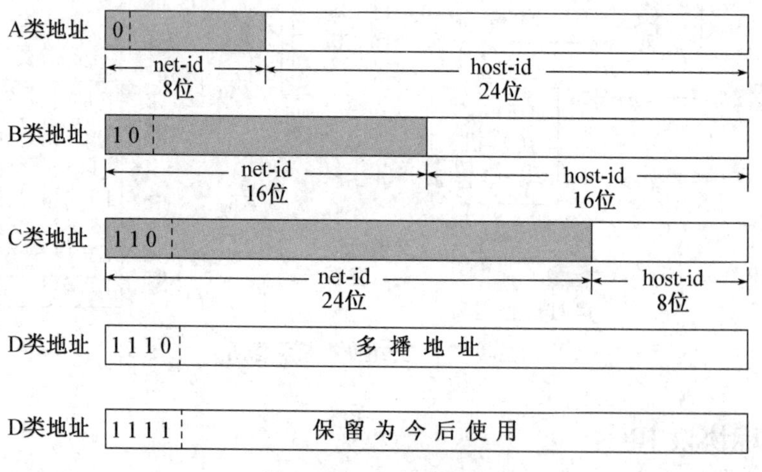

图 4 - 25　IP 地址分类

常用的 IP 地址有三种类型：A、B 和 C，它们用于不同规模的物理网络，D 类是组播(多播)地址，E 类是保留地址供将来使用。其中，A 类地址一般分配给具有大量主机的大型网络，B 类地址一般分配给中型网络，C 类地址一般分配给小型局域网。表 4 - 2 显示了三种类型 IP 地址的范围：A、B 和 C。

表 4-2　IP 地址范围

类型	网络数目	主机数目	第一个字节的数字范围
A	$2^7-2=126$	$2^{24}-2$	1～126
B	2^{14}	$2^{16}-2$	128～191
C	2^{21}	2^8-2	192～223

以 A 类 IP 地址为例，A 类 IP 地址的网络号长度为 7 位，网络数目则有 $2^7=128$ 个，由于全为 0 的网络号一般不用，全为 1 的网络号(即 127)作为网络测试的地址，所以 A 类 IP 地址的网络数目为 126 个。A 类 IP 地址的主机号长度为 24 位，每个网络内可以有 $2^{24}-2$ 台主机，这里减去主机号为全 0 和全 1 的两个不能用作主机 IP 的地址。

2. 子网

在 ARPANET 的早期，IP 地址的设计不够合理，IP 地址空间的利用率有时很低且不够灵活。随着计算机网络的普及，小型网络的数量越来越多，这些网络包含少量主机，通常只有几十台甚至几台主机。如果将 A 类、B 类和 C 类 IP 地址分配给这些较小的网络，则会浪费大量地址，加速 IP 地址的枯竭，解决这一问题的方法是采用"子网"的概念。

子网划分使两级 IP 地址变为三级 IP 地址，将标准 IP 地址中的主机号划分为"子网号"和"主机号"两个部分，如图 4-26 所示，以 C 类地址为例，8 位的主机号中若划出 5 位作为子网号，那么每个子网分别可容纳 $2^3-2=6$ 台主机，灵活的划分可以大大节约 IP 地址。

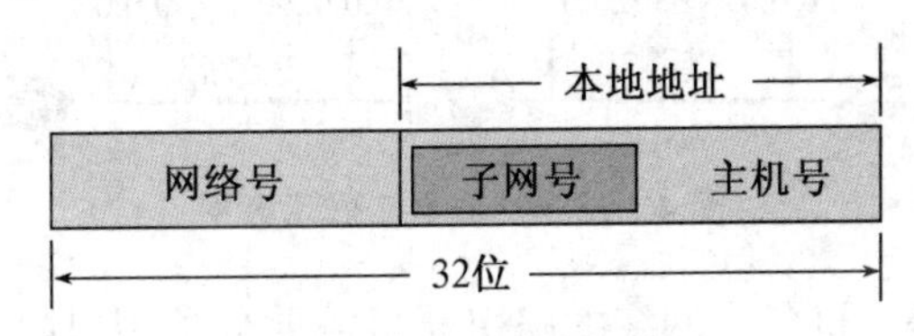

图 4-26　子网的划分

通过 IP 数据报的首部并无法判断源主机或目的主机所连接的网络是否进行了子网划分，因此需使用"子网掩码"在 IP 地址中找出网络号和子网号。子网掩码是一个 32 位的代码，其中与 IP 地址中网络号、子网号相对应的位置二进位为"1"，与主机号相对应的位置二进位为"0"。只需将子网掩码与 IP 地址进行"逻辑乘"操作，就能获得网络号与子网号。例如某主机 IP 地址为 210.15.2.123，设定子网掩码为 255.255.255.224，通过逻辑乘计算得到的子网地址为 210.15.2.96，如图 4-27 所示。

主机 IP 地址：210.15.2.123　二进制形式：　11010010.00001111.00000010.01111011

子网掩码：255.255.255.224　二进制形式：　11111111.11111111.11111111.11100000

AND

子网地址：　11010010.00001111.00000010.01100000

图 4-27　通过子网掩码计算子网地址

3. IPv6——新一代 IP 地址

目前，IPv4 协议理论上约有 43 亿个地址，但随着互联网的发展，到 2011 年 2 月，IPv4 地址已经用尽，ISP 无法再申请新的 IP 地址块。此外，IPv4 在网络传输速度、服务质量、灵

活性和安全性方面逐渐无法满足实际应用的需要。解决这一问题的基本方法是使用下一代IP协议IPv6，它使用128位IP寻址方案来扩展寻址空间。目前IPv6正在不断发展和完善，在不久的将来将取代目前广泛使用的IPv4。

4.5.4 路由器及路由协议

路由器(Router)是一种网络互连设备，其功能是连接多个异构网络，屏蔽不同网络之间的技术差异，并将IP数据包正确传送到目的主机，实现不同物理网络之间的无缝连接。路由器根据路由协议生成一张路由表，收到IP数据包后，根据路由表中给出的路由条目将数据包转发到网络下一跳，如图4-28所示。

目的主机所在的网络	下一路地址
20.0.0.0	直接交付，接口0
30.0.0.0	直接交付，接口1
15.0.0.0	20.0.0.7
40.0.0.0	30.0.0.1

图4-28　路由器工作示意图

作为网络互连设备，连接各个网络的路由器也需要分配IP地址，且至少应分配两个以上的IP地址，其中每个端口IP地址的类型号和网络号分别与所连的网络相同。

互联网中的路由协议主要分为内部网关协议IGP和外部网关协议EGP两大类，内部网关协议具体的协议有多种，如RIP和OSPF等，外部网关协议目前使用的协议为BGP。路由选择是一个非常复杂的问题，用于在互联网中寻找一条“最佳”路径，不同的路由协议具有不同的路由选择算法，不存在一种绝对的最佳路由算法，所谓“最佳”只能是相对于某一种特定要求下得出的较为合理的选择。

4.5.5 宽带接入技术

由于因特网资源丰富、功能强大，用户数目逐渐增多，大量家庭个人计算机用户都需要接入因特网，目前接入因特网的方法很多，用户可以根据自己实际情况选择。

1. 电话拨号接入

在互联网的发展初期，用户都是利用电话的用户线通过调制解调器连接到ISP的，电话用户线接入到互联网的速率最高只能达到56 kbit/s，并且上网的同时不能接听或拨打电话。

采用这种方式接入互联网需要一台计算机、一个调制解调器(Modem)、一根电话线、相关通信拨号软件，同时向ISP(Internet服务提供商)申请一个账号，安装设置成功后，就可以通过普通电话拨号的方式实现拨号上网，与Internet连接，如图4-29所示。其中Modem

的作用是把计算机送出的数字信号调制成适合在电话用户线上传输的模拟信号形式，同时把通过电话线传输过来的模拟信号解调恢复成数字信号传输给计算机。

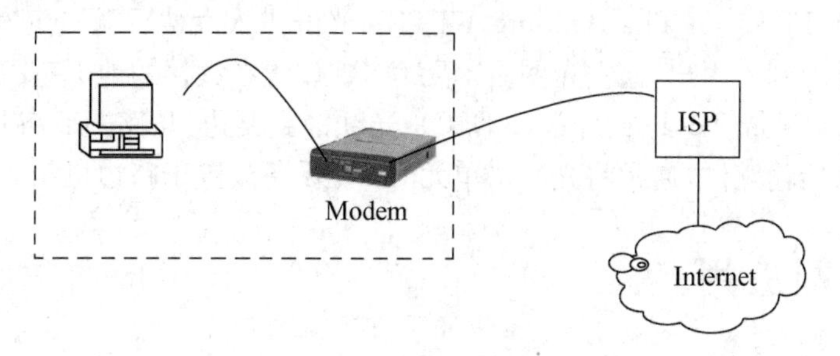

图 4－29　电话拨号接入示意图

2. ADSL 宽带接入

非对称数字用户线(Asymmetric Digital Subscriber Line，ADSL)技术就是用数字技术对现有的模拟电话用户线进行改造，使它能够承载宽带业务。ADSL 可以保证一条电话线上可以同时上网和接通电话，互不影响，且可以根据线路情况自动调整数据传输速率。

ADSL 通过频分复用技术，将普通电话线路划分为三个不重叠的信道，分别传输语音、上行数据、下行数据三路信号，其中上行和下行两个通道的传输速率是不对称的，但不能保证固定速率传输，上行速率通常为 640 kbps 到 1 Mbps，下行速率通常为 1 Mbps 到 8 Mbps，如图 4－30 所示。

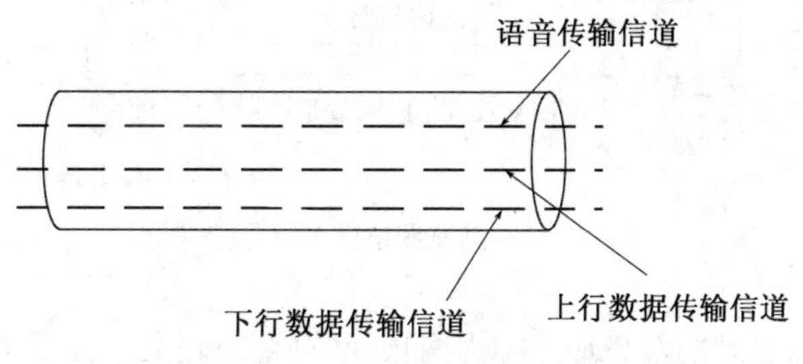

图 4－30　ADSL 的信道复用技术

3. Cable Modem 接入

Cable Modem(电缆调制解调器)接入是一种通过有线电视网进行高速数据接入的技术。Cable Modem 的原理与 ADSL 相似，将有线电视系统使用的同轴电缆的整个频带划分为三个部分，分别用于传输电视信号、上传数据和下传数据，其中数据上传速率一般为 0.2～2 Mbit/s，最高可达 10 Mbit/s，下传数据速率一般在 3～10 Mbit/s 之间，最高可达 30 Mbit/s，可以实现上网的同时也能收看电视节目。

Cable Modem 接入技术的优点很多，如联网的成本低廉，无须拨号上网，不占用电话线，可永久连接；同时 Cable Modem 接入技术也有不足之处，如每个用户的加入都会占用一定的频带资源，当同时上网的用户数目较多时，每个用户得到的有效带宽将会显著下降。

4. FTTx 技术

FTTx 是“Fiber To The x”的缩写，表示“光纤到 x”，是一种实现宽带居民接入网的方案，代表多种宽带光纤接入方式，目前主要分为以下几类：

光纤到户(Fiber To The Home,FTTH):光纤一直铺设到用户家庭,通常光网络单元ONU到桌面不足100米,可能是居民接入网最后的解决方法。

光纤到大楼(Fiber To The Building,FTTB):光纤进入大楼后就转换为电信号,然后用电缆或双绞线分配到各用户,通常光网络单元ONU设置在大楼的地下室配线箱处。

光纤到路边(Fiber To The Curb,FTTC):光纤铺到路边,从路边到各用户可使用星形结构双绞线作为传输媒体,通常将光网络单元ONU设备放置于路边机箱。

4.6 互联网应用

4.6.1 WWW服务

WWW(World Wide Web),中文含义为全球信息网,也称为万维网、3W网等,作为目前Internet上最为广泛使用的服务之一,它是集文本、声音、图像、视频等多媒体信息于一身的全球信息资源网络。WWW使用网页(Web Page)形式来展示信息资源,以超文本传输协议(HTTP)为基础,并采用客户机/服务器(Client/Server,C/S)的工作模式。

用户通过客户机的浏览器(Browser)来访问存放WWW信息资源的Web服务器,其中超文本传输协议用于实现浏览器与Web服务器之间网页文档的传送,如图4-31所示,这种工作方式称为浏览器/服务器(B/S)模式,是客户机/服务器模式的一种应用。

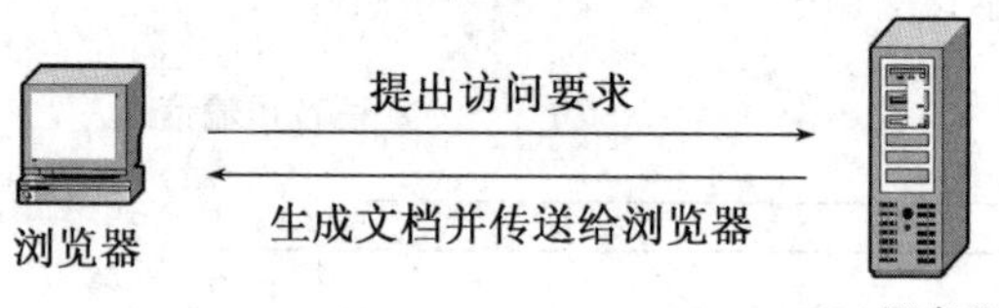

图4-31 浏览器访问Web服务器

1. 网页

用户通过浏览器看到的信息形式称为网页,网页是用超文本标记语言(HTML)编写的超文本文件。它不仅包含文本信息,还包含指向其他超文本的链接,即超链接。HTML语言使网页设计者可以轻松地使用超链接从网页的某个位置链接到万维网上的任何页面,并在计算机屏幕上显示这些网页。通常,一个网站由许多网页组成,当进入网站时看到的第一个页面称为主页(Homepage),可以通过主页上提供的超链接访问网站中的其他网页。下面是一个简单网页的HTML文件内容。

```
<HTML>
  <HEAD>
    <TITLE>
      示例网页
    </TITLE>
  </HEAD>
  <BODY>
    <a href="http://www.baidu.com">百度搜索</a>
  </BODY>
</HTML>
```

2. 超文本传输协议

超文本传输协议(HTTP)定义了万维网客户端进程(即浏览器)如何从万维网服务器请求万维网文档,以及服务器如何将文档传输到浏览器。从分层的角度来看,HTTP 是一种应用层协议,它是在万维网上包括文本、声音、图像和其他多媒体文件等可靠交换的重要基础。它可以使浏览器更高效,减少网络传输,不仅可以确保计算机正确、快速地传输超文本文档,还确定传输文档中的哪一部分,以及哪部分内容首先显示(如文本先于图形)等。

3. 统一资源定位器

统一资源定位器(URL)也称网址,用来标志万维网中信息资源的位置,用户通过在浏览器中输入 URL 来访问 Web 服务器上的网页。

URL 的表示形式为:

http://主机域名或 IP 地址[:端口号]/文件路径/文件名

http 表示采用 HTTP 传输协议进行通信;主机域名(或 IP 地址)是要访问的 Web 服务器的域名(或 IP 地址);端口号是服务器提供服务的端口,Web 服务器使用默认端口是 80,一般可以省略;"/文件路径/文件名"是网页在 Web 服务器中的位置和文件名,缺省时默认文件名为 index. html 或 default. html,即网站的主页。例如,http://www. baidu. com 即为百度 Web 服务器上的主页。

4.6.2 DNS 服务

1. 域名

IP 地址由 4 位十进制数字表示,难以理解和记忆,互联网提供了一种基于字符的主机命名机制——域名系统(Domain Name System,DNS),它使用具有特定含义的符号来表示每个主机的 IP 地址,该符号称为主机的域名。许多应用层软件经常直接使用域名系统,但计算机的用户只是间接而不是直接使用域名系统。

2. 域名的优点

域名一般由一些有意义的符号组成,变长的域名和使用有助记忆的字符串,是为了便于人来使用。用户如需访问某台主机,只需知道目标主机的域名就可以访问,而无须关心目标主机的 IP 地址。例如,www. baidu. com 是百度网站的 WWW 服务器主机域名,其对应的 IP 地址为 119. 75. 217. 109,互联网用户通过域名 www. baidu. com 就可以访问到该服务器。

在互联网中,域名只是个逻辑概念,主机的域名对应于其各自的 IP 地址,但并不代表计算机所在的物理地点,域名中的"点"和点分十进制 IP 地址中的"点"也并无一一对应的关系。互联网允许主机拥有多个域名,这些域名对应于此主机的唯一 IP 地址,用户可以通过其中一个域名或直接通过 IP 地址访问该主机。

3. 域名的组成

为了避免主机的域名重复,互联网采用层次结构的命名机制,将整个网络的名字空间分成若干个域,每个域又划分成许多子域,依次类推,形成一个树形结构,如图 4 - 32 所示。

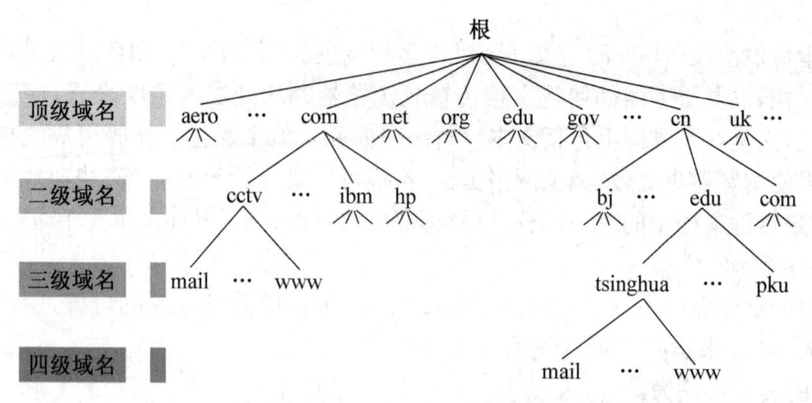

图 4-32 Internet 域名体系

所有入网主机的名字由一系列的域和子域组成，各个子域之间用“.”分隔，主机域名所包含的子域数目通常不超过 5 个，并且由左至右级别逐级升高，即

……. 三级域名. 二级域名. 顶级域名

一般计算机域名表示为：

主机名. 单位名. 机构名. 顶级域名

例如：www. nju. edu. cn 表示中国(cn)、教育机构(edu)、南京大学(nju)的 Web 服务器主机名。

为保证域名系统的标准化和通用性，顶级域名由互联网专门机构负责命名和管理，通常按照组织机构类别和地域(国家)来划分，详细内容见表 4-3。

表 4-3 顶级域名含义

顶级域名类型	域名	含义
组织机构	com	商业公司
	gov	政府部门
	org	非营利组织
	int	国际化机构
	edu	教育机构
	net	网络服务机构
	mil	军事机构
地域(国家)	cn	代表中国
	hk	代表香港
	us	代表美国(可省略)
	uk	代表英国
	jp	代表日本

4. 域名服务器

在网络通信中，主机之间仍然使用 IP 地址。将域名转换为对应 IP 地址的过程称为域名解析，是由专门的计算机——域名服务器(Domain Name Server，DNS)负责完成的。通常每一个网络中均要设置一个域名服务器，在该服务器的数据库中存放所在网络中所有主机的域名与 IP 地址的对照表，以实现该网络中主机域名和 IP 地址的转换，如校园网中，至少有一个域名服务器。域名系统采用分布式层次式数据库，如图 4-33 所示。

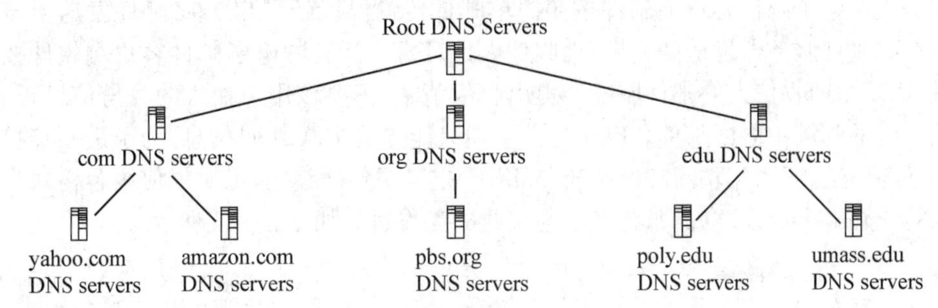

图 4-33　DNS 服务器分布式结构

若客户端想要查找 www.amazon.com 的 IP 地址，首先查询根服务器，找到 com 对应的域名服务器；接着客户端查询 com 域名服务器，找到 amazon.com 域名服务器；最后客户端查询 amazon.com 域名服务器，找到 www.amazon.com 对应的 IP 地址。

4.6.3　电子邮件服务

电子邮件(E-mail)是互联网上最常使用的服务之一，也是互联网用户进行交流的现代通信工具。电子邮件根据邮件地址将邮件发送到收件人使用的邮件服务器，并放在其中的收件人邮箱中，收件人可随时上网到自己使用的邮件服务器进行读取。电子邮件不仅使用方便，还具有传递迅速和费用低廉的优点，同时现在电子邮件不仅可传送文字信息，还可附上声音和图像。

1. 电子邮箱地址

每个电子邮箱都必须有唯一的 E-mail 地址，该地址由两部分组成，格式如下：

邮箱名@邮箱所在的邮件服务器的域名

发送邮件时，按邮箱所在的邮件服务器的域名将邮件送达相应的接收端邮件服务器，再按照邮箱名将邮件存入该收信人的电子邮箱中。例如，邮箱地址 ruili@163.com，表示收信人的邮箱名为 ruili，邮箱所在的邮件服务器域名为 163.com。

2. 电子邮件组成

电子邮件一般由三个部分组成，即邮件的头部、正文、附件。邮件头部包括发送方地址、接收方地址、抄送方地址、邮件主题等信息；邮件正文即信件的内容；邮件可以通过插入附件的形式来包含其他文件信息，文件类型可以是图像、语音、视频、文本等多种类型。

3. 电子邮件工作过程

电子邮件系统采用 C/S 工作模式，主要包括三个部分：邮件客户端、邮件服务器和电子邮件协议。用户通过网页或安装在其计算机中的邮件客户端软件(如 Microsoft Outlook Express)管理、撰写、阅读、发送和接收电子邮件。

邮件服务器是一台在互联网上安装了邮件服务器软件，并具有邮件存储空间，具有接收和发送电子邮件的功能的专用计算机。邮件服务器一直在运行邮件服务器程序，一方面它执行简单邮件传输协议(SMTP)，检查是否存在要发送和接收的邮件，负责发送需要发送的邮件，并将接收到的邮件放入收件人的邮箱；另一方面，它还执行邮局协议(POP3)，判断是否有用户需要取信，并在确定取信人身份后，将收件人邮箱中的邮件发送至收件人的客户端。

发信人的电子邮件客户端软件按照简单邮件传输协议(SMTP)，将邮件发送至该用户邮箱所在的邮件服务器发送队列中；而收信人计算机上运行的电子邮件客户端软件按照邮局协议(POP3)向收信人的邮件服务器提出收信请求，只要该用户输入的身份信息正确，就可以从自己的邮箱中取回邮件。电子邮件早期只能传输 ASCII 码信息，为了进一步扩展非 ASCII 码的传送，通用互联网邮件扩充(MIME)定义了传送编码，可对任何内容格式进行转换，而不会被邮件系统改变。邮件发送与接收的工作过程如图 4-34 所示。

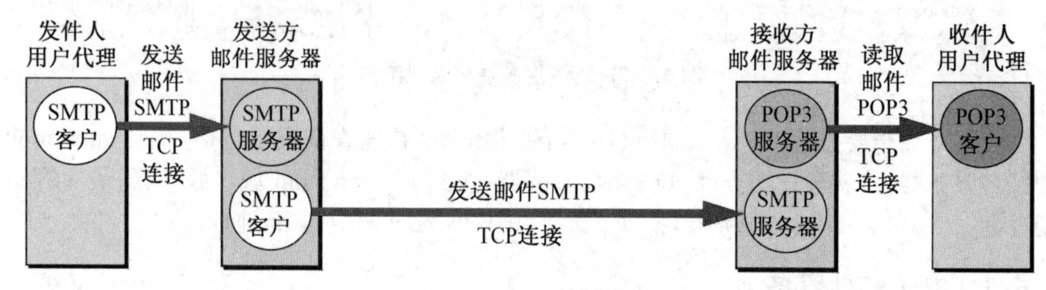

图 4-34　电子邮件收发的工作过程

4.6.4　FTP 服务

文件传输协议(File Transfer Protocol，FTP)是一个基于传输协议 TCP 的应用层协议，可以减少不同操作系统下的不兼容性，将网络中一台计算机上的文件传送到另外一台计算机。FTP 服务器用于存储和传送文件，用户使用 FTP 客户端通过 FTP 协议与服务器传送文件或访问位于服务器上的资源。

1. FTP 工作过程

FTP 采用客户机/服务器的工作模式，主要包括 FTP 客户机、FTP 服务器和 FTP 协议，工作过程如图 4-35 所示。

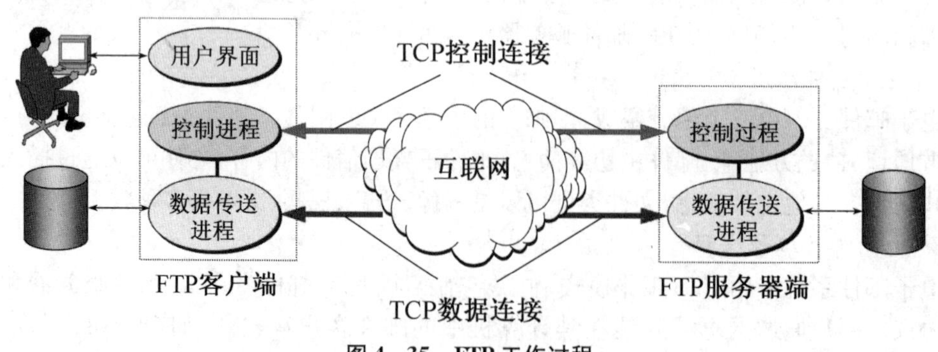

图 4-35　FTP 工作过程

运行 FTP 客户端程序的计算机称为 FTP 客户端，用户可以在 FTP 客户端上申请 FTP 服务。通常，安装 TCP/IP 协议软件的计算机包括 FTP 客户端程序。FTP 服务器通过运行 FTP 服务程序提供 FTP 服务。FTP 服务器可分为两种类型：匿名 FTP 服务器和非匿名 FTP 服务器。任何用户都可以使用“anonymous”作为用户名来访问匿名 FTP 服务器。通常，这些匿名用户只能拥有有限的 FTP 服务器访问权限。例如，他们可以下载文件，但不能上载文件或修改现有文件。而用户访问非匿名 FTP 服务器需要事先获得管理员提供的用户名和口令，以此来登录该 FTP 服务器，通过这种方式可以获得比匿名用户更多的操作权限。

2. 访问 FTP 服务器的方法

客户机访问 FTP 服务器的方法有多种，可以在 Web 浏览器的地址栏中输入 FTP 服务器的 URL 地址，例如：

ftp://FTP 服务器的域名或 IP 地址

这种方法虽然简单，但是文件传输速度较慢，且不够安全，另一种访问 FTP 服务器的方法是安装并运行专门的 FTP 工具软件，例如 CuteFTP、LeapFTP、WSFTP 等，它们提供图形化的用户界面，专门用来连接 FTP 服务器。

4.6.5　远程登录 TELNET

TELNET 是一个简单的远程终端协议，能将用户的击键传到远地主机，同时也能将远地主机的输出通过 TCP 连接返回到用户屏幕。这种服务是透明的，因为用户感觉到好像键盘和显示器是直接连在远地主机上。在互联网中，用户可以把自己的计算机当作一台显示终端，通过互联网连接某台远程计算机，并作为该远程计算机的用户来操作该远程计算机，访问其硬件和软件资源。

如图 4－36 所示，TELNET 采用 C/S 工作模式，主要包括 TELNET 客户机、TELNET 服务器和 TELNET 协议。一般安装了 TCP/IP 协议软件的计算机就包含了 TELNET 客户程序，作为 TELNET 客户机，用户可以在浏览器地址栏中输入 telnet://TELNET 服务器的域名或 IP 地址，只要该用户是合法用户，就可以访问指定的远程 TELNET 服务器。

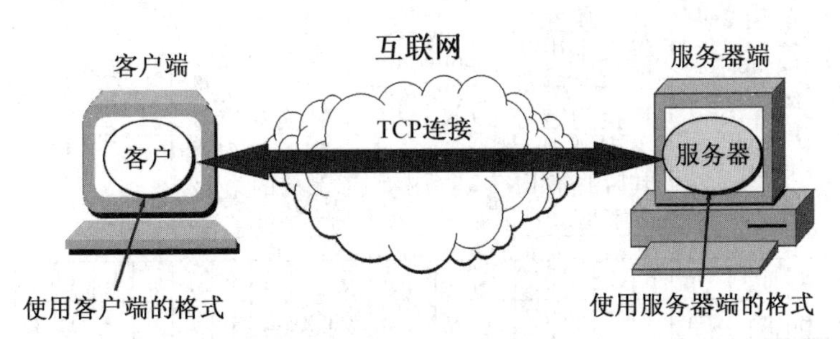

图 4－36　TELNET 工作模式

4.7　网络信息安全

“没有网络安全就没有国家安全，就没有经济社会稳定运行，广大人民群众利益也难以得到保障。”在 2018 年 4 月 20 日召开的全国网络安全和信息化工作会议上，习近平总书记着重强调树立网络安全意识，就做好国家网络安全工作提出明确要求。随着互联网的快速发展，近年来网络信息的安全性也引起更加广泛的重视。网络信息安全主要指网络系统的硬件、软件以及相应文件数据受到保护，不会因为偶然或恶意方式遭到破坏、更改以及泄露，保证信息在计算机网络中的机密性、完整性、不可抵赖性和可用性。目前网络中的主要攻击方式有窃听、插入、假冒、劫持、拒绝服务等，为了应对以上威胁，计算机可使用数据加密、数字签名、身份认证、访问控制、防火墙等保证网络信息安全。

4.7.1　数据加密

为了保证信息的安全传输，同时考虑即使在信息被窃听的情况下信息内容也不泄漏，目前主要采用的是数据加密技术。如：网上银行和电子商务等交易过程中，网络所传输的交易数据（如汇款金额、账号等）通常是经过加密处理的。

数据加密过程中消息被称为明文，加密所得到的消息称为密文，加密指的是通过加密算法和加密密钥将明文转变为密文以达到隐藏明文内容的目的，而解密则是通过解密算法和解密密钥将密文还原为明文。通过数据加密技术可以实现网络信息隐蔽，从而起到保护信息安全的作用。

例如，如图 4－37 所示，有一段明文内容为：

Let us meet at five pm at old place

假定加密算法是将每个英文字母替换为在字母表排列中其后的第 3 个字母，加密密钥 Key 为 3，得到的密文内容为：

Ohw rv phhw dw ilyh sp dw rog sodfh

接收方接收到这段密文后，只要事先知道密钥 Key 为 3，就可以将密文还原为明文。

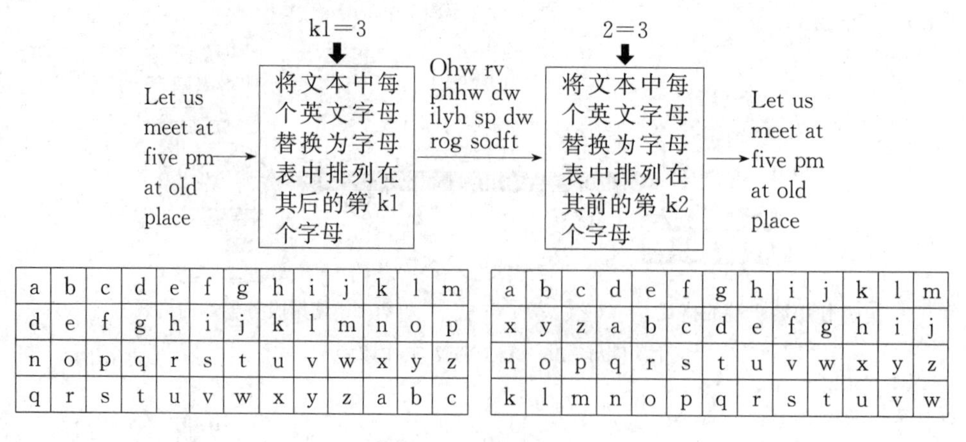

图 4－37　数据加密

上例中的加密算法很简单，安全性很低。在实际使用中，数据加密技术按照密钥的特点分为对称加密技术和非对称加密技术。

如图 4－38 所示，对称加密特点是使用相同的密钥进行文件加密和解密，即加密密钥也可以用作解密密钥。这种方法在密码学中称为对称加密算法。对称加密技术使用简单快捷，密钥短，难以破译。AES(高级加密标准)和 IDEA(欧洲数据加密标准)都属于比较常见的对称加密系统。对称加密系统的缺点是密钥管理和分发复杂。在具有 n 个用户的网络中，需要管理 $n(n-1)/2$ 个密钥，且随着规模的增加，密钥管理将更加困难。

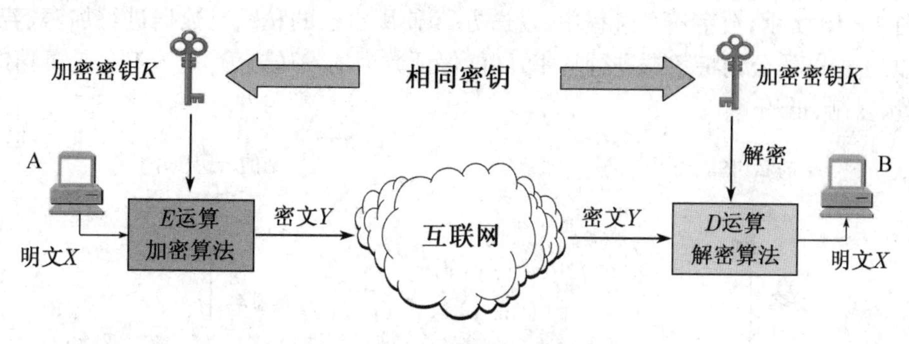

图 4－38　对称加密过程

如图 4－39 所示，不同于对称加密算法，非对称加密算法需要两个不同的密钥：公钥和私钥。公钥和私钥是一对，用公钥对数据进行加密，则只能通过相应私钥对数据进行解密。同样，用私钥对数据进行加密，也只能通过相应的公钥进行解密。虽然公钥和私钥是相关的，但既不能通过公钥推算出私钥，也不能通过私钥推算出公钥。加密过程中，接收方 B 公开公钥而保留私钥，发送方 A 使用 B 的公钥加密数据并发送，B 通过自己的私钥对数据进行解密。RSA 系统是目前使用最多的非对称加密系统。非对称加密系统的密钥分配和管理比对称密钥加密系统简单。对于具有 n 个用户的网络，只需要 n 个公钥和 n 个私钥，即总共 $2n$ 个密钥。非对称加密系统相较于对称加密系统虽然具有较高的安全性，但由于公钥加密系统的计算非常复杂，速度远远落后于对称密钥加密系统，不能完全取代对称密钥加密系统。

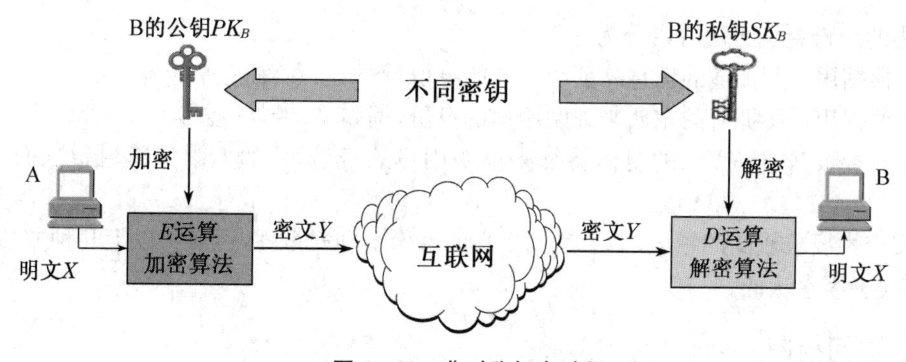

图 4－39　非对称加密过程

4.7.2 数字签名

数字签名主要用于证明真实性、完整性,保证数据在传送过程中未被篡改。数字签名在电子政务、电子商务等领域中应用越来越普遍。数字签名必须保证以下三点:

(1) 报文鉴别——接收者能够核实发送者对报文的签名(证明来源)。

(2) 报文的完整性——发送者事后不能抵赖对报文的签名(防否认)。

(3) 不可否认——接收者不能伪造对报文的签名(防伪造)。

如图 4-40 所示,数字签名过程中,发送方 A 使用自己的私钥对数据进行加密,若接收方 B 可以通过 A 的公钥将数据进行解密,则能保证数据的发送方为 A,该签名是可信的,且不可伪造、复制、抵赖。

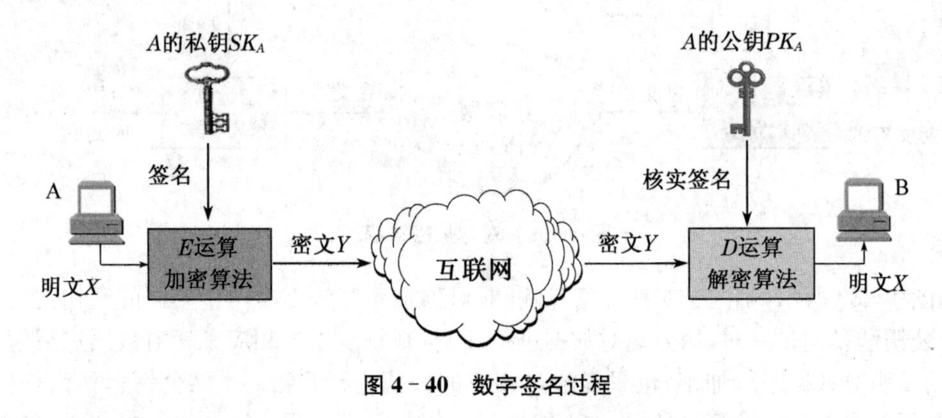

图 4-40　数字签名过程

4.7.3 身份认证

身份认证是指在计算机网络中确认用户身份以防止冒充的过程。计算机网络中包括用户身份在内所有信息均由一组特定数据表示。计算机只能识别用户的数字身份,对用户的所有授权也是对用户数字身份的授权。通过身份认证,可以确保使用数字身份操作的用户是数字身份的合法所有者。身份认证作为保障网络信息安全的第一道关口,起着举足轻重的作用。

常用的身份鉴别方法可以分为三类:

(1) 根据用户所知道的信息来证明用户的身份,例如口令、私有密钥等。

(2) 根据用户所拥有的东西来证明用户的身份,例如 IC 卡,U 盾等。

(3) 直接根据独一无二的身体特征来证明用户的身份,例如人眼虹膜、指纹、面部、声音等。

在安全性要求较高的领域,为了达到更高的身份鉴别安全性,可以将以上几种方法结合起来,实现多因素认证。

4.7.4 访问控制

身份认证是访问控制的基础。经过身份认证,合法用户可以访问网络信息资源。同时,访问控制技术按用户身份及其所归属的某预定义组来限制用户对某些信息的访问,或限制其对某些控制功能的使用。访问控制通常由系统管理员用来控制用户对网络资源(如服务

器、目录和文件)的访问。访问控制的主要功能是允许合法用户根据自身权限访问受保护的网络信息资源,同时防止合法用户未经授权访问受保护的信息资源,如图 4－41 所示。

用户	功能						
	读	写	编辑	删除	转发	打印	复制
校长	√	√	√	√	√	√	√
教师	√				√	√	√
学生	√					√	

图 4－41　校园访问控制功能图

4.7.5　防火墙

防火墙由软件、硬件构成的系统,是设置在被保护网络和外部网络之间的一道屏障,用于将单位内部网络与互联网进行隔离,并按照规则允许或禁止网络流量通过。防火墙将内部网络称为“可信的网络”,而将外部的因特网称为“不可信的网络”,如图 4－42 所示。

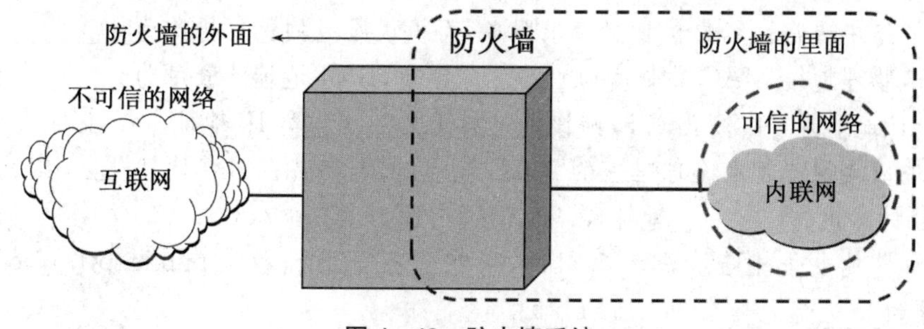

图 4－42　防火墙系统

4.7.6　计算机病毒

计算机病毒指的是一段嵌入在正常计算机程序中的计算机程序指令或代码,具有寄生性和自我复制性,能够破坏计算机功能,影响计算机正常使用。计算机病毒的主要特征有:

1. 传染性

传染性是病毒最基本的特征,也是判断一段程序代码是否为病毒的依据。计算机病毒可以通过各种途径进行扩散,并通过自我复制快速传播。

2. 破坏性

计算机病毒不但占用各种系统资源,还可以对软、硬件以及文件数据进行破坏,甚至导致系统瘫痪。

3. 潜伏性

计算机病毒进入系统后往往不会立即发作,而是在特定条件下才会被激活,因此很难发现。

4. 可触发性

病毒的触发机制较复杂,可能是时间、日期甚至文件类型,当满足条件时,才启动破坏动作。

计算机病毒的危害很大,检测与消除计算机病毒最常用的方法是使用专门的杀毒软件,尽管杀毒软件的版本不断升级,病毒库不断更新,但是杀毒软件的开发与更新总是要稍微滞后于新病毒的出现,所以还是会出现检测不出某些病毒的情况。

计算机病毒具有破坏性,检测和消除计算机病毒最常用的方法是使用杀毒软件。尽管杀毒软件的版本不断升级,病毒数据库不断更新,但杀毒软件的开发和更新总是落后于新的病毒软件。新的病毒的出现,仍然会存在一些病毒无法检测到的情况。

为确保计算机系统万无一失,应做好防病毒工作,例如:不使用来历不明的软件,不轻易打开来历不明的电子邮件,不访问来历不明的网站链接,在计算机上安装防病毒软件,定期更新病毒数据库,始终做好系统和关键数据的备份工作。

习　题

一、填空题

1. 计算机局域网按拓扑结构进行分类,可分为总线型、________、环型等。

2. 在网络中通常由客户机负责请求服务,而提供服务的计算机称为________。

3. 网卡物理地址 MAC 的长度为________字节,IPv4 地址的长度为________字节。

4. 若 IP 地址为 69.29.140.5,则该地址属于________类 IP 地址。

5. 每块以太网卡都有全球唯一的 MAC 地址,网卡安装在哪台计算机上,其 MAC 地址就成为该台计算机的________地址。

6. 假如您的电子邮箱用户名为 abcd,所在服务器主机名为 public. ptt. tj. cn,则您的 E-mail地址为________________________。

7. 使用 IE 浏览器启动 FTP 客户程序时,用户需在地址栏中输入:________://服务器域名。

二、选择题

1. 5G 是最新一代蜂窝移动通信技术,其技术特点叙述错误的是________。
   A. 5G 不存在网络安全问题
   B. 网络延迟比 4G 更短
   C. 超大网络容量,满足物联网通信需求
   D. 数据传输速率比 4G 快上百倍

2. 计算机网络按其所覆盖的地域范围,一般可分为________。
   A. 校园网、局域网和广域网
   B. 局域网、广域网和互联网
   C. 局域网、城域网和广域网
   D. 局域网、广域网和万维网

3. 计算机网络互联采用的交换技术大多是________。
   A. 报文交换　　B. 电路交换
   C. 自定义交换　　D. 分组交换

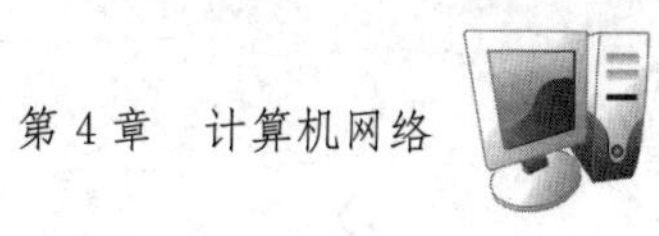

4. 假设 IP 地址为 72.16.1.253，为了计算出该 IP 地址的网络号，需要使用________与该地址进行逻辑乘操作。

A. 网关地址　　B. 域名

C. 子网掩码　　D. DHCP

5. 下列有关网络对等工作模式的叙述中，正确的是________。

A. 对等工作模式适用于大型网络，安全性较高

B. 对等工作模式的网络中的每台计算机要么是服务器，要么是客户机，角色是固定的

C. 对等工作模式的网络中可以没有专门的硬件服务器，也可以不需要网络管理员

D. 电子邮件服务是因特网上对等工作模式的典型实例

6. IP 地址 198.67.52.237 的________部分表示网络号。

A. 198.67　　B. 198　　C. 67　　D. 198.67.52

7. 在 IPv4 中，IP 地址是一个 32 位的二进制数，通常采用点分________制表示。

A. 二进制　　B. 十进制　　C. 八进制　　D. 十六进制

8. IP 地址是因特网中用来标识局域网和主机的重要信息，如果 IP 地址中主机号部分每一位均为 0，该 IP 地址是指________。

A. 因特网的主服务器

B. 主机所在局域网的服务器

C. 该主机所在局域网本身

D. 备用的主机

9. 根据 Internet 的域名代码规定，域名中的________表示教育机构的网站。

A. net　　B. com　　C. gov　　D. edu

10. 与 Web 网站和 Web 页面密切相关的一个概念称“统一资源定位器”，它的英文缩写是________。

A. UPS　　B. USB　　C. ULR　　D. URL

三、判断题

1. 在计算机网络中，资源的共享只包括软件的共享，而不能实现硬件的共享。（　　）

2. IPv4 规定的 IP 地址快要用完了，取而代之的将是 128 位的 IPv6。（　　）

3. 路由器常被用来连接异构网络，它所使用的 IP 地址个数与连接的物理网络数目有关。（　　）

4. 用交换式集线器可构建的交换式以太网是独享带宽的，而总线式以太网是共享带宽的。（　　）

5. 分组交换网中的所有交换机都有一张含有完整路由的路由表，路由表中下一站的出口位置通常是指向目的地的最短路径。（　　）

6. 邮件服务器一方面执行 SMTP 协议，另一方面执行 POP3 协议。（　　）

7. 计算机病毒通常是一段可运行的程序。（　　）

第5章 数字媒体及应用

媒体(Media)是指利用文本、声音、图像、动画、视频等作为传达信息的方式和载体。任何信息在计算机中存储和传播时都可分解为一系列"0"或"1"的排列组合。我们将利用计算机存储、处理和传播的信息媒体称为数字媒体(Digital Media)。具有计算机的"人机交互作用"是数字媒体的一个显著特点,这个特点随着网络的普及、数字交互等的出现持续影响着当代人的生活、学习和工作。本章将为大家介绍多种媒体信息的数字化处理与应用的相关技术。

5.1 文本

"文本"一词来自英文 text,是人类表达信息最基本的方式之一。世界上不同的国家和地区都有自己独创的语言和文字,传统的文字通过书写或篆刻在纸张、绢帛、竹木、砖石之上进行流传。而数字技术的发展,使得文本信息的阅读、排版、印刷、发行、检索等的方式发生了重大变化,典型的应用包括无纸化办公、激光照排技术、数字图书馆、搜索引擎等等。

5.1.1 字符的标准化

要使文字能进入计算机,并能在互联网上传输,首要的任务就是字符的标准化。字符(Character)是各种文字和符号的总称,包括各国家文字、标点符号、图形符号、数字等。

字符的标准化主要分为两个内容:字符集与字符编码。字符集(Character Set)是多个字符的集合,字符集种类较多,每个字符集包含的字符个数不同,常见的字符集有:ASCII 字符集、GB 2312 字符集、BIG5 字符集、GB 18030 字符集、Unicode 字符集等。计算机要准确的处理各种字符集文字,需要进行字符编码,以便计算机能够识别和存储各种文字。

每个国家都为自己的文字颁布了编码标准,为了方便国际流通,国际标准化组织(International Standard Orgnization,ISO)也颁布了相关的国际标准。

1. 西文字符编码

目前采用的西文字符编码标准为 ASCII(American Standard Code for Information Interchange,美国标准信息交换码)字符集,是基于罗马字母表的一套电脑编码系统。它主要用于显示现代英语和其他西欧语言。它是现今最通用的单字节编码系统,并等同于国际标准 ISO 646。

表 5-1 为标准的 ASCII 字符集,共有 128 个字符,其中 32 个为控制字符符,96 个为可

打印字符(包括大小写英文字母、数字和常用标点符号)。

表 5－1　标准 ASCII 字符集及其编码

$b_3 b_2 b_1 b_0$ / $b_5 b_5 b_4$	0	1	2	3	4	5	6	7	8	9	A	B	C	D	E	F
0	控制字符															
1																
2	20	21 !	22 "	23 ＃	24 $	25 %	26 &	27 ’	28 (	29)	2A *	2B ＋	2C ,	2D ＝	2E .	2F /
3	30 0	31 1	32 2	33 3	34 4	35 5	36 6	37 7	38 8	39 9	3A :	3B ;	3C ＜	3D ＝	3E ＞	3F ?
4	40 @	41 A	42	43 C	44 D	45 E	46 F	47 G	48 H	49 I	4A J	4B K	4C L	4D M	4E N	4F O
5	50 P	51 Q	52 R	53 S	54 T	55 U	56 V	57 W	58 X	59 Y	5A Z	5B [	5C \	5D]	5E ∧	5F
6	60 、	61 a	62 b	63 c	64 d	65 e	66 f	67 g	68 h	69 i	6A j	6B k	6C l	6D m	6E n	6F o
7	70 p	71 q	72 r	73 s	74 t	75 u	76 v	77 w	78 x	79 y	7A z	7B {	7C |	7D }	7E ～	7F

每个字符对应 1 个 7 位二进制编码,称为该字符的 ASCII 码。因为计算机中存储和处理数据的基本单位是字节(即 8 个二进位),所以在计算机中,在 ASCII 码的首位加“0”,构成一个字节,便于存储和传输。

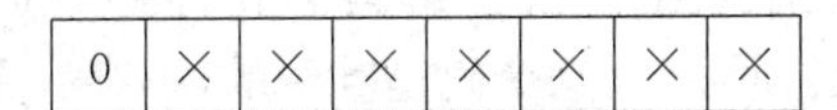

图 5－1　ASCII 字符的存储形式

标准 ASCII 编码字符集只对 128 个字符进行了编码,已经不能满足现在对字符的使用,于是在不同的平台上,出现了扩展 ASCII(Extended ASCII)字符集。扩展 ASCII 码使用 8 个二进位(与标准 ASCII 编码不同,它的首位是“1”)对新的 128 个字符进行了编码,编码范围是 128～255。在不同的平台之间,扩展 ASCII 字符集并不统一。

2. *汉字编码*

(1) GB 2312 标准

GB 2312 是一个简体中文字符集的中国国家标准,全称为《信息交换用汉字编码字符集·基本集》,是由我国国家标准总局 1980 年发布,1981 年 5 月 1 日开始实施的一套国家标准,标准号是 GB 2312—1980。

GB 2312 标准共收录 6 763 个汉字,其中一级汉字 3 755 个,二级汉字 3 008 个;同时,GB 2312 收录了包括拉丁字母、希腊字母、日文平假名及片假名字母、俄语西里尔字母在内的 682 个全角字符。

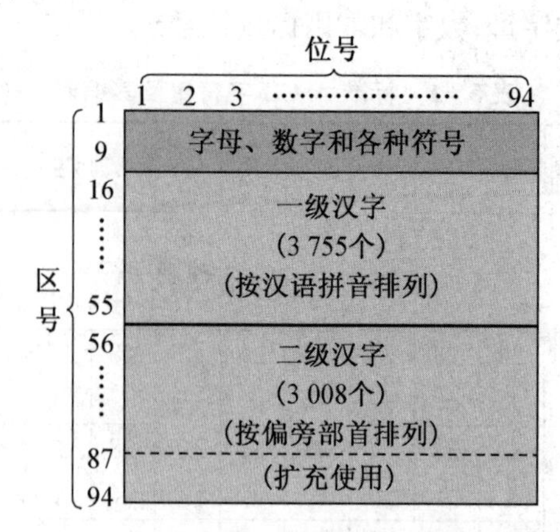

图 5-2　GB 2312 字符集的组成部分

① 区位码

整个 GB 2312 字符集分成 94 个区,每区有 94 个位。每个区位上只有一个字符,因此可用所在的区和位来对汉字进行编码,每个汉字都有一个区号和一个位号,称为区位码,区号和位号各用两个十进制数表示,例如汉字"巧"的区号是 25,位号是 33,区位码为 25 33。

② 国标码

为了计算机处理、传输与存储汉字的方便,在计算机内部,每个汉字的区号和位号都从 33 开始编号,形成国标码,通常用十六进制表示。将"巧"字的区位码转换为十六进制值为 19 21H,要将其转换为国标码,只要将区号与位号分别加上 20H,即 39 41H。

③ 机内码

为了与 ASCII 字符相区别,我们把汉字编码字节的最高位规定为 1,汉字表示是双字节,这两个字节的最高位都必须为 1。这个码是唯一的,不会有重码字。

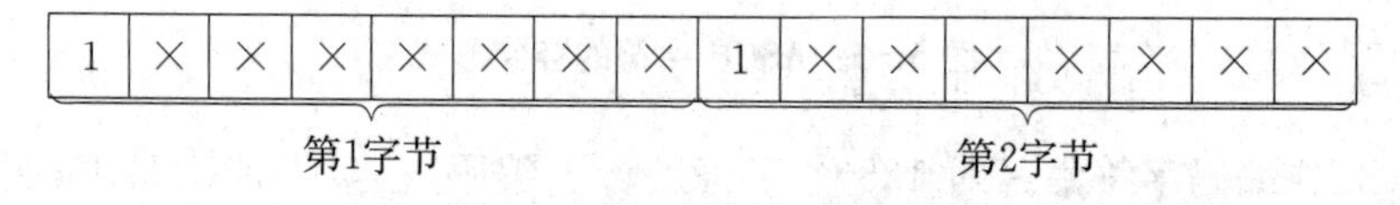

图 5-3　GB 2312 汉字存储形式

所以汉字的机内码就是把换算成十六进制的国标码加上 8080H,就得到"巧"字的机内码 D9 E1H。

GB 2312 的出现,基本满足了汉字的计算机处理需要,它所收录的汉字已经覆盖中国大陆 99.75%的使用频率。

(2) GBK 标准

由于对于人名、古汉语等方面出现的罕用字,GB 2312 不能处理,且不包含繁体字,1995 年国家又颁布了《汉字编码扩展规范》(GBK)。

GBK:汉字国标扩展码,基本上采用了原来 GB 2312—1980 所有的汉字及码位,并涵盖了原 Unicode 中所有的汉字 20 902 个,总共收录了 883 个符号,21 003 个汉字及提供了 1 894 个造字码位。简、繁体字融于一库。

GBK 汉字在计算机内也使用双字节表示,它们的第 1 字节最高位必须为 1,但是第 2 字节的最高位可以是 1,也可以是 0。

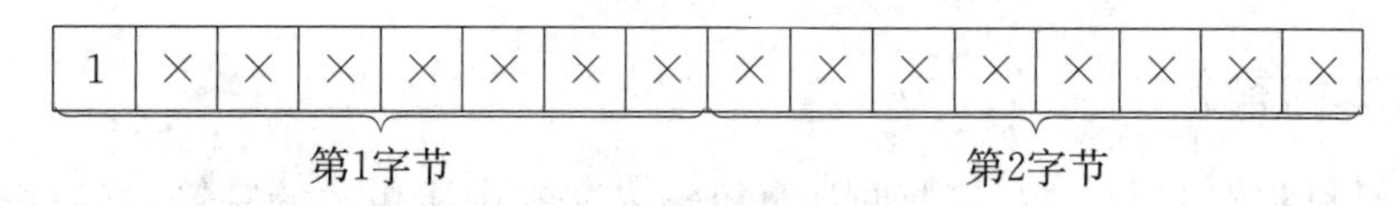

图 5 - 4　GBK 汉字存储形式

(3) UCS/Unicode 标准

随着 Internet 的发展,使用计算机同时处理、存储和传输多种语言文字成为很迫切的需求,这就需要对多种语言文字进行统一编码。

国际标准化组织制定了 ISO/IEC 10464标准(Universal Multiple-Octet Coded Character Set,UCS,即“通用多 8 位编码字符集”),微软、IBM 等公司联合制定了工业标准 Unicode(称为“统一码”或“联合码”)。因为 UCS 和 Unicode 完全等同,所以一般将二者合称为 UCS/Unicode 标准。

UCS/Unicode 标准的编码方案有多种,如 UTF - 8,是采用 8 位、16 位、24 位、32 位的可变长编码;如 UTF - 16,是采用 16 位或 32 位的可变长编码。

UCS/Unicode 标准现在被广泛采用,包括了全球多种语言文字,其中汉字包括了中、日、韩、越统一整理出来的约 7 万汉字,当然也包含了我国 GB 2312 和 GBK 标准中的汉字,但是 UCS/Unicode 里汉字编码方案与我国编码方案并不兼容。

(4) GB 18030 标准

为了既与 UCS/Unicode 编码标准接轨,又能使用现有的汉字编码资源,我国在 2000 年发布了 GB 18030 汉字编码标准,并于 2001 年开始执行。

GB 18030 采用不等长的编码方法,单字节编码(128 个)表示 ASCII 字符,与 ASCII 码兼容;双字节编码表示汉字,与 GBK 和 GB 2312 保持兼容,另外还有四字节编码用于表示 UCS/Unicode 中的其他字符,如中日韩统一表意文字(CJK Unified Ideographs,CJK)统一汉字字符。

在不同的汉字编码标准之间,我国的汉字编码标准 GB 18030、GBK、GB 2312 之间是向下兼容的,它们与 UCS/Unicode 编码不兼容,与其他国家地区的汉字编码也不一定兼容,因此在不同系统、不同软件之间进行汉字浏览时可能会出现“乱码”现象。

表 5 - 2　我国三种汉字编码标准比较

编码标准	包含汉字数量	兼容性	特点
GB 2312	6 763 个汉字 682 个全角字符	与 ASCII 码不兼容	汉字字数太少,缺少繁体字,无法满足人名、地名、古籍整理、古典文献研究等应用的需要;
GBK(ANSI)	883 个符号 21 003 个汉字 1 894 个造字码位	向下兼容 GB 2312	兼容已有的大量中文信息资源,但不支持多国文字,仅能支持我国使用的汉字
GB 18030	单字节编码(128 个)表示 ASCII 字符, 双字节编码(23 940 个)表示汉字, 四字节编码(约 158 万个)用于表示 UCS/Unicode 中的其他字符	与 GBK(以及 GB 2312)保持向下兼容,GBK 不再使用	支持多国文字,便于进行字符串的运算处理,适合计算机内部处理和存储。

5.1.2 文本的输入

使用计算机制作一个文本，需要向计算机输入文本中所包含的字符，然后进行编辑、排版等处理。文本的输入通常有两种方式：人工输入与自动识别输入。

1. 人工输入方式

(1) 键盘输入

① 英文字符的输入

一般来说，目前的键盘都是由英文的打字机键盘发展而来的，上面已经包含英文的所有字符、数字及标点符号。敲击相应的键盘会对应相应的 ASCII 码，输入相应字符。

② 中文输入法

由于中文汉字数量庞大，字符和键盘无法一一对应，所以人们发明了不同的汉字输入法来实现汉字的输入。

a. 数字编码

这种输入法是使用一串数字表示汉字，每一个汉字都与一个输入码一一对应，例如内码输入法、区位码、电报码等。此类输入法的优点是：效率高、无重码，缺点是难以记忆，一般是专业人员使用。

b. 字音编码

这是一种基于汉语拼音的输入法，由汉字的拼音字母组合输入相应的汉字，因此学过汉语拼音的人很容易掌握，适合于非专业人员，如：智能 ABC、搜狗拼音、微软拼音等。但此类输入法有明显的缺点：重码较多，同一个拼音的汉字非常多，非常用汉字往往排在后面，需要翻页寻找。

c. 字形编码

这种输入法是将汉字的字形分解归类，按照结构和偏旁部首进行编码。此类编码方法重码少，输入速度较快，但编码规则不易掌握。最典型的例子是五笔字型输入法，又称王码输入法，它将汉字拆分成一百多种字根，并按照一定规律分布到 25 个键位，在输入汉字时，分析此字由哪些字根组成，然后顺序敲击字根所在的键，即可输入该汉字。

d. 形音编码

这种输入法吸取了字音编码和字形编码的优点，目的是减少重码，但是规则掌握起来不太容易。

③ 全角与半角字符

由于中文操作系统同时支持 ASCII 标准字符集和汉字标准字符集(其中包含了西文字母、数字、标点符号等)，为了在输入字符的时候区分西文字符和中文图形字符，将前者称为“半角字符”，后者称为“全角字符”。

如图 5－5 所示，汉字输入法提示栏上都有相应的字母和符号的全/半角状态显示，当处于全角状态时，输入的数字与字母将按汉字来处理，占一个汉字的位置，具有双字节内码，如“abc，123”，而半角状态下输入的字符，只占有一个字节的存储空间，如“abc,123”。

在一般的文字输入过程中，全角字母和数字用得较少，而中文标点使用较多，所以一般输入法默认的状态时半角字母和全角符号，如图 5－5 所示。如果关闭中文输入法，通过键盘输入的则全部都是半角字母和半角符号。

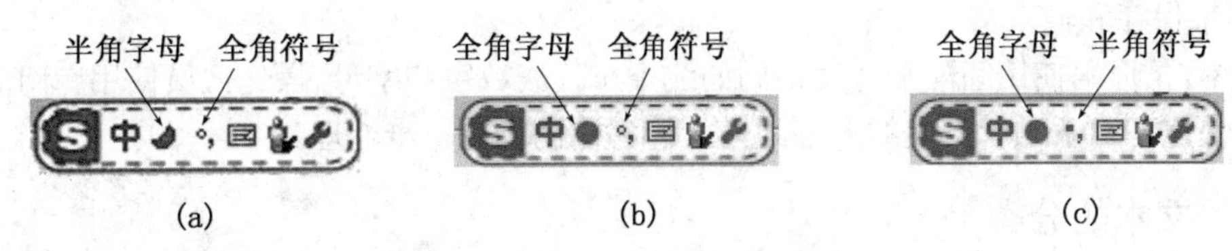

图 5－5　输入法的全角/半角状态

(2) 联机手写输入

将专用的手写板、手写笔连接到计算机，并安装相关软件，用户可以使用与平常书写习惯相似的方式向计算机中输入汉字，由计算机软件自动识别，然后以该汉字对应的代码进行保存。

目前的手写识别软件识别率已经提升到 95％以上，识别速度超过每秒 12 字，并支持大量字符集，为输入汉字提供了方便，同时还能代替鼠标器进行各种交互操作。

但是由于手写速度的制约，此类输入方法不适于大量内容的输入，且字迹不能太潦草。

(3) 汉语语音识别输入

语音识别技术，也被称为自动语音识别(Automatic Speech Recognition，ASR)，其目标是将人类的语音中的词汇内容转换为计算机可读的输入，例如按键、二进制编码或者字符序列。

语音识别技术就是让机器通过识别和理解过程把语音信号转变为相应的文本或命令的技术。这是一门交叉学科，近二十年来，语音识别技术取得显著进步，开始从实验室走向市场。人们预计，未来十年内，语音识别技术将进入工业、家电、通信、汽车电子、医疗、家庭服务、消费电子产品等各个领域。

2. 自动识别输入

(1) 印刷体汉字识别

这是一种将印刷或打印在纸介质上的文字通过扫描仪生成图像，然后使用光学字符识别(Optical Character Recognition，OCR)技术将图像中的字符识别出来，即由图像变成可识别的文字。这种输入方式对于将现存的大量书、报、刊物、档案、资料等输入计算机是非常重要的手段。

OCR 的正确率就像是一个无穷趋近函数，知道其趋近值，却只能靠近而无法达到，永远在与 100％做拉锯战。文件印刷品质、扫描仪的扫描品质、识别的方法、学习及测试的样本等等，都会影响其正确率。因此，OCR 的产品除了需有一个强有力的识别核心外，产品使用的方便性、所提供的除错功能及方法，亦是决定产品好坏的重要因素。

我国目前使用的文本型 OCR 软件主要有清华文通 TH－OCR、北信 BI－OCR、中自 ICR、沈阳自动化所 SY－OCR 等，匹配的扫描仪主要为市面上的平板式扫描仪。

(2) 脱机手写汉字识别

这是一种将预先手写好的文稿输入计算机的方法，在使用计算机进行字符识别的技术中是一个难点。书写者不同的书写风格使得手写汉字变形很大，且失去了联机手写过程中的笔画数目、笔画走向、笔顺等信息，进行识别非常困难，目前仍处于研究阶段。

(3) 其他字符输入方式

在现代商业活动中，为了能够提高准确率和自动化程度，人们还会使用条形码、磁卡、

IC卡等来保存和输入文本内容。

其中，条形码使用间隔和宽度不同的线条来代表数字和字母，操作人员使用专门的电光阅读器快速识别条码所代表的内容并输入计算机进行进一步处理。

5.1.3 文本的分类

文本是计算机表示文字及符号信息的一种数字媒体，在计算机中有多种表现方式。

1. 简单文本(纯文本)

由一连串用于表达正文内容的字符和汉字的编码所组成，它几乎不包含任何其他的格式信息和结构信息。这种文本通常称为纯文本，其文本后缀是“*.txt”。

Windows附件中的记事本程序所编辑处理的文本就是简单文本，如图5-6(a)所示。

简单文本的文本体积小，通用性好，几乎所有的文字处理软件都能识别和处理，但是它没有字体、字号的变化，不能插入图片、表格，也不能建立超链接。

简单文本呈现为一种线性结构，写作和阅读均按顺序进行。

2. 格式文本

格式文本是在简单文本的基础上加入了字体格式、段落格式，并可包含图片、表格、公式等内容。与简单文本相比，格式文本包含的信息更多，表现力更强，如图5-6(b)所示。

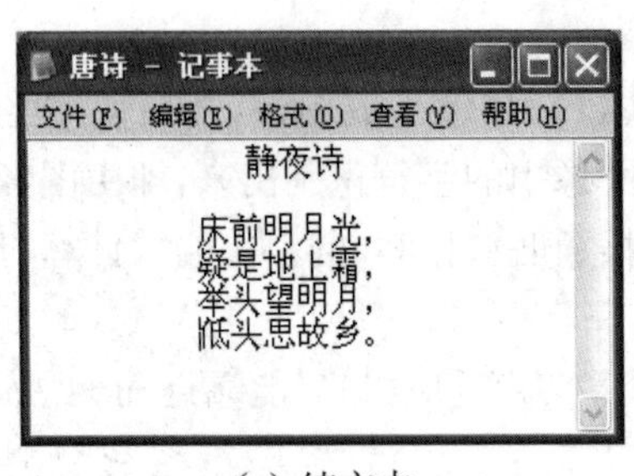

(a) 纯文本

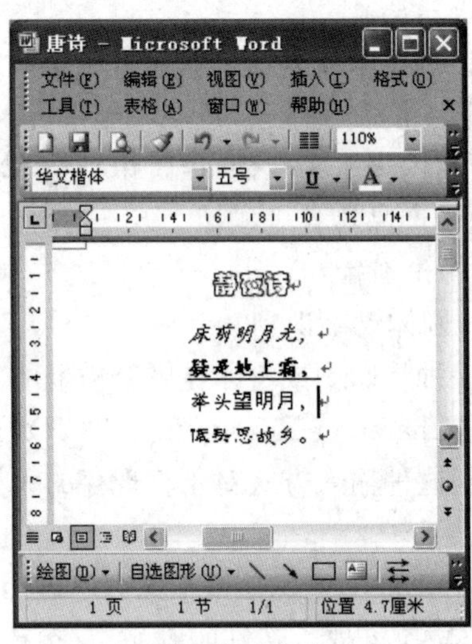

(b) 格式文本

图5-6 纯文本与格式文本

常用的字符格式包括字体、字号、颜色、下划线、空心、阴影等效果。英文的字号一般以磅为单位，可以从5～72磅自由选择，也可以直接输入数值设置更大的字号。中文字号一般以“初号”“小初”“一号”……“七号”和“八号”等来表示。

常用的段落格式包括行距、段间距、缩进方式、对齐、分栏等，还可设置页眉页脚、脚注尾注、页边距、边框与底纹。

格式文本在存储时，除了文字之外还保存了许多格式控制和结构说明信息，称为“标记”。不同格式的文本文件具有不同的标记语言。有些标记语言是标准的，比如用于网页的超文本标记语言(Hyper Text Markup Language，HTML)，有些标记语言是各公司自己专

用的，如“.doc”文件是 Microsoft Word 生成的，“.pdf”文件是由 Adobe Acrobat 生成的，不同软件生成的文档格式互不兼容。为了方便不同格式文档之间的转换，一些公司联合推出了一种开放的标准：丰富文本格式(Rich Text Format，RTF)。

3. 超文本

超文本(Hypertext)是用超链接的方法，将各种不同空间的文字信息组织在一起的网状文本，如图5-7所示。超文本更是一种用户界面范式，用以显示文本及与文本之间相关的内容。

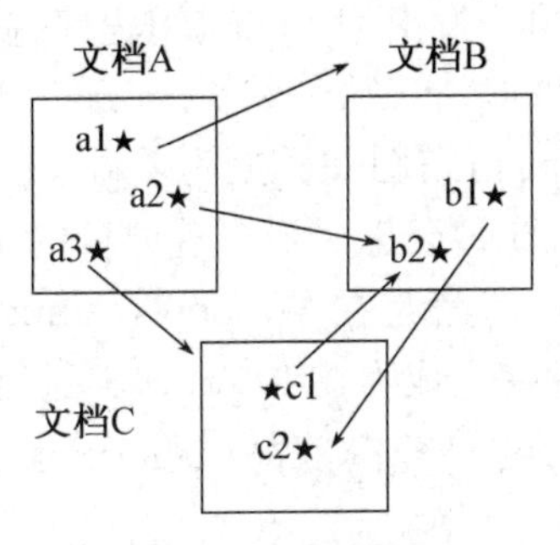

图5-7　超文本结构

目前的超文本普遍以电子文档方式存在，其中的文字包含有可以链接到其他位置或者文档的链接，允许从当前阅读位置直接切换到超文本链接所指向的位置。

超链接是指从一个网页指向一个目标的连接关系，这个目标称之为链宿，可以是另一个网页，也可以是相同网页上的不同位置，还可以是一个图片，一个电子邮件地址，一个文件，甚至是一个应用程序。而在一个网页中用来超链接的对象称之为链源，可以是一段文本或者是一个图片等。

超文本的格式有很多，目前最常使用的是超文本标记语言。我们日常浏览的网页上的链接都属于超文本。

5.1.4　文本的编辑与处理

利用计算机工具进行文本编辑和处理是非常方便快捷的，目前市场上提供了各种类型的文本编辑工具，如：WPS Office、Microsoft Word、Adobe Acrobat 等等。

文本编辑功能一般包括：

- 文字的添加、删除、修改等操作
- 文字的格式设置：字体、字号、排列方向、颜色、填充效果等
- 表格的绘制、图形的绘制、图像的编辑
- 超链接设置
- 页面设置：页面布局、页眉页脚、分栏等

文本处理的功能一般有如下类型：

- 字数统计，词频统计，简/繁体相互转换，汉字/拼音相互转换
- 词语排序，词语错误检测，文句语法检查
- 自动分词，词性标注，词义辨识，大陆/台湾术语转换
- 关键词提取，文摘自动生成，文本分类

- 文本检索(关键词检索、全文检索),文本过滤
- 文语转换(语音合成)
- 文种转换(机器翻译)
- 篇章理解,自动问答,自动写作等
- 文本压缩,文本加密,文本著作权保护

我国金山公司开发的 WPS Office 软件能在多种操作系统上兼容使用,全面兼容 Microsoft office 的所有文档格式,可编辑 doc\docx\xls\xlsx\ppt\pptx 等格式的文件。

1993 年,Adobe System 公司开发出用于与应用程序、操作系统、硬件无关的方式进行文件交换所发展出的文件格式 PDF,是 Portable Document Format 的简称,意为“可携带文档格式”。PDF 文件以 PostScript 语言图像模型为基础,无论在哪种打印机上都可保证精确的颜色和准确的打印效果,即 PDF 会忠实地再现原稿的每一个字符、颜色以及图像。这种文件格式与操作系统平台无关,不管是在 Windows,Unix 还是在苹果公司的 Mac OS 操作系统中都是通用的。这一特点使它成为在 Internet 上进行电子文档发行和数字化信息传播的理想文档格式。越来越多的电子图书、产品说明、公司文告、网络资料、电子邮件在开始使用 PDF 格式文件。

可以用来阅读 PDF 格式的软件有很多,例如:Adobe AcrobatReader、Foxit Reader、百度阅读器等。用来编辑 PDF 格式的软件有 Adobe Acrobat、Foxit PDF Editor 等。WPS Office 软件可以阅读 PDF 格式,也可以将 Word 文档转换为 PDF 格式进行保存。

5.1.5 文本的展现

各种字符编码标准只是规定了字符与计算机内码的关系,并不涉及字符外形的描述,要想使字符能够在屏幕上显示或者打印输出,必须要使用字库。

字库是描述字符外形的计算机文件,也称为字形文件或字体文件。在目前使用的 windows 操作系统中一般都包含了大量的英文字库和几种常用的中文字库,例如 Times New Roman、Arial、Impact、楷体、宋体、华文新魏、华文琥珀等。图 5-8 列出了一些常用的中文和英文字体。

宋体 黑体 楷体 仿宋

华文彩云 华文琥珀

(a) 中文字体

Times Arial Book Lucida

Courier Impact Centaur

(b) 英文字体

图 5-8 几种常用的中文和英文字体

字库按不同的规定有多种分类,按语种不同可分为:外文字库、中文字库、图形符号库。

(1) 外文字库又可分为:英文字库、俄文字库、日文字库等等。

(2) 按不同公司划分为:微软字库、方正字库、汉仪字库、文鼎字库、汉鼎字库、长城字库、金梅字库等等。

(3) 按支持的字符集可划分为:GB 字库、GBK 字库、GB 18030 字库等等。

(4) 按符号笔画信息的描述和存储方式,字库可以分为矢量字库和点阵字库两大类。

① 矢量字库(也称为轮廓字库)以数学方法记录了字符笔画的轮廓,如图 5-9(a)所示,这种描述方法的优点是放大之后笔画光滑、无锯齿状失真,真正做到所见即所得,缺点是生成时需要大量计算,显示速度较慢。目前广泛使用的矢量字库有 True Type 字库(简称 TT)。

② 点阵字库(也称为栅格字库)是通过网格描述的方法记录汉字笔画,如图 5-9 (b)所示。将汉字以某种字体写在 M 行×N 列的方格上,有笔画的位置记为二进制"1",无笔画的位置记为二进制"0"。一个 M 行×N 列的汉字字形可以用 $M \times N/8$ 个字节来表示。例如一个 16×16 点阵的汉字,需要 32 个字节来存放。将一个字符集中的所有汉字的字形信息使用这种方法保存,就形成点阵字库。用点阵字形描述汉字重绘速度快,但放大后有锯齿,所以多用来显示窗口菜单等小字形内容。

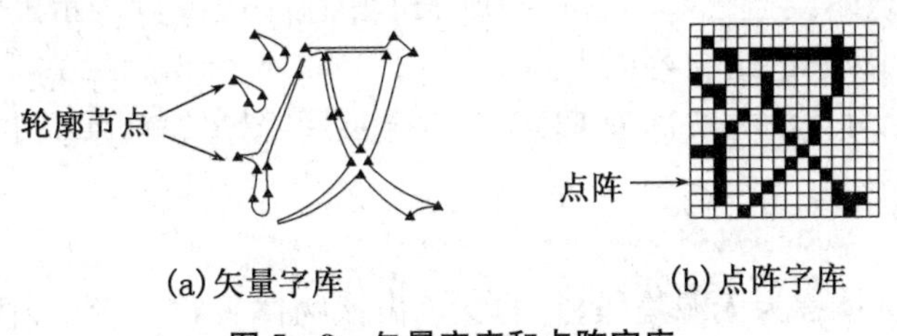

图 5-9　矢量字库和点阵字库

文本展现的过程大致是:首先对文本的格式描述进行解释,然后生成字符和图、表的映象,最后传送到显示器或打印机输出。承担上述文本输出任务的软件称为文本阅读器或浏览器,例如微软公司的 Word、Adobe 公司的 Acrobat Reader 以及 IE 浏览器等。

5.2　图像

图像是多媒体信息中不可或缺的一类内容,在对图像进行处理之前,需要先对图像进行数字化,数字化后的数据还需要进行压缩存储,进行图像数字化的设备有扫描仪、图像采集卡、数码相机等。

5.2.1　颜色模型

在对图像进行数字化时,首先要将图像离散成若干行和若干列的像素点,然后将每个点用二进制颜色编码表示。

下面介绍图像中颜色的编码,颜色编码可以使用不同的颜色模型,常用的颜色模型有 RGB 模型、CMY 模型、HSB 模型等。

1. RGB 模型

自然界中的任何一种颜色都可以由红、绿、蓝(R,G,B)这 3 种颜色值之和来确定,这 3 种颜色称为三基色。

在 RGB 模型中,任何颜色都可以由红、绿、蓝这 3 种颜色按不同的比例混合得到,称为相加混色。

在计算机中,将红、绿、蓝 3 种颜色分别按颜色的深浅程度不同分为 0～255 共 256 个级别,其中 255 级是纯色(红、绿或蓝),每种颜色可以分别用 8 位二进制数表示。

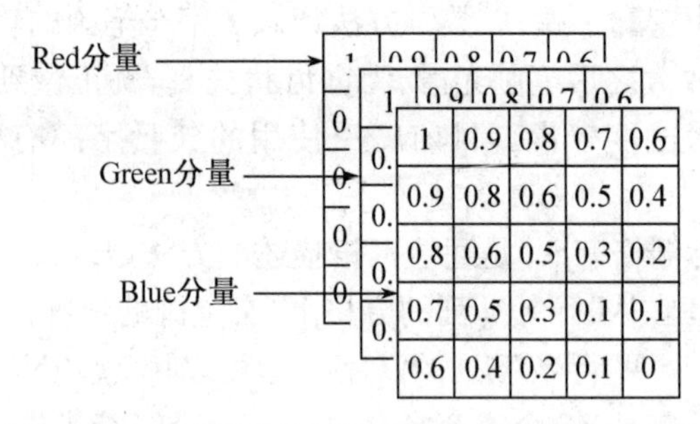

图 5-10　每个像素可以分解为 RGB 三个颜色分量

3 种颜色值的不同比例可以用来表示不同颜色，例如，255:0:0 表示纯红色，0:255:0 表示纯绿色，0:0:255 表示纯蓝色，255:255:255 表示白色，0:0:0 则表示黑色。

3 种颜色的不同级别的组合可以得到 256×256×256=16 777 216 种颜色，每种颜色用 24 位表示，这种表示颜色的方法称为 RGB 模型，在很多图像编辑系统中，RGB 模式是首选的模式。

2. CMY 模型

一个不发光的物体称为无源物体，它的颜色由该物体吸收或者反射哪些光波决定。用彩色墨水或颜料进行混合，绘制的图画就是一种无源物体，用这种方法生成的颜色称为相减色。

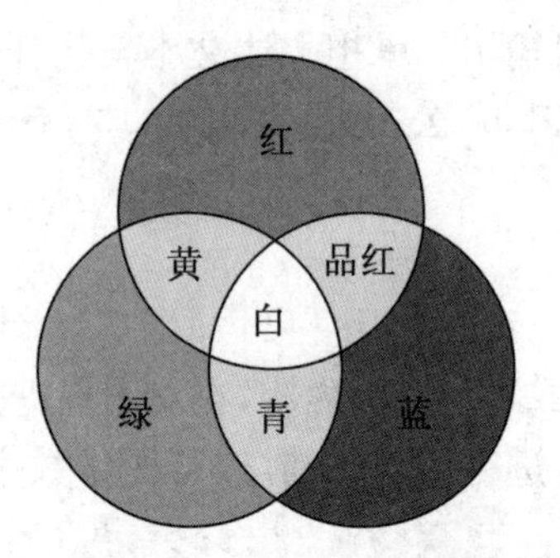

图 5-11　颜色空间模型

理论上，任何一种颜色也可以用青色(Cyan)、品红(Magenta)和黄色(Yellow)3 种基本颜色按一定比例混合得到，这种表示颜色的方法称为 CMY 模型，它是一种相减混色模型。

在相减混色中，当 3 种基本颜色等量相减时得到黑色，例如，等量黄色和品红相减而青色为 0 时，得到红色；等量青色和品红相减而黄色为 0 时，得到蓝色；等量黄色和青色相减而品红为 0 时，得到绿色。

彩色打印机采用的就是这种原理，印刷彩色图片也是采用这种原理。由于彩色墨水和颜料的化学特性，用等量的 3 种基本颜色得到的黑色不是真正的黑色，因此在印刷技术中常加一种真正的黑色(Black Ink)，所以 CMY 模型又称为 CMYK 模型。

3. HSB 模型

与相加混色的 RGB 模型和相减混色的 CMY 模型不同，HSB 颜色模型着重表述光线的强弱关系，它使用颜色的 3 个特性来区分颜色，这 3 个特性分别是色调(Hue)、饱和度(Saturation)和明度(Brightness)。

色调又称为色相,指颜色的外观,用于区别颜色的名称或颜色的种类。色调是视觉系统对一个区域呈现的颜色的感觉。这种感觉就是与红、绿和蓝 3 种颜色中的一种颜色相似,或者与它们组合的颜色相似。

饱和度是指颜色的纯洁性,用来区别颜色明暗的程度。

明度是视觉系统对可见物体辐射或者发光多少的感知属性。例如,一根点燃的蜡烛在暗处比在明处看起来亮。

许多图形处理软件中都同时使用多种颜色模型,在 Windows 附件的"画图"程序中,编辑颜色就使用了 HSB 和 RGB 两种颜色模型,如图 5－12 所示。

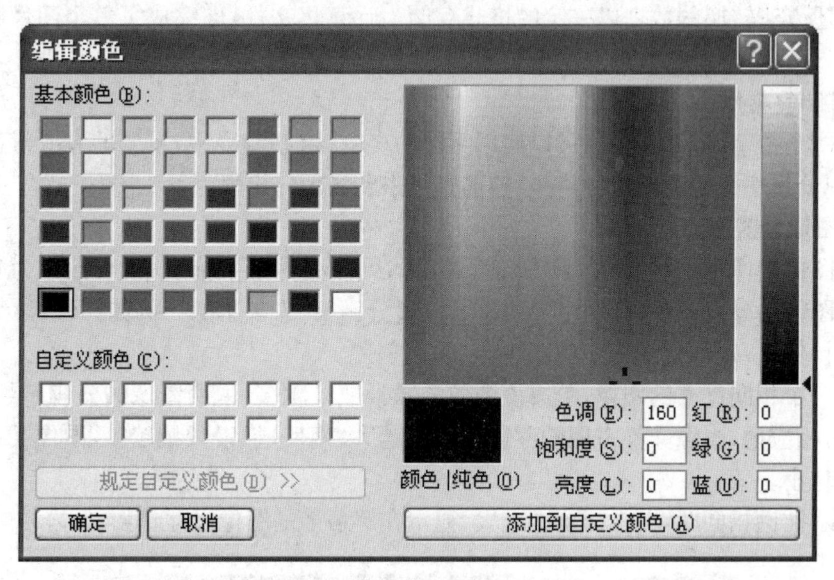

图 5－12　常见的"颜色"对话框

5.2.2　图像的数字化

1. 图像数字化的过程

数字图像的有三个主要来源:① 现有图片经图像扫描仪生成数字图像;② 使用数码相机将自然景物、人物等拍摄为数字图像。

两者实际的工作原理是相同的,即将模拟图像进行数字化。图像的数字化大体可以分为以下四步,如图 5－13 所示。

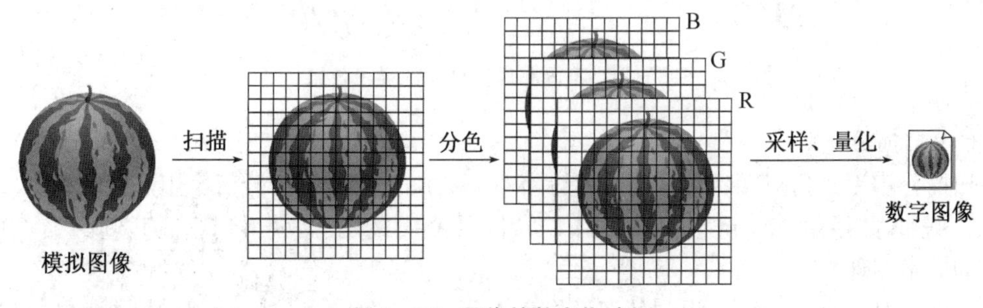

图 5－13　图像的数字化过程

(1) 扫描。将画面分为 M×N 个网格,每个网格称为一个采样点,每个采样点对应于生成后图像的像素。一般情况下,扫描仪和数码相机的分辨率是可调的,这样可以决定数字化后图像的分辨率。

(2) 分色。将彩色图像采样点的颜色分解为 R、G、B 三个基色。如果不是彩色图像(如灰度或黑白图像),则不必进行分色。

(3) 采样。测量每个采样点上每个颜色分量的亮度值。

(4) 量化。对采样点每个颜色分量的亮度值进行 A/D 转换,即把模拟量使用数字量来表示。一般的扫描仪和数码相机生成的都是真彩色图像。

将上述方法转换的数据以一定的格式存储为计算机文件,即完成了整个图像数字化的过程。

2. 图像的属性参数

描述一个数字图像的属性,可以使用不同的参数,这些参数中,重要的有分辨率和像素深度,其中分辨率又分为图像分辨率、扫描分辨率和显示分辨率。

(1) 图像分辨率

一幅图像的像素是呈行和列排列的,像素的列数称为水平分辨率、行数称为垂直分辨率。整幅图像的分辨率是由"水平分辨率×垂直分辨率"来表示的。例如:640×480 表示图像有 480 行像素,每行有 640 个像素。

对于一个相同尺寸的图像,组成该图像的像素数量越多,说明图像的分辨率越高,看起来越逼真,相应地,图像文件占用的存储空间也越大;相反,像素数量越少,图像文件占用的存储空间越小。

当显示比例相同时,图像分辨率越大,显示在屏幕上的图像尺寸越大,反之亦然。

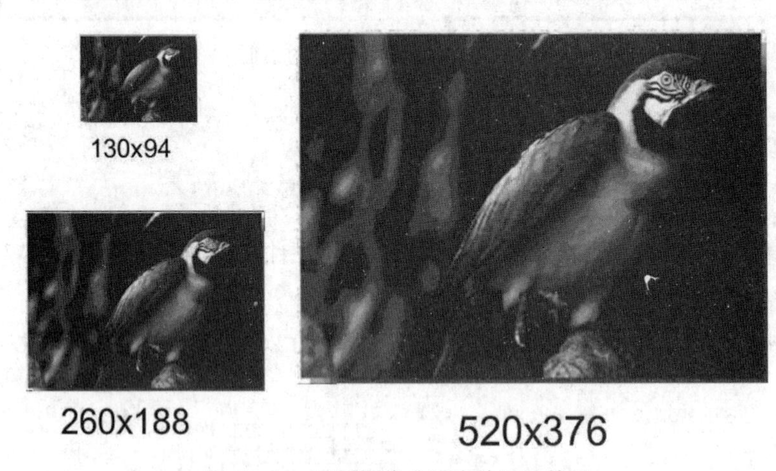

图 5-14 不同图像分辨率的显示效果

(2) 扫描分辨率

扫描分辨率是指对图像采样时,单位距离内采样的点数,扫描分辨率用每英寸点数 DPI 表示。例如,如果用 300dpi 来扫描一幅 4 英寸×5 英寸的图像,就得到一幅 1 200×1 500 个像素的数字图像。

显然,扫描分辨率越高,得到的图像像素点就越多,获得的图像越细腻,扫描仪的扫描分

辨率可以达到 19 200dpi。在用扫描仪扫描图像时，通常要根据需要选择合适的分辨率来扫描图像。

(3) 显示分辨率

显示分辨率是指显示屏上可以显示出的像素数目，数目的多少与显示模式有关。相同大小的屏幕显示的像素越多，表明设备的分辨率越高，显示的图像质量也就越高。

当显示在屏幕上的图像尺寸相同时，图像分辨率越大，图像质量越好，反之亦然。

(a) 512×512　(b) 256×256　(c) 128×128

(d) 64×64　(e) 32×32　(f) 16×16

图 5-15　不同图像分辨率在相同显示分辨率下的呈现效果

(4) 像素深度

像素深度是指图像中每个像素所用的二进制位数，也是每个颜色分量的二进位数之和，因为这个二进制数用来表示颜色，所以也称为颜色深度。图像的像素深度越深，所使用的二进制的位数越多，能表达的颜色数目越多。

如果每个像素用 4 位二进制表示颜色，就可以表示出 16 种颜色，相应的图像称为 16 色图像。

常见的像素深度有 1 位、4 位、8 位和 24 位，其中 1 位用来表示黑白图像，4 位可以表示 16 色图像或 16 级灰度图像，8 位可以表示 256 色图像或 256 级灰度图像，而 24 位用来表示真彩色图像，即分别用 8 个二进制位来表示 R、G、B 三基色分量，可表示的颜色数目为 $2^8\times2^8\times2^8=2^{24}$ 即 16 777 216 种颜色。

(5) 图像的数据量

如果以计算机文件保存，一幅图像的数据量由以下三部分组成：

图像文件数据量＝水平分辨率×垂直分辨率×像素深度/8(字节)

一幅不压缩的 Windows Bitmap 真彩色图像，分辨率为 1 024×768，它的数据量为 1 024×768×24 位/8＝2 359 296 字节。

5.2.3 数字图像的压缩编码

从上一节图像的数据量计算中我们看到，图像的存储容量是很大的，而且在图像数据文件中存在着大量的冗余，且由于人的视觉的局限性，即使压缩后的图像有一些失真，只要限制在人眼无法察觉的范围内，也是允许的。因此对图像数据进行压缩是必要的也是可能的。

1. 图像压缩的方法有两种

(1) 无损压缩

对于同一帧图像，冗余反映为相邻像素点之间比较强的相关性，因此任何一个像素均可以由与它相邻且已被编码的点来进行预测估计。

具有相关性是信息可以压缩的一个重要原因。利用信息相关性进行的数据压缩，并不损失原信息的内容，这种压缩称为无损压缩。无损压缩是一种可逆压缩，即经过压缩后可以将原来文件中包含的信息完全保留的一种数据压缩方式。

常见的编码方式有行程长度编码(RLE)和霍夫曼(Huffman)编码等。

(2) 有损压缩

在许多情况下，数据经过压缩后再还原时，允许有一定的损失。例如收音机或者电视机所接收的信号与从发射台发出时相比，实际上都有不同程度的损失，电话里听到的声音通常也会有很大的变形，但是这些损失都不影响对信息内容的理解。

经压缩后不能将原来的文件信息完全保留的压缩，称为有损压缩，这是不可逆的压缩方式。当然，有损压缩后的信息应当能基本表述原信息的内容，否则这种压缩就失去了意义。有损压缩的前提是，在原始信息中存在一些对用户来说不重要、不敏感、可以忽略的信息。

2. 常见的图像文件格式有如下几种

(1) BMP 图像格式

BMP 是 Bitmap 的缩写，一般称为“位图”格式，是 Windows 操作系统采用的图像文件存储格式。在 Windows 环境下所有的图像处理软件都支持这种格式。

位图格式的文件一般以“. bmp”为扩展名，属于无损压缩。

(2) GIF 图像格式

GIF 文件格式属于无损压缩，并支持透明背景，支持的颜色数最大为 256 色。最有特色的是，它可以将多张图像保存在同一个文件中，这些图像能按预先设定的时间间隔逐个显示，形成一定的动画效果，该格式常用于网页制作。

(3) TIFF 图像格式

TIFF 图像文件格式支持多种压缩方法，大量应用于图像的扫描和桌面出版方面。此格式的图像文件一般以“. tiff”或“. tif”为扩展名。

(4) PNG 图像格式

PNG 是企图替代 GIF 和 TIFF 文件格式的一种较新的图像文件存储格式。用 PNG 来存储灰度图像时，灰度深度可达 16 位；用它来存储彩色图像时，彩色图像的深度可达 48 位。

PNG 格式支持流式读写性能，适合于在网络通信过程中连续传输，能由低分辨率到高分辨率、由轮廓到细节逐渐地显示图像。

(5) JPEG 图像格式

JPEG 格式是由 JPEG 专家组(Jion Photographics Group)制定的图像数据压缩的国际

标准，是一种有损压缩算法。JPEG 格式特别适合处理各种连续色调的彩色或灰度图像(如风景、人物照片)，算法复杂度适中，既可用硬件实现，也可用软件实现。

JPEG 格式的压缩率可以控制，压缩率越低，重建后的图像质量越好，反之越差。目前，绝大多数数码相机和扫描仪可直接生成 JPEG 格式的图像文件。网络上的人物或风景照片大部分是 JPEG 格式的。JPEG 图像中还可以保存一些额外的信息，如数码相机的型号、拍摄时的光圈和快门设置等。

JPEG 格式文件的扩展名有“.jpeg”“.jpg”“.jpe”等。

JPEG 2000 采用了小波分析等先进技术，能提供比 JPEG 更好的图像质量和更低的码率，且与 JPEG 保持向下兼容。JPEG 2000 既支持有损压缩，也支持无损压缩。

(6) 其他文件格式

上面列举的是一些常用的通用图像格式，绝大多数的图像处理软件都直接支持。另外还有一些专用的格式，如 PSD 格式、DRW 格式、PPF 格式、EPS 格式等，这些格式的图像软件一般只能用相应的软件打开，因为其中包含了不能被其他软件所识别的信息。

表 5-3　不同图像文件格式

名称	压缩编码方法	性质	典型应用	开发公司(组织)
BMP	不压缩	无损	Windows 应用程序	Microsoft
RAW	不压缩或无损压缩	无损	高端数码相机等	
TIF	RLE,LZW(字典编码)	无损	桌面出版	Aldus,Microsoft
GIF	LZW	无损	互联网	CompuServe
JPEG	DCT(离散余弦变换)，Huffman 编码	大多为有损	互联网，数码相机等	ISO/IEC
PNG	LZ77 派生的压缩算法	无损	互联网等	W3C
WebP	VP8 帧内编码方法	有损/无损	互联网网页	Google

5.2.4　数字图像的处理与应用

数字图像在通信(如传真、可视电话、视频会议)、遥感(卫星拍摄的森林、矿藏照片以及气象云图)、医疗诊断(如 X 光、B 超、CT)、工业生产(产品质量检测、生产过程自动化)、机器人视觉(军事侦察、危险环境作业)、安全(指纹、手迹、印章、人像的识别)等领域有广泛的应用。

图像的应用和图像的处理密不可分，目前，有大量的商业化的图像处理软件在被广泛地使用。最常用的有 Windows 系统附件中的画图软件、微软 Office 套件中的 PhotoDraw、Adobe 公司的 PhotoShop、Corel 公司的 Painter 和 Photo-Paint、Ulead 公司的 PhotoImpact 以及 ACD 公司的 ACDSee 等。这些图像处理软件功能各有侧重，适用于不同用户。

使用图像处理软件可以实现以下各类操作：

(1) 图像的显示。包括图像的浏览、打印、幻灯片形式播放。

(2) 图像的扫描。可以单幅或批量地将照片或传统印刷品、手稿扫描称为计算机图像文件。

(3) 图像属性的修改。如更改图像的分辨率、宽高比、颜色数、裁剪、旋转图像，调整图像的亮度和对比度等。

(4) 对图像进行柔化、锐化处理，对人像进行消除红眼处理。

(5) 对图像上的灰尘、划痕、噪点、网点进行消除。

(6) 提供各种滤镜操作，产生各种特技效果。

(7) 绘图功能。利用软件提供的丰富的画笔类型，用户可以进行自由手绘，也可以方便地绘出直线、曲线和各种常用的几何形状，还可以应用丰富多彩的边框、底纹和填充图案。

(8) 文字编辑功能。用于在图片上添加文字，以及产生各种文字的变形效果。

(9) 图层操作。该功能能将一幅图像分成若干层，可分别对每一层均进行编辑处理。利用图层操作(如图层复制、图层激活、图层显示、图层排列、图层关联等)，可以大大增强图像编辑制作的灵活性。

图 5-16～图 5-19 为几种图像处理的效果。

(a)

(b)

图 5-16　产生撕裂效果的图片

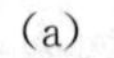
(a)

(b)

(c)

图 5-17　使用"抠图"功能合成的图片

(a)

(b)

图 5－18　使用蒙版效果的图片

(a)

(b)

图 5－19　替换颜色效果的图片

最近几年，人工智能技术在图像处理中得到了很好的应用，图像的自动识别技术取得了很多的进展，识别率和准确率明显提高，可以利用该技术进行图像的分类、定位、检测、自动分割等等。例如较为广泛使用的"人脸识别"技术已经在手机、安保、金融等场景中普及。

5.2.5　矢量图形

本书前面介绍的图像，是由 $M \times N$ 个像素组成的栅格图像(Raster Image)，又译作光栅图像，也称为位图图像(Bitmap Image)。前面提到的 BMP 位图格式只是这里所说的位图图像中的一类。位图图像的特点是与扫描、显示和打印关系密切。因为扫描、显示和打印都是基于像素的，在颜色数确定的情况下，位图图像的数据量(文件大小)只与分辨率有关，与内容的复杂度无关。

与位图图像相对应的是另一类图像——矢量图形(Vector Graphics)，也叫作计算机合成图像。矢量图形是由一系列可以重建图片的指令构成，矢量图形文件并不保存每个像素的颜色值，而是包含了计算机需要的为图像中的每个对象创建形状、尺寸、位置和颜色等的命令。这些指令类似于制图老师可能给学生下达的某些任务：画一个 2 英寸大小的圆，将这个圆放置在离工作区下边缘 1 英寸，右边缘 2 英寸的地方，并把这个圆涂成黄色。

景物在计算机内的描述称为景物的模型(Model)，使用计算机进行景物描述的过程称为景物的建模(Modeling)，需要使用专门的软件完成。计算机根据景物的模型生成其图像的过程称为"绘制"(Rendering)，这是借助计算机的绘制软件和显卡来实现的。

1. 矢量图形的特点

矢量图形的特点适合于大部分的线条画、标志图、简单的插画以及可能需要以不同的大

小被显示或打印的图表，如图 5－20 所示。

图 5－20　矢量图的编辑

与位图相比，矢量图形具有自己的优缺点：

(1) 改变大小时，矢量图中的各个对象会按照比例改变而保持边缘的光滑，而位图图像在放大后有可能看起来有锯齿状的边缘。

(2) 矢量图形所需要的存储空间反映了图像的复杂程度，所需的指令越多，就需要越多的存储空间。但是对于同一幅图片，用矢量图形表示占据的存储空间会小于位图图片所需要的存储空间。

(3) 大部分的矢量图形往往具有类似卡通图画的外观，而不能期望那种从照片中获得的真实外观。

(4) 在矢量图形中编辑对象比在位图图像中更容易。因为矢量图形就像一个很多对象的拼贴图，每个对象可以被单独地移动或编辑。而位图图像会被构建成单独的像素层，不利于编辑修改。

2. 矢量图形的创建

矢量图可以有两种方法得到：

(1) 使用矢量图绘制软件手工绘制。目前，流行的矢量绘图软件有 Corel 公司的 CorelDraw、Adobe 公司的 Illustrator、Macromedia 公司的 Freehand 等。微软 Office Word 中的自选图形和剪贴画、Visio 等软件中的流程图、组织机构图、网络拓扑图实际上也都是矢量图形，如图 5－21 所示。

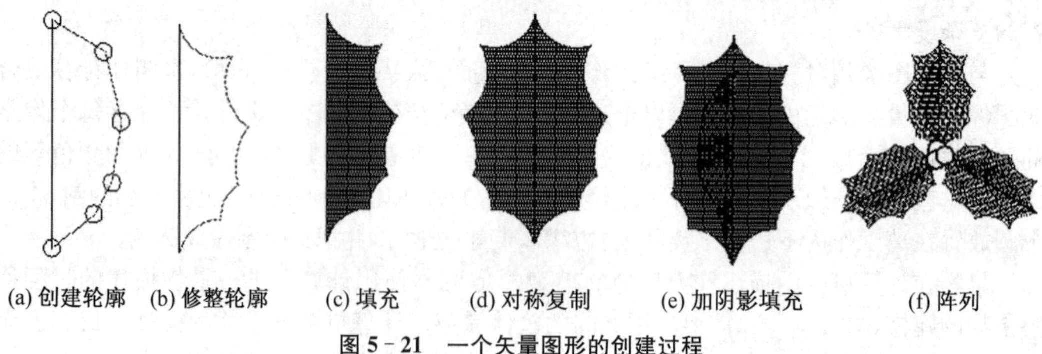

图 5－21　一个矢量图形的创建过程

(2) 使用专门的轮廓跟踪软件将位图图像转换为矢量图形，如图 5－22 所示。

图 5－22　位图图像的矢量化

3. 矢量图形的应用

(1) 在计算机辅助设计中的应用

目前很多工业产品(如手机、电视机、汽车等)都采用了计算机辅助设计(CAD)和计算机辅助制造(CAM)技术。工程师们通过计算机，使用数据模型精确地描述机械零件的三维形状，既可以显示和绘制零件的图形，又可以提供加工数据，还可以进行结构强度、运动特性分析，大大缩短产品设计周期，提高设计质量，如图 5－23(a)所示。

应用比较广泛的 CAD 软件有 Unigraphics NX、Pro/Engineering、Solidwoks、MDT、AutoCAD 等

(2) 在计算机动画和设计艺术中的应用

使用计算机不但能生成实际存在的具体景物的图像，还能生成假想或抽象的物体和景象。无论是人物形象的造型、背景设计、还是怪兽、各种奇怪的场景、广告片头等均可以用计算机来完成，如图 5－15(b)所示。

目前广泛使用的用于影视创作的三维软件有 3D Studio MAX、SoftImage 3D、MAYA、Light-Wave3D 等。

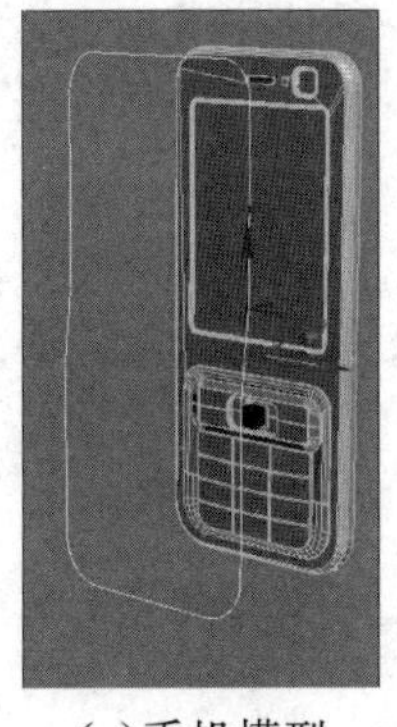

(a)手机模型

(b)茶壶模型

图 5－23　三维几何模型

(3) 在地理信息系统中的应用

地理信息系统(Geography Information System，GIS)是建立在地理数据基础上的管理、查询和分析软件，被广泛应用在地图绘制、交通管理、资源勘探、物流配送等行业。计算机图

形技术是地理信息系统的核心技术之一。

5.3 声音

声音是一种通过声波的形式传播的机械振动，是携带信息的重要媒体。声音的种类很多，有自然界的风雷雨电之声，有闹市区各类交通工具之声，有乐器演奏的音乐和人类说话的语音等。

声波一般由多个频率和振幅互不相同的波的叠加，属于复合信号，复合信号的频率范围称为带宽。人耳能够分辨的声音频率大约在 20～20 000 Hz 之间，这个频率范围的声音是人们研究的主体。

5.3.1 声音的数字化

计算机要处理声音，首先要通过麦克风将声波的振动转变为相应的电信号，这个电信号是模拟信号，然后通过声卡将模拟信号转换成数字信号，即模拟/数字转换，简称 A/D 转换，这个过程称为音频信号的数字化。

数字化后的声音信号可以使用计算机进行各种处理，经过处理后的数据再经过声卡中的数字/模拟转换还原成模拟信号，模拟信号经过放大后输出到音箱或耳机，就可以还原成人耳能够听到的声音。

1. 模拟信号和数字信号

声音信号是典型的连续信号，即该信号在时间和幅度上都是连续的。时间上连续是指在一个指定的范围里声音信号的幅值有无穷多个，幅度上连续是指幅度的数值有无穷多个，这种时间和幅度上都连续的信号称为模拟信号，如图 5－24(a)所示，计算机不能直接处理模拟信号，因此要先转换成数字信号。

数字信号是指在一个指定的时间范围里信号取有限个幅值，而且每个幅值也被限制在有限个数值之内，图 5－24(b)中就是数字信号，在图中所示的时间范围内，声音取了 4 个幅值，每个幅值只能取 3,1,－1,－3 中的一个。

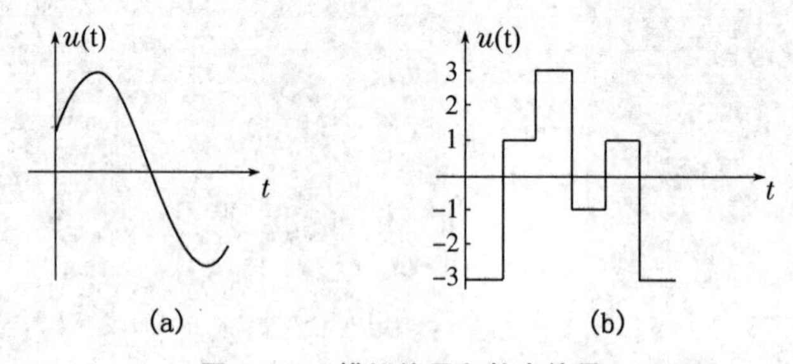

图 5－24 模拟信号和数字信号

2. 声音信号的数字化过程

将模拟的声音信号转变为数字音频的过程称为数字化，这一过程由声卡中的模拟/数字(A/D)转换功能来完成，数字化的完整过程要经过采样、量化和编码 3 个阶段，如图 5－25 所示。

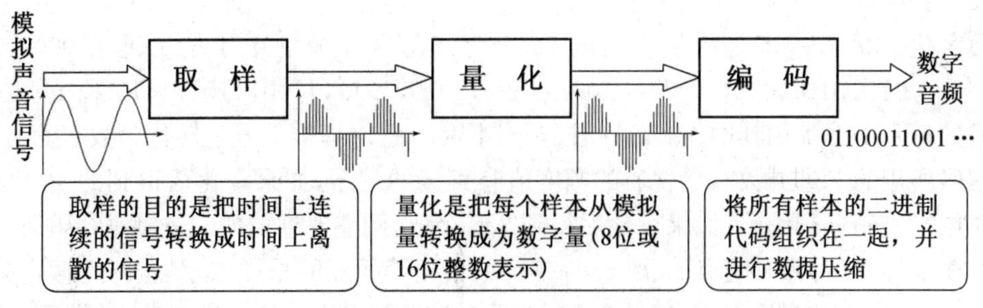

图 5-25　声音信号的数字化示意图

(1) 采样

采样是指每隔一段时间间隔读取一次声音的波形幅值，由这些特定的时刻得到的值构成的信号称为离散时间信号。

前后两次采样的时间间隔可以相同，也可以不同，如果用相同的时间间隔进行采样，称为均匀采样，否则称为非均匀采样。

(2) 量化

采样后得到的信号在时间上是不连续的，但是，其幅度的值还是连续的，因此，还应该把信号幅度取值的数量加以限定，这一过程成为量化。

例如，假设输入电压的范围是 0～1.5 V，现在将它的取值限定在 0 V，0.1 V，0.2 V……1.4 V，1.5 V 共 16 个值中，如果采样得到的幅度是 0.123V，则近似取值为0.1 V，采样得到的数值称为离散数值。

离散值的个数与下面所用的编码的二进制位数有关。幅度的划分同样可以是等间隔的，也可以是不等间隔的，如果幅度的划分是等间隔的，就称为线性量化，否则称为非线性量化。

显然，图 5-26 显示的是一个均匀采样，线性量化的过程。

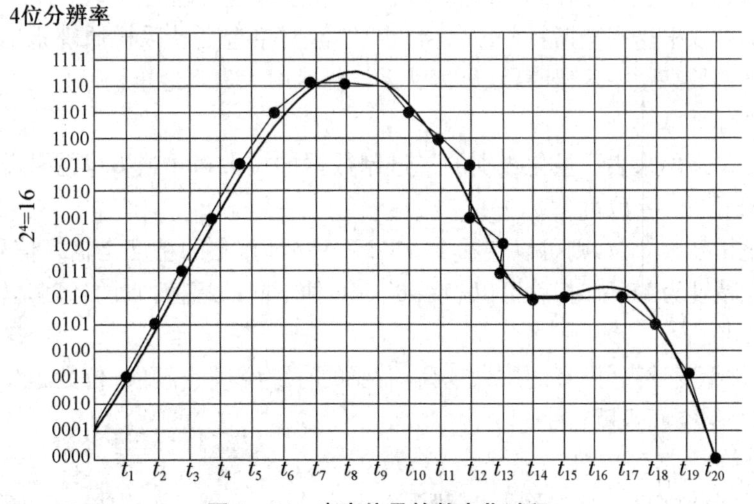

图 5-26　声音信号的数字化过程

(3) 编码

数字化的最后一步是将量化后的 16 个电压值顺序分别用 4 位二进制 0000,0001,0010,0011,0100,0101,0110,0111,1000,1001,1010,1011,1100,1101,1110 和 1111 表示,量化后的每一个值都用其中的一组 4 位二进制表示,这时模拟信号就转化为数字信号。

编码所用的二进制数与量化后的幅度值有直接的关系,如果量化后得到的 16 个值,则需要 4 位二进制进行编码,如果量化后得到 256 个值,则需要 8 位的二进制进行编码。

在横坐标上,每个时间点 t_1、t_2、t_3 等是每一个相等间隔的采样点,纵坐标上假定幅度范围是 0～1.5,将幅度值量化为 16 个等级,然后对每个等级用 4 位二进制数进行编码。

在图 5-26 中,共有 20 个采样点,对每个点使用了 4 位量化后,各采样点的数据及编码如表 5-4 所示。

表 5-4 数字化过程中的数据

采样点	t_1	t_2	t_3	t_4	t_5	t_6	t_7	……
采样值	0.27	0.46	0.65	0.86	1.09	1.25	1.35	……
量化值	0.3	0.5	0.7	0.9	1.1	1.3	1.4	……
编码	0011	0101	0111	1001	1011	1101	1110	……

表 5-4 中最后一行的编码数据就构成了数字声音文件的主要内容,上面所说的音频数字化的过程,也称为脉冲编码调制(Pluse Code Modulation,PCM)。

3. 影响数字化声音质量的因素有如下几点:

(1) 采样频率

单位时间内进行的采样次数称为采样频率,通常用赫兹(Hz)表示,例如采样频率为 1 kHz,表示每秒钟采样 1 000 次。

显然,采样频率越高,经过离散的波形越接近原始波形,从而声音的还原质量也越好,但是采样频率越高,相应的,保存这些信息所需的存储空间也就越大。

采样频率可以根据奈奎斯特(Nyquist)定理确定,奈奎斯特采样原理指出:当采样频率高于输入信号中最高频率两倍时,就可以从采样信号中无失真地重构原始信号。

(2) 量化精度

量化精度是指用来表示量化级别的二进制数据的位数(bit 或 b),也叫样本位数,位深度,常用的有 8 位和 16 位。

如果量化精度为 8 位,则可以表示 2^8 即 256 种幅值,它的精度是输入信号最高幅值的 1/256;当量化精度为 16 位时,就可以表示 65 536 种不同的幅值,它的精度是输入信号最高幅值的 1/65 536。

显然,量化精度越高,声音的质量越高,需要的存储空间也越大;位数越少,声音的质量越低,需要的存储空间也就越小。

(3) 声道数

声道数是指产生声音的波形数,一般为 1 个或 2 个,分别表示产生一个波形的单声道数和产生两个波形的立体声音,立体声的效果比单声道丰富,但存储空间要增加一倍。新式的带 DTS 解码的 CD、带 AC3 解码的 DVD 光盘及其播放系统(即家庭影院系统)支持 5.1、

6.1 甚至 7.1 声道，称为环绕立体声。其中“0.1”是由其他声道计算出来的低音声道，不是独立的声道。

(4) 数据率和声音质量

数据率也称为码率，是指每秒钟的声音经数字化后产生的二进制位数，它与采样频率、量化位数、声道数的关系如下：

$$码率=采样频率\times量化位数\times声道数$$

数据率的单位是 bps(每秒的比特数)。

例如：立体声的声音，经 44.1kHz 的采样频率、16 位的量化位数进行数字化后，它的码率为：

$$码率=44.1\text{kHz}\times16\text{bits}\times2=1\,411.2\ \text{kbps}$$

表 5-5 列出了几种常见的声音质量的声道数、采样频率、量化位数以及码率。

表 5-5　声音质量与码率

采样频率(kHz)	量化精度(bit)	码率(kbps)	存储容量(MB)	质量
11.025	8	88.2	1.29	相当于 AM 音质
	16	176.4	2.58	
22.05	8	352.8	2.58	相当于 FM 音质
	16	705.6	5.16	
44.1	16	1 411.2	10.33	相当于 CD 音质
48	16	1 536.0	11.25	相当于 DAT 音质

5.3.2　声音数据的压缩编码

声音经数字化后的编码数据量较大，为保存这些数据就需要较大的空间，同时，为实现实时处理，需要及时传输这些数据，这又要求有较高的传输率，因此，为了便于存储和传输有必要将这些数据先进行压缩，在还原时再进行解压缩。

1. 压缩率

压缩率(又称压缩比或压缩倍数)是指数据被压缩之前的容量和压缩之后的容量之比。例如，一首歌曲的数据量为 50 MB，压缩之后为 5 MB，则压缩率为 10∶1。

2. MPEG 声音压缩编码

MPEG 的全名为 Moving Pictures Experts Group，中文译名是动态图像专家组，是一系列运动图像(视频)压缩算法和标准的总称，其中包括了声音压缩编码(MPEG Audio)。MPEG 声音压缩算法是世界上第一个高保真声音数据压缩国际标准，已经得到了广泛的应用。

表 5-6 列出了全频带声音常用的几种 MPEG 压缩编码方法：

表 5-6 几种 MPEG 压缩编码方法

名　称	输出数据率	声道数	主要应用
MPEG—1 audio 层 1	384kbps	2	小型数字盒式磁带
MPEG—1 audio 层 2	256—192kbps	2	数据广播、CD-Ⅰ、VCD
MPEG-1 audio 层 3	64 kbps	2	MP3 音乐、Internet
MPEG-2 audio	与 MPEG-1 层 1、2、3 相同	5.1 7.1	同 MPEG-1

3. WAV 格式

WAV 是 Microsoft 公司开发的一种声音文件格式，也叫波形(Wave)声音文件，被 Windows 平台及其应用程序广泛支持。WAV 格式有压缩的，也有不压缩的，总体来说，WAV 格式对存储空间需求太大，不便于交流与传播。

4. WMA 格式

WMA(Windows Media Audio)格式是 Microsoft 公司专为互联网上的音乐传播而开发的音乐格式，其压缩率和音质可与 MP3 相媲美。WMA 还可以通过 DRM(Digital Rights Management)方案加入防止拷贝、限制播放时间和播放次数、限制播放器的功能，可有力地防止盗版，保护音乐制作人的权利。

5. RealAudio 格式

RealAudio 是由 RealNetworks 公司推出的文件格式，分为 RA(RealAudio)、RM(RealMedia，RealAudioG2)、RMX(RealAudio Secured)等三种。它们最大的特点是可以实时传输音频信息，尤其是在网速较慢的情况下，仍然可以较为流畅地传送数据，因此 RealAudio 主要适用于网络上的在线播放。这些文件的共同性在于随着网络带宽的不同而改变声音的质量，在保证大多数人听到流畅声音的前提下，令带宽较宽敞的听众获得较好的音质。

6. 数字语音压缩编码

人的语音信号的带宽为 300～3 400 Hz。语音是人们交流的主要媒体，因此对数字语音进行专门的压缩编码十分必要。

在有线电话通信系统中，数字语言在中继线和长途线路上传输时采用的压缩编码方法是 PCM 编码和 ADPCM 编码。它们能保证语音的高质量，且算法简单、容易实现，多年来一直在固定电话通话系统中广泛应用，并且在计算机中也被使用。

在移动通信和 IP 电话中，通信信道的带宽较窄，因此必须采用更有效的语音压缩编码，使语音压缩后的码率大约在 4.8～16 kbps 之间，并能保证较好的语音质量。

5.3.3 声音的获取与播放

1. 声音的获取设备

在个人计算机上，声音的获取设备包括麦克风(话筒)和声卡，麦克风的作用是将声波转换为电信号，然后由声卡进行数字化。如果录制的不是声波信号，而是由其他音源设备(如随身听、CD 唱机、磁带卡座)输出的电信号，则不需要麦克风，直接用信号线将音源设备的线路输出(Line Out)与声卡的线路输入(Line In)插口连接即可。

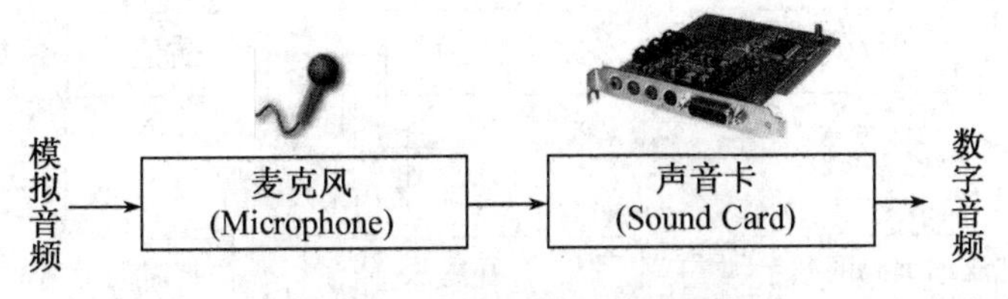

图 5-27 音频的联机获取设备

声频卡简称声卡，是声音处理的主要硬件插卡板，以数字信号处理器(DSP)为核心，DSP是一种专用的微处理器，可以完成声音的输入(A/D)、处理和输出(D/A)。

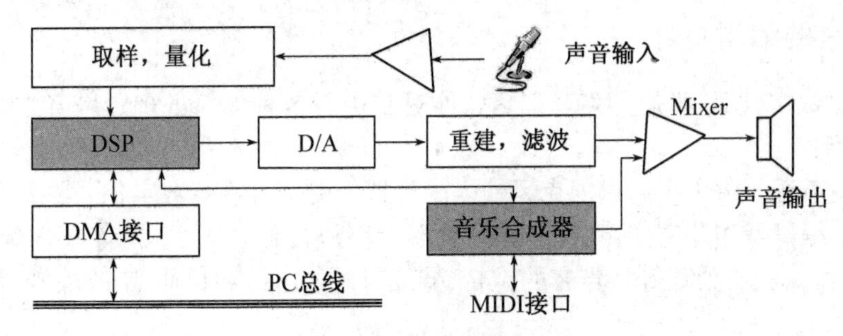

图 5-28 声卡的主要功能

声卡的关键技术包括数字音频、音乐合成、MIDI和音效：

(1) 数字音频，要求必须具有大于44.1 kHz的采样频率和16位的编码位数；

(2) 音乐合成，主要有两种合成技术，FM合成和波形表合成；

(3) 乐器数字接口，是数字音乐的国际标准，它规定了不同厂家的电子乐器和计算机连接的方案好设备之间数据传输的标准；

(4) 音效，即在硬件上实现回声、混响等各种效果。

随着大规模集成电路技术的发展，目前大多数个人计算机的声卡已与主板集成在一起，不再做成独立的插卡。

除了利用声卡进行在线(On-line)声音获取之外，也可以使用数码录音笔进行离线(Off-line)声音获取，然后再通过USB接口直接将已经数字化的声音数据从数码录音笔送入计算机中。

2. *声音的播放*

计算机输出声音的过程通常分为两步：首先将声音从数字形式转换为模拟信号形式，这个过程称为声音的重建；然后再将模拟声音信号经过处理和放大到音箱发出声音。

声音的重建是声音信号数字化的逆过程，分为三个步骤：先进行解码，把压缩编码的数字声音恢复为压缩前的状态；然后再进行数模转换，把声音样本从数字量转为模拟量；最后进行插值处理，把时间上离散的一组样本转换为在时间上连续的声音信号。

声音的重建也是由声卡完成的。

现在出现了一种新型的数字音箱，这种音箱一般通过USB接口直接接收数字声音信号，音箱自己完成声音的重建，这样可以避免信号在传输中发生畸变和受到干扰，其音响效果更加突出。

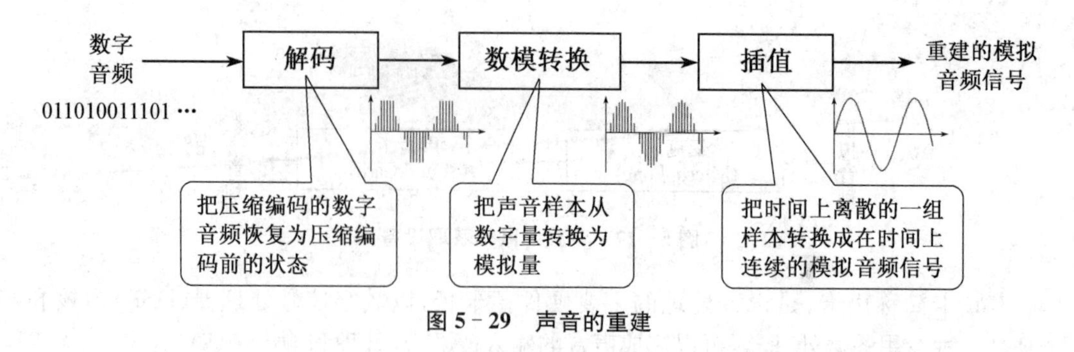

图 5-29　声音的重建

5.3.4　声音的编辑

声音经过数字化后，可使用声音编辑软件对其进行各种编辑处理。声音编辑软件一般具有以下功能：

(1) 录制声音。将用户通过麦克风输入的模拟声音信号进行数字化。

(2) 基本编辑操作。例如声音的剪辑(删除、移动、复制、插入空白等)、音量调节(提高或降低音量、淡入淡出处理等)、声音的返转、持续时间的压缩和拉伸、消除噪音、声音的频谱分析等。

(3) 声音的效果处理。包括混响、回声、延迟、频率均衡、和声、动态效果、升降调、颤音等。

(4) 格式转换功能。将不同取样频率和量化位数的声音进行装换，将不同文件格式的声音进行转换。

(5) 其他功能。如分轨录音、为影视配音等。

具有声音编辑功能的软件都具有声音捕捉功能(即录音功能)，Windows 附件中的“录音机”和“Movie Maker”程序都可以用来录音，前者生成 WAV 格式的文件，后者生成 WMA 格式的文件。

另外一些常用的声音编辑软件有 Adobe Audion、GoldWave、Audio Editor 等。

语音识别是指将人的说话声音转换成相应的文字，这需要计算机自动识别出语音信号中的单词和语汇，甚至理解其语义(内容)。语音识别是人工智能领域的一个重要研究课题，其主要应用有：语音拨号、语音导航、设备操作控制、语音文档检索、听写数据录入、计算机同声翻译等。目前国际上主要存在几种不同复杂程度的语音识别技术，包括：孤立语音/连续语音识别、小词汇量/大词汇量语音识别、特定人/非特定人语音识别等。

近几年在 GPU 平台、大数据训练和深度学习算法的支持下，电话语音数据 Switchboard 基准测试的词错率已经降低至 6%以下，达到了与人工语音识别差不多的水准。安静背景、标准口音、常见词汇上的语音识别已经达到可用状态，例如：中科大讯飞公司在国际最高水平的语音合成比赛 Blizzard Challenge(暴风雪竞赛)中 7 项指标全部第一，参加第 4 届 CHiME Challenge 国际多通道语音分离和识别大赛也获取了全部 3 项赛事的第一名，中文语音识别系统保持绝对领先，英语语音识别同样也达到了国际领先水平。

5.3.5　计算机合成声音

以上提到的声音称为波形声音，无论是数字化之前还是之后，压缩之前还是之后，实质

上都是通过记录声波的振幅随时间变化来实现的。波形声音绝大多数来自真实的音源，如乐队的演奏、歌手的唱歌和自然的声响等。除此之外，计算机还能产生电子音乐和电子语音，这些声音是计算机制造出来的，不需要有原始声音。

1. MIDI 音乐

乐器数字接口(Musical Instrument Digital Interface，MIDI)是 20 世纪 80 年代初为解决电声乐器之间的通信问题而提出的。MIDI 传输的不是声音信号，而是音符、控制参数等指令，它指示 MIDI 设备要做什么，怎么做，如演奏哪个音符、多大音量等。它们被统一表示成 MIDI 消息(MIDI Message)。每个 MIDI 消息描述一个音乐事件(如开始演奏某个音符、结束演奏某个音符、选择音符的音色、改变演奏速度等)，一首乐曲所对应的全部 MIDI 消息组成单独的 MIDI 音乐文件。也就是说，MIDI 音乐文件记录的不是声音，而是发给 MIDI 设备让它产生声音或执行某个动作的指令。

个人计算机的声卡上一般带有音乐合成器，它能模仿许多乐器生成各种不同音色的音符。目前，声卡上的音乐合成器有两种：一种是调频合成器，另一种是波表合成器，后者较前者音色更优美，效果更好。

计算机在播放 MIDI 音乐时，将 MIDI 消息发送给声卡上的音乐合成器，由音乐合成器解释并执行 MIDI 消息所规定的操作，合成出各种音色的音符，通过扬声器播放出乐曲来。

由个人计算机、声卡、MIDI 演奏器和音序器软件等构成的个人电脑音乐系统，彻底改变了传统的音乐制作方式。原来需要由多人才能完成的工作现在只需要一个人即可，记录音乐的方式也由乐谱变成 MIDI 文件，它的数据量很小，并且更易于编辑。MIDI 音乐与高保真的波形声音相比，音质上还有一些差距，并且无法合成出所有的声音(如人的语音)。

2. 语音合成

语音合成又称为文语转换(Text To Speech，TTS)，是由计算机将文本内容(书面语言)转换为自然语音的技术。TTS 技术在股票交易、航班查询、电话银行、自动报警、残疾人服务等多方面都有应用和广泛的发展前景。

TTS 是一个十分复杂的系统，涉及语言学、语音学、信号处理、人工智能等诸多学科。目前的 TTS 系统一般能够较为准确清晰地朗读文本，但是不太自然，所以 TTS 最根本的问题便在于它的自然度。在汉语 TTS 系统中，还要着重解决的是汉字的多音字问题。

5.4　视频

视频(Video)是指内容随时间变化的一个图形序列，也称为运动图像(Motion Picture)。视频能传输和再现真实世界的图像和声音，也能配上相应的文字，是当代最有影响力的信息传播工具。

5.4.1　模拟视频与数字视频

视频技术就是将一幅幅独立的图像组成的序列按一定的速度连续播放，利用人眼的视觉暂留特点在眼前形成连续运动的画面。

在视频技术中，每幅独立的图像称为 1 帧(Frame)，帧是构成视频信息的基本单元，为了形成连续不断的画面，通常每秒钟播放 25 帧或 30 帧。

视频可以分为模拟视频和数字视频，模拟视频是指其信号在时间和幅度上都是连续的信号，例如普通电视机、录像机和摄像机中采用的是模拟视频。数字视频(Digital Vedio, DV)是指以数字化的方式表示连续变化的图像信息。

1. 模拟视频

传统的模拟电视节目是先将图像的RGB颜色分量转换为YUV颜色分量，通过无线发射或有线网络传送电视机，再转换为RGB颜色分量，通过红、绿、蓝三色电子枪在荧光屏上显示出图像。

(1) YUV颜色模型

在YUV颜色模型中，Y表示亮度信号，U、V表示色度信号。因为人眼对色度信号不太敏感，所以可以相应地节省一些电视信号的带宽和发射功率；另外，将亮度和色度分开，也有利于兼容彩色和黑白电视，黑白电视机只需要处理Y信号。

YUV颜色模型和RGB模型可以相互转换。

(2) 扫描与同步

电子图像是电子束在荧光屏上进行扫描产生的，扫描有隔行扫描(Interlaced Scanning，用字母I作为标志)和逐行扫描(Progressive Scanning，用字母P作为标志)之分。

在隔行扫描中，电子束先扫描奇数行，然后再扫描偶数行，因此一帧图像由两次扫描得到，分别称为奇数场和偶数场。在逐行扫描中，电子束从显示屏的左上角一行接一行地扫到右下角，扫描一遍显示一帧完整的图像。与隔行扫描相比，逐行扫描的显示图像更稳定，被计算机显示器和高档电视机所采用。

世界各国采用的电视制式主要有以下三个，它们具有不同的扫描特性：

① PAL制式

其特点为：625行/帧，25帧/秒，画面宽高比为4∶3。隔行扫描，2场/帧，主要用于中国、欧洲、澳大利亚、南非、南美洲。

② NTSC制式

其特点为：525行/帧，30帧/秒，画面宽高比有4∶3(电视)、3∶2(电影)和16∶9(高清晰度电视)。隔行扫描，2场/帧，主要用于美国、加拿大、墨西哥、日本等国家。

③ SECAM制式

其扫描特性与PAL制式类似，差别在于SECAM中的色度信号是由频率调制的，两个色差信号是按行的顺序传输的。本制式主要由法国、苏联、东欧和中东国家和地区使用。

2. 数字视频

1996年，电视台及其政府管理机构——美国电信委员会(FCC)采用了一个名为数字电视(DTV)的标准，这一标准使用的是数字信号(即一系列的0或1)。DTV比同等电视要更加清晰，而且不容易受到干扰。现在，人们可以看到很多在大肆进行广告的卫星电视系统与数字光缆电视系统，但是，它们并不是数字电视，为了传输把信号转变为数字信号，最后通过机顶盒再把数字信号转变回电视机可以使用的同等信号。而真正的数字电视则完全是数字化的：使用数码摄像机、数字传输以及数字接收器。

目前，世界上不少国家正在进行数字化改造，我国电视行业按照图像分辨率，可以将数字电视分为3种显示格式：

(1) 标准清晰度电视(SDTV)，画面的分辨率为720×576，隔行扫描，帧频25 fps，视频

数据量大约 3 Mb/s。该标准用于数字有线电视的大部分频道，DVD - Video 中的视频也采用该格式。

(2) 高清晰度电视(HDTV)，画面的分辨率为 1 920×1 080，隔行扫描，帧频 25 fps，视频数据量大约 8 Mb/s。数字有线电视的高清频道播放的就是 HDTV 节目。

(3) 超高清晰度电视(UHDTV，也称为 4K 电视)，画面的分辨率为 3 840×2 160，甚至更高。近几年来，4K 电视机和 LCD 显示器已经逐渐成熟，有一些高端智能手机也能拍摄 4K 视频。

在目前我国流行的视频网站(优酷、爱奇艺、腾讯视频等)上，用户通常可以根据自己的网络带宽、显示器、存储容量、可消耗数据流量等选择不同的视频格式。例如优酷网站上把视频格式分为：标清(相当于 VCD 的低分辨率格式)、高清(相当于 SDTV 格式)、超清(分辨率为 1 280×720，帧频 60 fps)和 1 080 P(分辨率为 1 920×1 080，帧频 50 fps)。

3. 数字视频的获取设备

PC 中机视频信号数字化的插卡称为视频采集卡，简称视频卡，它能将输入的模拟视频信号(及伴音信号)进行数字化然后存储在硬盘中。数字化的同时，视频图像经过彩色空间转换(从 YUV 转换为 RGB)，然后与计算机图形显示卡产生的图像叠加在一起，用户可在显示器屏幕上指定窗口中监看(监听)其内容。

另外有一种在线获取数字视频的设备是数字摄像头，它通过光学镜头和 CMOS(或 CCD)器件采集图像，然后直接将图像转换成数字信号并输入到 PC 机，不再需要使用专门的视频采集卡。

数字摄像头分辨率一般为 640×480(30 万像素)或 800×600(50 万像素)，速度在每秒 30 帧左右，镜头的视角可达到 45°～60°。数字摄像头的接口大多采用 USB 接口，有些采用 IEEE 1394 接口。

数字摄像机是一种离线的数字视频获取设备。它的原理与数码相机类似，但具有更多的功能。所拍摄的视频图像及记录的伴音使用 MPEG 进行压缩编码，记录在磁带或者硬盘上，需要时再通过 USB 或 IEEE 1394 接口输入计算机处理。

5.4.2 数字视频压缩编码

数字视频的数据量非常大，例如，一段时长为 1 分钟，分辨率为 640×480 的录像(30 帧/秒，真彩色)，未经压缩的数据量为：

(640×480)像素/帧×3 字节/像素×30 帧/秒×60 秒/分钟＝1658 880 000 字节/分钟＝1.54G 字节/分钟

如此大的数据量，无论是存储、传输还是处理都有很大的困难，所以必须对视频数据进行压缩。由于视频信息中画面内部有很强的信息相关性，相邻画面的内容又有高度的连贯性，再加上人眼的视觉特性，视频信息的数据量可以压缩几十倍甚至几百倍。

为了便于视频信息的存储、传输和交换，必须对视频信息的压缩编码格式制定标准。负责制定视频编码标准的有两个组织：国际电信联盟通信标准部(ITU - T)和国际标准化组织/国际电工技术委员会(ISO/IEC)。ITU - T 制定的视频编码标准使用 H.26x 的名称，主要为视频会议和可视电话等实时视频通信应用设计。ISO/IEC 制定的标准用 MPEG - x 命名，主要为视频存储、广播及视频流(网络视频)设计。两大国际组织还合作开发了 H.262/

MPEG－2、H. 264/MPEG－4 以及 H265/MPEG－H 标准。

国际标准化组织和各大公司都积极参与视频压缩标准的制定，并且已推出大量实用的视频编码格式。

1. H. 26x 格式

H. 261 格式适用于在低速通信网中进行可视电话/视频会议，现在已经很少使用。

H. 262 的用途较广，如数字卫星电视、数字有线电视、DVD 光盘等。

H. 263 及其后续改进主要用于低码率视频通信，如桌面环境的视频会议、电子监控、远程医疗、3G 手机视频等。

H. 264 具有很高的压缩比，大大节省下载时间和数据流量费用，同时还拥有高质量的流畅图像，可以很好地在互联网环境和移动通信网上传输。

H. 265/HEVC 与 H. 264 相比，压缩比又提高一倍。这就意味着，智能手机、平板电脑等移动设备能够直接在线播放 1080p 的全高清视频，也支持 4K 分辨率的超高清电视（UHDTV）。

2. MPEG 格式

运动图像专家组（Moving Picture Group，MPEG）格式是运动图像压缩算法的国际标准，它采用了有损压缩方法从而减少运动图像中的冗余信息。目前 MPEG 格式有三个压缩标准，分别是 MPEG－1、MPEG－2、MPEG－4，另外 MPEG－7 和 MPEG－21 也制订完毕，它们主要解决视频内容的描述、检索，不同标准之间的兼容性、版权保护等方面的问题。

（1）MPEG－1 制定于 1992 年，它是针对 1. 5Mbps 以下数据传输率的运动图像及其伴音而设计的国际标准。它也就是通常所见到的 VCD 光盘的制作格式。这种视频格式的文件扩展名包括“. mpg”“. mpe”“. mpeg”及 VCD 光盘中的“. dat”文件等。

（2）MPEG－2 制定于 1994 年，设计目标为高级工业标准的图像质量以及更高的传输率。这种格式主要应用在 DVD/SVCD 的制作方面，同时在一些高清晰电视（High Definition TV，HDTV）和高质量视频编辑、处理中被应用。这种视频格式的文件扩展名包括“. mpg”“. mpe”“. mpeg”“. m2v”及 DVD 光盘上的“. vob”文件。MPEG－2 标准与 H. 262 标准合称为 H. 262/MPEG－2 标准。

（3）MPEG－4 制定于 1998 年，MPEG－4 是为了播放流式媒体而专门设计的，它可利用很窄的带宽，通过帧重建技术来压缩和传输数据，以求使用最少的数据获得最佳的图像质量。MPEG－4 最有吸引力的地方在于它能够生成接近于 DVD 画质的小体积视频文件。MPEG－4 标准与 H. 264 标准合称为 H. 264/MPEG－4 标准。

表 5－7　目前流行的数字视频编码国际标准

名称	图像格式	压缩后的码率	主要应用
MPEG-1	360×288	大约 1. 2～1. 5 MB/s	适用于 VCD、数码相机、数字摄像机等
H. 261	360×288 或 180×144	Px64 kb/s(P＝1、2 时，只支持 180×144 格式，P≥6 时，可支持 360×288 格式)	应用于视频通信，如可视电话、会议电视等

（续表）

名称	图像格式	压缩后的码率	主要应用
MPEG-2（MP@ML）	720×576	5～15 Mb/s	用途最广，如DVD、卫星电视直播、数字有线电视等
MPEG-2 高清格式	1440×1152 1920×1152	80～100 Mb/s	高清晰度电视（HDTV）领域
MPEG-4 ASP	分辨率较低的视频格式	与MPEG-1，MPEG-2相当，但最低可达到64 kb/s	在低分辨率低码率领域应用，如监控、IPTV、手机、MP4播放器等
MPEG-4 AVC	多种不同的视频格式	采用多种新技术，编码效率比MPEG-4ASP显著减少	已在多个领域应用，如HDTV、蓝光盘、IPTV、XBOX、iPod、iphone等

3. AVI格式

音频视频交错（Audio Video Interleaved，AVI）格式是将语音和影像同步组合在一起的文件格式。它于1992年被Microsoft公司推出，随Windows 3.1一起被人们所认识和熟知。它对视频文件采用了一种有损压缩方式，压缩比较高，因此尽管画面质量不是太好，但其应用范围仍然非常广泛。AVI支持256色和RLE压缩。AVI信息主要应用在多媒体光盘上，用来保存电视、电影等各种影像信息。其缺点是体积过于庞大，而且压缩标准不统一，最普遍的现象就是高版本Windows媒体播放器播放不了采用早期编码编辑的AVI格式视频，而低版本Windows媒体播放器又播放不了采用最新编码编辑的AVI格式视频。

4. MOV格式

MOV即QuickTime影片格式，它是Apple公司开发的音频、视频文件格式，用于存储常用数字媒体类型，如音频和视频。当选择QuickTime（*.mov）作为“保存类型”时，动画将保存为.mov文件。

QuickTime用于保存音频和视频信息，现在它被包括Apple Mac OS，Microsoft Windows 10在内的所有主流电脑平台支持。

5. ASF格式

ASF是Advanced Streaming Format（高级串流格式）的缩写，是Microsoft为Windows 98所开发的串流多媒体文件格式。ASF是微软公司Windows Media的核心。这是一种包含音频、视频、图像以及控制命令脚本的数据格式。

ASF是一个开放标准，它能依靠多种协议在多种网络环境下支持数据的传送。ASF文件的内容既可以是我们熟悉的普通文件，也可以是一个由编码设备实时生成的连续的数据流，所以ASF既可以传送人们事先录制好的节目，也可以传送实时产生的节目。

6. WMV格式

WMV是微软推出的一种流媒体格式，它是在“同门”的ASF格式升级延伸来得。在同等视频质量下，WMV格式的体积非常小，因此很适合在网上播放和传输。WMV格式的主要优点包括：本地或网络回放、可扩充的媒体类型、部门下载、流的优先级化、多语言支持、环境独立性、丰富的流间关系及扩展性。

7. RM格式

RealNetworks公司所制定的音频视频压缩规范称为RealMedia，用户可以使用

RealPlayer 或 RealOnePlayer 对符合 RealMedia 技术规范的网络音频/视频资源进行实况转播并且 RealMedia 可以根据不同的网络传输速率制定出不同的压缩比率，从而实现在低速率的网络上进行影像数据实时传送和播放。

RM 作为目前主流网络视频格式，它还可以通过其 RealServer 服务器将其他格式的视频转换成 RM 视频并由 RealServer 服务器负责对外发布和播放。RM 和 ASF 格式可以说各有千秋，通常 RM 视频更柔和一些，而 ASF 视频则相对清晰一些。

8. RMVB 格式

RMVB 是一种由 RM 格式延伸出的新视频格式，它的先进之处在于打破了 RM 格式平均压缩采样的方式，在保证平均压缩比的基础上合理利用比特率资源，静止和动作场面少的画面场景采用较低的编码速率，这样可以留出更多的带宽空间，而这些带宽会在出现快速运动的画面场景时被利用。这样在保证了静止画面质量的前提下，大幅地提高了运动图像的画面质量，从而在图像质量和文件大小之间达到平衡。

RMVB 格式在相同压缩品质的情况下，文件较小，而且还具有内置字幕和无须外挂插件支持等独特优点。

5.4.3 数字视频的编辑与播放

数字视频的编辑是指先用摄影机摄录下预期的影像，再在电脑上用视频编辑软件将影像制作成碟片的编辑过程。

数字视频编辑软件的功能主要有：

(1) 视频捕捉。将来自摄像机、电视机、影碟机的视频内容输入计算机，数字化并压缩为计算机文件。

(2) 视频剪辑。该功能将多种素材截取、拼接。

(3) 格式转换。即支持多种视频压缩标准，可以生成多种压缩率、分辨率的视频文件，并可以将静态照片转换为幻灯片播放效果的视频内容。

(4) 添加菜单、字幕和各种切换特技。

(5) 可用于 VCD、DVD 影碟制作和刻录。

目前，常用的视频编辑软件有 Windows XP 附件中的 Movie Maker、Adobe Premiere、Ulead Media Studio Pro、Ulead Video Studio(又称“会声会影”)、“爱剪辑”等。

常用的视频播放软件有 Windows Media Player、Real Player、RealOne Player、QvodPlayer、QuickTime Player 等。这些软件通常都支持众多的视频格式文件，同时支持 CD、VCD、DVD 等音频视频盘片的播放，但功能上各有千秋。

5.4.4 数字视频的应用

计算机视频是指通过计算机存储、传输、播放的视频内容。因为计算机是数字的，所以计算机视频从开始就是数字化的。

计算机视频主要有以下几种表现方式：

1. 电影或录像剪辑

人们可以将完整的电影文件或片段存放在计算机硬盘上，或者 VCD、DVD 光盘中。VCD 光盘的容量为 650MB，仅能存放 1 小时分辨率为 352×240 的视频图像，而单面单层

DVD 容量为 4.7GB，能存放 2 小时接近于广播级图像质量（720×576）的整部电影。且 DVD 采用 MPEG－2 压缩视频图像，画面品质比 VCD 明显提高。

人们可以将数码摄像机拍摄的录像内容通过 IEEE 1394 接口导入为计算机视频文件，也可以使用摄像头由 USB 接口录制实时的视频内容。如果计算机中安装了视频采集卡，可以将模拟电视信号、模拟录像带的内容转换为数字视频文件。

2. 计算机动画

计算机动画是采用计算机制作的一系列连续画面。利用计算机可以辅助制作传统的卡通动画片，或通过对物体运动、场景变化、虚拟摄像机及光源设置的描述，逼真地模拟三维景物随时间而变化的过程。这样的动画也可以转换成电视或电影输出，但是其内容不是拍摄自然景观或人物，而是人工创造出来的。

动画的制作要借助于动画制作软件，如二维动画软件 Animator Pro、Macromedia Flash 和三维动画软件 3D Studio MAX，Director 等。

现在，计算机动画与电影、录像之间的界限越来越模糊，电影创作和后期制作过程中越来越多地使用了计算机动画。

3. 交互式视频

交互式视频是指画面上有菜单、按钮等交互元素，用户可以通过鼠标或者键盘来控制播放流程或改变画面内容。交互式视频往往集成了文本、录像、动画、图片、声音等各种媒体素材，主要应用在多媒体教学课件中。

交互式视频主要创建工具是 Macromedia 公司的 Authorware、Director 和 Flash。

4. 网络电视与视频点播

宽带网络和流媒体技术的发展使得通过网络收看电视节目成为可能。视频点播（Video On Demand，VOD）是指用户可以根据自己的需要选择节目，与传统的被动地收看电视相比，有了质的飞跃。

网络电视在娱乐、远程教育、网络视频会议、远程监控、远程专家会诊等领域有着广泛的应用前景。

习　题

一、填空题

1. 采用网状结构组织信息，各信息块按照其内容的关联性用指针互相链接起来，使得阅读时可以非常方便地实现快速跳转的一种文本，称为________。

2. 彩色图像最大可能的颜色数目取决于像素深度，那么最大可显示 65 500 色的图像像素深度是________。

3. 黑白图像或灰度图像只有 1 个位平面，彩色图像有________个或更多的位平面。

4. 假设有一个立体声的音频文件，其大小为 2 100 000 KB，采样频率为 32 000 Hz，可以播放 70 分钟，则该音频文件的量化位数为________ bit。

二、选择题

1. 汉字的键盘输入方案数以百计，能被普通用户广泛接受的编码方案应________。

① 易学习 ② 易记忆 ③ 效率高 ④ 容量大 ⑤重 码少

A. ①②③　　B. ①②⑤　　C. ①②③⑤　　D. ①②③④⑤

2. 下面关于汉字编码的说法中错误的是________。

A. GB 2312 字符集中汉字的编码都是使用 2 个字节来表示的

B. GBK 字符集既包括简体汉字，也包括繁体汉字

C. GB 18030 是一种既保持与 GB 2312、GBK 兼容，又有利于向 UCS/Unicode 过渡的汉字编码标准

D. 我国台湾地区使用的是 GBK 汉字编码

3. 文本输出过程中，文字字形的生成是关键。下面的叙述中正确的是________。

A. Windows 中采用的字形描述方法是轮廓描述

B. Word 可以显示和打印汉字是因为它配置了西文字库

C. Word 配置的每一种字库都有相同数量的字形信息

D. 字库是不同字体的所有字符的形状描述信息的集合

4. 用扫描仪扫出的图像文件格式是________。

A. BMP　　B. TIF　　C. JPG　　D. GIF

5. 下列________是目前因特网和 PC 机常用的有损压缩图像文件格式。

A. BMP　　B. TIF　　C. JPG　　D. GIF

6. 数字波形声音获取过程的正确步骤依次是________。

A. 解码、D/A 转换、编码　　B. 取样、模数转换、编码

C. 取样、量化、编码　　D. 插值、D/A 转换、编码

7. 对带宽为 300～3 400 Hz 的语音，若采样频率为 8 kHz、量化位数为 16 位、单声道，则其未压缩时的码率约为________。

A. 64 kb/s　　B. 64 KB/s　　C. 128 kb/s　　D. 128 KB/s

8. 数字视频信息的数据量相当大，对存储、处理和传输都有极大的负担，为此必须对数字视频信息记性压缩。目前 DVD 影碟上存储的数字视频采用的压缩编码标准大多是________。

A. MPEG - 1　　B. MPEG - 2　　C. MPEG - 4　　D. MPEG - 7

三、判断题

1. GB 2312 汉字编码标准完全兼容 GB18030、GBK 标准。　　(　　)

2. MP3 音乐采用的声音数据压缩编码的国际标准是 MPEG - 3。　　(　　)

第 6 章 计算机新技术发展

从计算机技术出现，到今天的短短的几十年中，新技术的出现呈爆发性的增长态势。计算机的存储由当时的纸带到磁带到磁盘，再到磁盘阵列到池化配置和管理；计算机的通信技术由串行线连接到网络连接到交换机到路由器，再到互联网到多形态网络连通；计算机的处理技术从 8086 处理器到 80386 到奔腾，再到多 CPU 多内核多任务处理技术，都在发生着翻天覆地的变化，计算机技术的应用也变得更为广泛和深入。

以计算机技术和通信技术为基础的综合应用，也在同步兴起，向社会的各个领域蔓延。对数据的处理和应用造就了金融科技，催生了商业智能；对计算机软硬件的集约化应用孵化出了云技术的多种应用；结合感知、自然语言处理、人机交互和知识图谱的综合应用引发了机器人和自动驾驶领域的兴起。这些新技术，是技术融合的结果，是计算机技术和多种相关领域技术的嫁接，是时代发展的必然，是社会的更迭和进步。

在与计算机技术相关的新产生、新兴起的多种技术中，比较有代表性，也比较系统化的有大数据处理技术、机器学习技术、云技术、物联网技术、人工智能技术和虚拟现实技术，如图 6-1 所示。

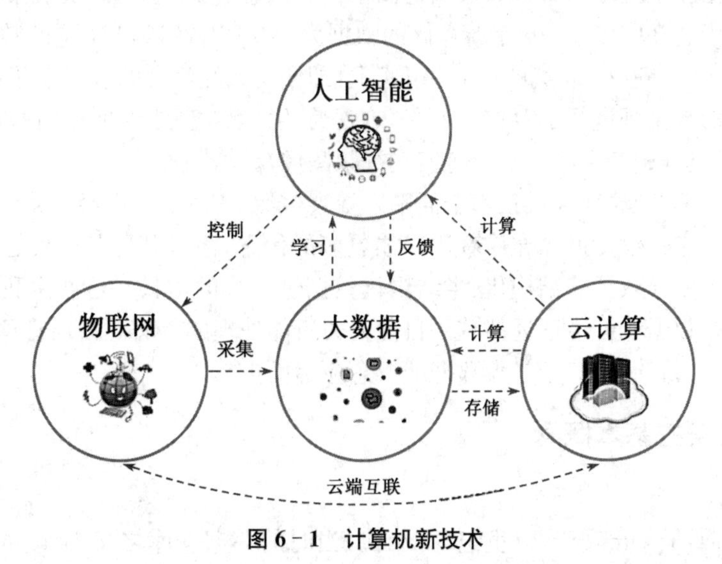

图 6-1 计算机新技术

习近平总书记在两院院士大会和中国科协第十次全国代表大会上指出，以信息技术、人工智能为代表的新兴科技快速发展，大大拓展了时间、空间和人们认知范围，人类正在进入一个人、机、物三元融合的万物智能互联时代。在“十四五”规划中，对我国人工智能的核心技术突破、智能化转型与应用等多个方面做出了部署。未来，各种新兴技术将层出不穷，新技术的应用会发展到一个全新的阶段，也将给社会、经济和人们的生活带来令人震撼的变革。

6.1 大数据处理与应用

从文明之初的“结绳记事”，到文字发明后的“文以载道”，再到近现代科学的“数据建模”，数据一直伴随着人类社会的发展变迁，承载了人类基于数据和信息认识世界的努力和取得的巨大进步。以电子计算机为代表的现代信息技术出现后，为数据处理提供了自动化的方法和手段，人类掌握数据、处理数据的能力才实现了质的跃升。信息技术及其在经济社会发展方方面面的应用(即信息化)，推动数据(信息)成为继物质、能源之后的又一种重要战略资源。

随着信息技术特别是网络技术的不断发展，国际互联网的全球化热潮使人类社会进入了一个新的信息时代。这也是一个数据信息大发展的时代，移动互联、社交网络、电子商务等极大拓展了互联网的边界和应用范围，各种数据正在迅速膨胀变大。各类平台、各种系统正以极快的速度收集和存储数据(GB/hour)。随着科学技术的发展，通过各种手段获得的数据，例如卫星上的远端传感器采集的数据、望远镜扫描太空获得的数据、基因图谱数据、科学仿真产生的海量数据，对太空探索、医疗进步和科学研究都是至关重要的。

研究表明，近年来数据量已经呈现出指数增长的态势。在 2006 年，个人用户数据量才刚刚迈进 TB① 时代，全球共新产生了约 180 EB 的数据，而到 2011 年，全球数据规模则达到了 1.8 ZB，可以填满 575 亿个 32 GB 的 iPad(用这些 iPad 可以在中国修建两座长城)。到 2020 年，全球数据将达到 40 ZB，如果把它们全部存入蓝光光盘，这些光盘和 424 艘尼米兹号航母重量相当。在中国，2010 年新存储的数据为 250 PB，2012 年中国的数据存储量达到 364 EB，约为日本的 60%，北美的 7%。事实上，即便是如此巨大的数据存储量，也没有把全部所产生出来的数据都进行了存储。例如，在医疗卫生界，会处理掉他们所产生的 90%的数据(比如手术过程中产生的几乎所有实时视频图像)。

半个世纪以来，随着计算机技术全面融入社会生活，信息爆炸已经积累到了一个开始引发变革的程度。它不仅使世界充斥着比以往更多的信息，而且其增长速度也在加快。大量新数据源的出现则导致了非结构化、半结构化数据爆发式的增长。这些由我们创造的信息背后产生的这些数据早已经远远超越了目前人力所能处理的范畴。如何管理和使用这些数据，逐渐成为一个新的领域，于是大数据的概念应运而生。

6.1.1 大数据的基本概念

1. 大数据

大数据一词，最早出现于 20 世纪 90 年代，当时的数据仓库之父 Bill Inmon，经常提及

---

① 1 ZB=1 024 EB，1 EB=1 024 PB，1 PB=1 024 TB，1 TB=1 024 GB，1 GB=1 024 MB，1 MB=1 024 KB，1 KB=1 024 B

Big Data 这个名词。美国高性能计算公司 SGI 的首席科学家约翰·马西(John Mashey)在一个国际会议报告中指出：随着数据量的快速增长，必将出现数据难理解、难获取、难处理和难组织等四个难题，并用"Big Data(大数据)"来描述这一挑战，在计算领域引发思考。2007 年，数据库领域的先驱人物吉姆·格雷(Jim Gray)指出大数据将成为人类触摸、理解和逼近现实复杂系统的有效途径，并认为在实验观测、理论推导和计算仿真等三种科学研究范式后，将迎来第四范式——"数据探索"(后来同行学者将其总结为"数据密集型科学发现")，开启了从科学研究视角审视大数据的热潮。2011 年 5 月，在"云计算相遇大数据"为主题的 EMC World 2011 会议中，EMC 抛出了 Big Data 概念，因此很多人认为，2011 年是大数据的元年。2012 年，牛津大学教授维克托·迈尔-舍恩伯格(Viktor Mayer-Schnberger)在其畅销著作 *Big Data：A Revolution That Will Transform How We Live，Work，and Think* 中指出，数据分析将从"随机采样""精确求解"和"强调因果"的传统模式演变为大数据时代的"全体数据""近似求解"和"只看关联不问因果"的新模式，从而引发商业应用领域对大数据方法的广泛思考与探讨。"大数据"，作为一种概念和思潮，由计算领域发端，之后逐渐延伸到科学、商业和其他各个领域。

大数据还没有统一的标准定义，大多数人认可的定义有三个。

百度搜索的定义为："大数据"是一个体量特别大，数据类别特别大的数据集，并且这样的数据集无法用传统数据库工具对其内容进行抓取、管理和处理。

互联网周刊的定义为："大数据"的概念远不止大量的数据和处理大量数据的技术，或者所谓的"4 个 V"之类的简单概念，而是涵盖了人们在大规模数据的基础上可以做的事情，而这些事情在小规模数据的基础上是无法实现的。换句话说，大数据让我们以一种前所未有的方式，通过对海量数据进行分析，获得有巨大价值的产品和服务，或深刻的洞见，最终形成变革之力。

研究机构认为："大数据"是需要运用新处理模式，才能具有更强的决策力、洞察发现力和流程优化能力的海量、高增长率和多样化的信息资产。从数据的类别上看，"大数据"指的是无法使用传统流程或工具处理或分析的信息。它定义了那些超出正常处理范围和大小、迫使用户采用非传统处理方法的数据集。

国家信息中心专家委员会主任宁家骏表示：大数据是指无法在一定时间内使用传统数据库软件工具对其内容进行抓取、管理和处理的数据集。大数据不仅仅是大，还有它的复杂性和沙里淘金的重要性。

2. 大数据的特征

大数据这个概念，不仅仅体现在我们从字面上理解的数据量巨大上，而是有四个方面的主要特点：

第一，数据的体量巨大。美国互联网数据中心指出，互联网上的数据每年将增长 50%，每两年便将翻一番，而目前世界上 90%以上的数据是最近几年才产生的。此外，数据又并非单纯指人们在互联网上发布的信息，全世界的工业设备、汽车、电表上有着无数的数码传感器，随时测量和传递着有关位置、运动、震动、温度、湿度乃至空气中化学物质的变化，也产生了海量的数据信息。

第二，数据类型繁多。在目前数据的产生呈爆发性自由生长的阶段，数据的来源和类型多种多样，部分数据是结构化了的，如电子商务平台的业务数据；而更多数据是非结构化的，

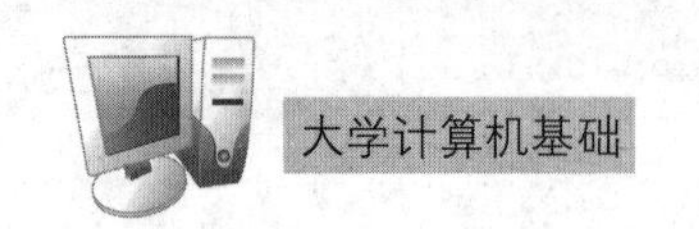

例如来自网络的网络日志、视频、图片、地理位置信息、网页文字等构成的数据。非结构化数据为数据的存储、挖掘和分析都会造成障碍，这也是大数据应用要主要解决的问题。

2013年，百度发布了一个有趣的统计结果：中国十大"吃货"身世排行榜。这个结果并非是百度通过调查问卷得出的结果，而是"百度知道"根据网友提问的数以亿计的数据统计得出来的。在"百度知道"问答平台上，跟吃有关的问题就有7 700万条，占到了2.3亿已解决问题中的三分之一。很显然，来自百度知道上的提问数据非常庞杂，每个问题的提问方式、语法和词汇五花八门，是一个典型的非结构化的数据，对于这样数据的处理，就需要利用文本分析的方法进行解析，获取文本的特征问题，再进行统计分析。

第三，商业价值高，而价值密度却较低。与管理状态下的规则的结构化的数据(如图书馆管理数据库中借阅数据库表)相比，大数据网罗了待挖掘的海量数据，其价值密度的高低与数据总量的大小成反比。例如监控视频数据，在时长1小时的连续不间断的监控中，有用数据可能仅有一两秒。如何通过强大的机器和算法更迅速地完成数据的价值提取，成为目前大数据背景下亟待解决的难题。

第四，数据产生速度快[①]。随着数据产生的基础设施的发展和完善，每分每秒都会不停地产生新的大量的数据。例如城市交通状况的即时数据，就需要立即进行处理，结合历史数据，汇集为城市交通服务信息，对交通拥堵状况进行预测，并实时规划最好的出行路线。再如，搜索引擎要求几分钟前的新闻能够被用户查询到，个性化推荐算法要求尽可能实时完成推荐。数据的快速产生，向数据的快速处理提出了高要求，这也是大数据区别于传统数据挖掘的显著特征。

图6-2　大数据的4V特性

上述特点，总结为Volume(或Vast)、Variety、Value和Velocity四个以V开头的英文单词来表示，称为大数据的4V特点(图6-2)。另外，也有学者将数据真实性(Veracity)、波动性(Volatility)以及复杂性(Complexity)也总结为大数据的特点。

3. 大数据的兴起

大数据是网络信息时代的客观存在，其产生的意义并不在于产生庞大的数据量，而在于对这些数据进行采集、存储和处理，并从中挖掘和提取所需要的知识和信息。大数据的兴

① 有些资料将Velocity解释为"处理速度快"；吴军所著的《智能时代——大数据与智能革命重新定义未来》中称之为"及时性"，认为"及时性"并非所有大数据所必需的特征，一些数据没有及时性，一样可以被称为大数据。

起，有着客观和主观两方面的因素。主要的客观因素包括：计算机的硬件成本快速降低，使得数据的采集、存储和处理成本大幅下降；网络技术的快速发展和云计算的兴起，在电子商务、社交网络、电子地图等方面得到了全面应用，同时智能终端进一步普及，物联网也随之大步发展。而主观因素则包括：随着社会和技术的发展，人们的观念、技术领域和社会管理等方面也随之转变，进一步认识到数据在生产生活中发挥的重要作用；物质丰富，社会需求多样化，需要有针对性地从产品到服务满足社会需求；管理精细化，产业结构的调整、转换和升级，都需要数据知识的支撑。

4. 我国大数据发展动态

我国高度重视大数据在推进经济社会发展中的地位和作用。2014 年，大数据首次写入政府工作报告，大数据逐渐成为各级政府关注的热点，政府数据开放共享、数据流通与交易、利用大数据保障和改善民生等概念深入人心。此后国家相关部门出台了一系列政策，鼓励大数据产业发展。

在 2015 年，国务院颁发《促进大数据发展行动纲要》。其核心是推动各部门、各地区、各行业、各领域的数据资源共享开放。

2017 年，工信部颁布《大数据产业发展规划(2016—2020 年)》。规划以大数据产业发展中的关键问题为出发点和落脚点，以强化大数据产业创新发展能力为核心，以推动促进数据开放与共享、加强技术产品研发、深化应用创新为重点，以完善发展环境和提升安全保障能力为支撑，打造数据、技术、应用与安全协同发展的自主产业生态体系，全面提升我国大数据的资源掌控能力、技术支撑能力和价值挖掘能力，在此基础上明确了“十三五”时期大数据产业发展的指导思想、发展目标、重点任务、重点工程及保障措施等内容，作为未来五年大数据产业发展的行动纲领。

2020 年 5 月，工信部再度加大大数据产业发展的步伐，提出了《关于工业大数据发展的指导意见》。其中，部署了 3 项重点任务，推动全面采集、高效互通和高质量汇聚，包括加快工业企业信息化“补课”、推动工业设备数据接口开放、推动工业通信协议兼容化、组织开展工业数据资源调查“摸家底”、加快多源异构数据的融合和汇聚等具体手段，目的是为了形成完整贯通的高质量数据链，为更好地支撑企业在整体层面、在产业链维度推动全局性数字化转型奠定基础。

6.1.2　大数据的典型应用

在商业应用领域，大量数据被收集、存储在数据库(数据仓库)中，其中包括电子商务和其他基于网络的信息系统所产生的管理数据、零售数据、业务数据等。以前手工计算和处理工作量巨大，无法对数据进行充分处理和应用，但随着计算机的应用越来越广泛、功能越来越强大、价格越来越便宜，以及业内业务的竞争压力越来越大，各工业企业都在力求研制和生成符合更多受众，满足更多用户需求的更有竞争力产品，各个服务企业都在设法提供更加完善的、精细化的、有针对性的服务，以引领行业，这样就需要从所收集积累的数据中发现客户的消费习惯，以便更好地服务和营销。

1. 智慧服务

借助大数据和相应的数据处理技术，可以对商业领域的产品、市场和用户等进行分析。例如，对于电商企业(电商企业对客户信息采集有着不可比拟的优势)，通过对一段时间以来的支付情况、信用卡交易、会员卡使用情况、打折优惠券的发放和使用情况、顾客投诉电话等数据进行分析和挖掘，可以找出具有兴趣相同、消费水平相当、收入水平接近、消费习惯相似的顾客群体，并结合不同顾客群体的消费喜好、水平和习惯对顾客的需求进行识别，有目标地有针对性地进行精准销售。也就是让数据告诉我们，什么样的顾客会购买什么样的商品，以何种方式购买。狭义地，我们可以称其为所谓的“购物篮分析”。关于“购物篮分析”，有一个非常经典的案例。美国沃尔玛超市会将啤酒和纸尿裤放在一起，甚至是捆绑销售。这是因为沃尔玛超市在处理和分析购物篮数据时发现，有相当一部分人在购买纸尿裤的同时，也会购买啤酒。沃尔玛超市管理方对此很感兴趣，就进行了进一步的调查。发现这种现象的原因是因为有初生婴儿的家庭，母亲通常在家照看婴儿而没有时间外出采购母婴用品，总是委托外出工作的爸爸在下班的路上顺便购买。年轻的爸爸在完成购买纸尿裤任务的同时，总是不会忘记顺便买些啤酒来犒劳一下辛苦工作了一整天的自己。这样才导致了这一现象发生。沃尔玛超市根据这个分析结果，对啤酒和纸尿裤进行了联合促销(图 6 - 3 中，就在卖纸尿裤的货架上也贴出了卖啤酒的位置)。

其实，啤酒和纸尿裤捆绑促销，还有另一个原因，就是在西方国家，有在结婚前举办单身派对以告别单身生活从此迈入婚姻家庭的习俗，也有在家庭新生儿临近出生前举办“啤酒和纸尿裤派对(Beer & Diaper Party)”以告别二人世界从此成为一个有担当的父亲的习俗。参加啤酒-纸尿裤派的亲朋好友的礼物中，标准配置就是啤酒加纸尿裤(图 6 - 4 就是一幅举办“啤酒和纸尿裤派对”的通告)。

图 6 - 3　在纸尿裤货架区指示“啤酒在第 9 排”引导顾客

图 6 - 4　“啤酒和纸尿裤派对”通告

塔吉特(Target)公司是仅次于沃尔玛公司的第二大零售百货集团。一天有一位父亲怒气冲冲地跑到塔吉特卖场，质问为何将带有婴儿用品优惠券的广告邮件，寄送给他还在念高中的女儿。然而后来证实，他的女儿果真怀孕了。正是从这名女孩曾经搜寻商品的关键词，以及在社交网站所显露的行为轨迹，使卖场捕捉到了她的怀孕信息。模型发现，许多孕妇在妊娠期的第 2 周开始会购买大包装的无香味护手霜；在怀孕的最初 20 周大量购买补充钙、镁、锌的 Centrum① 之类的保健品。最后塔吉特选出了 25 种典型商品的消费数据构建了

① Centrum，一种多种维生素和矿物质的非处方保健药品。

"怀孕预测指数",通过这个指数塔吉特公司能够推断到顾客的怀孕情况并测算妊娠阶段,且误差范围很小,因此塔吉特公司就能早早地把孕妇优惠广告寄发给顾客。此事经被《纽约时报》报道后,塔吉特"大数据"的巨大威力轰动全美。

美国一些纺织及化工生产商,根据从不同的百货公司 POS 机上收集的产品销售速度信息,将原来的 18 周送货速度减少到 3 周,这对百货公司分销商来说,能以更快的速度拿到货物,减少仓储。对生产商来说,生产原材料和成品所占用的仓储也能减少很多,大大节省了分销商和生产商的成本。

另外,对于零售业务大数据的分析,还可用于顾客关系管理(Customer Relationship Management)、市场划分(Market Segmentation)、顾客随时间变化的购买模式分析(Purchase Analysis)①、交叉销售分析(Cross-market Analysis)②、顾客需求识别③和信息汇总④等等。

例如,通过对大数据的分析和处理,在完成和提升对客户关系的管理方面,具体可以表现为以下四点:

(1) 客户消费模式分析。客户消费模式分析(如电话话费行为分析)是对客户历年来长话、市话、信息台的大量详单、数据以及客户档案资料等相关数据进行关联分析,结合客户的分类,可以从消费能力、消费习惯、消费周期等方面对客户的话费行为进行分析和预测,从而为电信运营商的相关经营决策提供依据。

(2) 客户市场推广分析。例如在实施市场的优惠政策之前,可以利用数据挖掘技术来对优惠策略进行预测仿真,仿真得到的模拟计费和模拟出账结果,可以揭示优惠策略中存在的潜在问题,因而进行相应的调整优化,以使优惠促销活动的收益最大化。

(3) 客户欠费分析和动态防欺诈。根据客户的历史业务数据中所记录的欺诈事件,通过数据挖掘,建立各种骗费、欠费行为的内在规律,建立欺诈和欠费行为的规则库。当客户的话费行为与该库中规则吻合时,系统可以提示相关运营部门采取措施,从而降低运营商的损失风险。

(4) 客户流失分析。根据已有的客户流失数据,建立客户属性、服务属性、客户消费情况等数据与客户流失概率相关联的数学模型,找出数据之间的关系,建立数学模型,并据此监控客户流失的可能性,必要时采取挽留措施(例如如果客户流失的可能性过高,则通过促销等手段来提高客户忠诚度,防止客户流失的发生)。这彻底改变了以往电信运营商在成功获得客户以后无法监控客户流失、无法有效实现客户关怀的状况。

2. 智慧经济

(1) 预防金融欺诈和电信诈骗

利用对海量数据的分析和处理所得到的结果,可以帮助金融等经济领域的企业,加强企业的运营管理、开发新的产品、降低欺诈风险,以及精准营销和服务等。

利用数据挖掘的手段,依据对历史大数据的分析和检测,可以建立起欺骗行为模型和欺

① 例如从客户个人账号到联合账号的转变,可以推测其婚姻关系的变化,那么今后的购买方向可能会向家具、母婴等方面转变,从而进行有针对性的营销。

② 发现产品销售之间的关联/相关关系,基于关联信息进行预测,设计营销计划。

③ 例如对不同的顾客识别最好的产品、使用预测发现什么因素影响新顾客。

④ 例如生成各种多维汇总报告并进行如中心趋势和方差等数据的统计分析。

骗预警机制，从而发现可疑的和异常的金融交易，及时侦察如洗钱等金融违法活动的线索，预防金融欺诈或降低经济风险。

Credilogros Cía Financiera S. A. 是阿根廷第五大信贷公司，资产估计价值为 9 570 万美元。公司一项重要工作就是识别潜在客户的风险，将承担的风险最小化。该公司建立了一个与公司核心系统和两家信用报告公司系统交互的决策引擎来处理信贷申请，开发针对低收入客户群体的风险评分工具。公司选用 IBM 公司的 SPSS 系列产品中的 PASW Modeler 软件进行数据挖掘，并将其整合到公司的核心信息系统中，将处理信用数据并提供最终信用评分的时间缩短到了 8 秒以内，能够迅速地批准或拒绝信贷请求，同时该决策引擎大大简化了客户所必须提供的贷款证明文件，在某些情况下，只需提供一份身份证明即可完成资格认证并批准信贷。Credilogros 公司平均每月使用该系统处理约 35 000 份申请，仅在实现 3 个月后就帮助 Credilogros 将贷款失误减少了 20%。

随着互联网及智能手机的普及，诈骗犯罪也搭上了互联网便车，愈发猖獗。犯罪分子借助高科技工具、网络改号方式以及其他先进技术，通过电话、短信和网络方式，编造虚假信息，设置骗局，对受害者实施电信诈骗，给受害者的生命财产带来了巨大影响。

2020 年，工业和信息化部印发了《关于运用大数据推进防范治理电信网络诈骗长效机制建设工作方案》，将逐步在全国范围内推进反诈骗大数据平台建设，基于最新的互联网+技术研发的各类反电信电话诈骗系统也应运而生。电信诈骗犯罪分子通常会大量、密集地群发诈骗短信或拨打诈骗电话。针对这种特点，利用大数据技术对通信网络中电话呼叫模式、通话距离、通话时间、每天或每周通话次数进行分析，对异常数据进行实时监控，并利用自然语义识别对内容进行智能化判断，精准地锁定正在发生的犯罪行为，避免受害人遭受损失。即便电信诈骗实施成功，犯罪分子已通过转账、洗钱的方式，将受害人资金进行分散和转移，我们也能借助大数据强大的计算分析能力理清资金的流向，为受害人追回损失提供依据。被视作金融业发展未来的区块链技术，甚至能精准追踪到每一分钱的每一次交易记录，让资金流向无所遁形。

(2) 客户细分与市场定位

企业要对不同客户群体展开有效的管理并采取差异化的营销手段，就需要区分出不同的客户群。在实际操作中，传统的市场细分变量，如人口因素、地理因素、心理因素等由于只能提供较为模糊的客户轮廓，难以为精准营销的决策提供可靠的依据。

大数据时代，利用大数据技术能在收集的海量非结构化信息中快速筛选出对公司有价值的信息，对客户行为模式与客户价值进行准确判断与分析，使我们有可能深入了解到“每一个人”，而不只是通过“目标人群”来进行客户洞察和提供营销策略。

大数据可以帮助企业在众多用户群中筛选出重点客户。它利用某种规则进行关联，确定企业的目标客户，从而帮助企业将其有限的资源投入到这部分的忠诚客户中，即把营销开展的重点放在这最重要的 20%的客户上，更加关注优质客户，以最小的投入获取最大的收益。

(3) 精准的营销服务

动态的数据追踪可以改善用户体验。企业可以追踪了解用户使用产品的状况，做出适时的提醒。例如，食品是否快到保质期；汽车使用磨损情况，是否需要保养维护等。流式数据使产品“活”起来，企业可以随时根据反馈的数据做出方案，精准预测顾客的需求，提高顾

客生活质量。针对潜在的客户或消费者，企业可以通过各种现代化信息传播工具直接与消费者进行一对一的沟通，也可以通过电子邮件将分析得到的相关信息发送给消费者，并追踪消费者的反应。

大数据不仅记录了人们的行为轨迹，还记录了人们的情感与生活习惯，能够精准预测顾客的需求，从而实现以客户生命周期为基准的精准化营销，这是一个动态的营销过程。

2019 年，“西安电子科技大学偷偷给学生打钱”的消息引发关注。2019 年上半年，西安电子科技大学学生资助中心联合校内多个部门，对本科、预科学生上一年度在餐厅刷一卡通消费的 18.73 万条数据进行分析。通过对学生在餐厅刷卡消费的人数、频次、平均消费水平、每餐消费金额远低于平均水平的学生情况、重点关注家庭经济困难学生群体的消费情况等进行分析。综合考虑学生在餐厅就餐的次数、少数民族学生消费差异等影响因素，向消费远低于全校平均水平的 203 名家庭经济困难学生发放 2019 年春季学期用餐补贴，一次性将 720 元直接打入学生一卡通，做到了精确资助，精准帮扶。

3. 智慧出行

大数据还可以用于道路状况分析和提示等服务。例如，大家可能有这样的经历，在出行导航 App 的规划路线上，可以看到导航软件以红色线段表示堵车或以绿色线段表示畅通的提示。这就是将众多在路段上行驶的车辆，通过导航软件上传的诸如位置变化（即速度），与周围车辆上传的数据进行综合，来判断各路段通畅的情况，从而给出道路拥堵的提示。进一步地，导航软件后台，可以根据汇集而成的大量数据，进行计算、分析和判断，给出拥堵路段的通行状况预测，反馈给车主，由车主考虑是否要重新规划路线。

大数据可以用于企业业务的管理和提升。例如，联合包裹服务公司 UPS 使用物流管理系统，来完成企业业务管理。系统通过在旗下的 4.6 万多辆卡车上安装的远程通信传感器，借助公司数据云平台，收集车辆的车速、方向、刹车和动力性能等方面的数据。通过对这些海量数据进行分析和挖掘，可以检测车辆的日常运行状况，也可以帮助公司重新设计最佳的物流路线，还可以借助大量的在线地图数据和优化算法，完成驾驶员、车辆、收货配送路线的实时调配。该系统为 UPS 减少了 8 500 万英里的物流里程，由此节约了 840 万加仑的汽油。

另一个例子是，通过对大数据的处理，可以帮助 DHL① 公司实时跟踪货箱温度。美国 FDA② 要求，药品在运送过程中，装运的温度必须达到一定标准。DHL 的医药行业的客户也提出了相应的要求，要求运送服务更加可靠和经济。这就要求 DHL 在递送的各个阶段都要实时跟踪集装箱的温度。

虽然由记录器方法生成的信息准确无误，但是无法实时传递数据，客户和 DHL 都无法做到在温度发生偏差时采取防范和纠正措施。因此，DHL 的母公司德国邮政世界网（DPWN）通过技术与创新管理集团（TIM）拟定了一个计划，准备使用 RFID 技术在不同时间点全程跟踪装运温度。DHL 委托 IBM 的咨询服务部门开发了服务系统的流程框架，并确定了其关键功能参数。通过对获取的数据的监控和分析、挖掘，DHL 获得了两方面的收

① DHL 是国际快递和物流行业的全球市场领先者，它提供快递、水陆空三路运输、合同物流解决方案，以及国际邮件服务。DHL 的国际网络将超过 220 个国家及地区联系起来，员工总数超过 28.5 万人。

② （美国）食品药品监督管理局（Food and Drug Administration）

益：对于最终客户来说，能够使医药客户对运送过程中出现的装运问题提前做出响应，并以较低的成本全面切实地增强了运送可靠性，提高了客户满意度和忠实度；为保持竞争差异奠定坚实的基础，成为重要的新的收入增长来源。

4. 智能制造

大数据还可以用于设备运行状态监测，即通过数据采集实现设备监管与运维数字化。它通过不同的采集协议及传感器实现企业各类型设备运行数据的实时采集。例如，对于有对外输出接口的设备，直接通过接口协议解析获取数据；对于没有输出接口的设备，通过加装一些传感器来采集相关数据；对于有设备管理控制系统的设备，采用直接与系统集成获取数据，也可利用 ETL[①] 工具从系统后台数据库中抽取数据。获取的多源异构数据主要包括设备的开关机状态、设备的故障信息、设备运行的状态信息、设备参数信息、维修保养记录等，通过实时数据分析、可视化的方式全面感知设备的实时状态，以此为基础构建设备运行状态监测管理系统，实现以下效果：一是实时监控，即针对设备的运行状态及要求，通过实时状态数据接入与分析、参数范围设置、动态阈值规划、异常诊断模型开发等实现设备实时监测评估。当设备实时状态数据出现异常时，系统可自动识别并报警，并推送提醒设备管理维护人员，提升故障的响应及时性与故障排除效率；二是分析评估，即通过设备实时数据统计分析，可对设备相关指标及综合效能进行评估，如设备完好率、故障率、OEE 等指标分析，全面提升设备使用及管理能力；三是故障预测，则可基于设备历史数据样例与实时数据分析，及时发现设备参数的异常变化并展开趋势预判，实现设备健康状态预测，指导设备维修保养计划制定，提升维修计划的科学性。

在摩托车生产厂商哈雷戴维森公司位于宾夕法尼亚州约克市新翻新的摩托车制造厂，软件不停地记录着微小的制造数据，如喷漆室风扇的速度等。当软件察觉风扇速度、温度、湿度或其他变量脱离规定数值，它就会自动调节机械，以保证设备在设计规范下工作。哈雷戴维森同时还通过数据和软件，寻找和分析制约公司每 86 秒完成一台摩托车制造工作的瓶颈。最近，这家公司的管理者通过研究数据，认为安装后挡泥板的时间过长。通过调整工厂配置，提高了安装该配件的速度。

6.1.3 大数据的主要技术

1. 专家系统

20 世纪 60 年代初，出现了运用逻辑学和模拟心理活动的一些通用问题求解程序，可以证明定理和进行逻辑推理，后逐渐演化成专家系统。

专家系统是一个智能计算机程序系统，其内部含有大量特定领域专家水平的知识与经验，能够利用人类专家的知识和解决问题的方法来处理该领域问题。它应用人工智能技术和计算机技术，根据领域专家所提供的知识和经验，进行推理和判断，模拟人类专家的决策过程，解决那些需要人类专家处理的复杂问题。简而言之，专家系统是一种模拟人类专家解决领域问题的计算机程序系统。

根据定义，专家系统应具备以下几个功能：

(1) 存储问题求解所需的知识。

---

① 即 Extract、Transform、Loading，是数据采集/汇集的过程。

(2) 存储具体问题求解的初始数据和推理过程中涉及的各种信息，如中间结果、目标、字母表以及假设等。

(3) 根据当前输入的数据，利用已有的知识，按照一定的推理策略，去解决当前问题，并能控制和协调整个系统。

(4) 能够对推理过程、结论或系统自身行为给出必要的解释，如解题步骤、处理策略、选择处理方法的理由、系统求解某种问题的能力、系统如何组织和管理其自身知识等。这样既便于用户的理解和接受，同时也便于系统的维护。

(5) 提供知识获取，机器学习以及知识库的修改、扩充和完善等维护手段。只有这样才能更有效地提高系统的问题求解能力及准确性。

(6) 提供一种用户接口，既便于用户使用，又便于分析和理解用户的各种要求和请求。

由于专家系统工具过分依赖用户或专家人工地将知识输入知识库中，而且分析结果往往带有偏差和错误，再加上耗时、费用高，实用性受到限制。同时，专家系统不能解决从数据中发现“隐藏”信息的问题，存在较大的局限性。

2. 知识发现

知识发现(Knowledge Discovery in Database，KDD)是从数据集中识别出有效的、新颖的、潜在有用的，以及最终可理解的模式的非平凡过程。知识发现将信息变为知识，从数据矿山中找到蕴藏的知识金块，为知识创新和知识经济的发展做出贡献。知识发现的主要技术包括以下几类：

(1) 数据分类。分类是知识发现研究的重要分支之一，是一种有效的数据分析方法。分类的目标是通过分析训练数据集，构造一个分类模型(即分类器)，该模型能够把数据库中的数据记录映射到一个给定的类别，从而可以用于数据预测，如图 6-5(决策树分类)和图 6-6(支持向量机分类)所示。

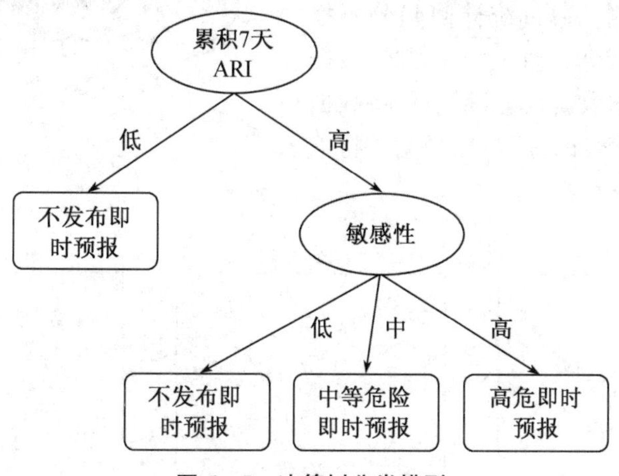

图 6-5　决策树分类模型

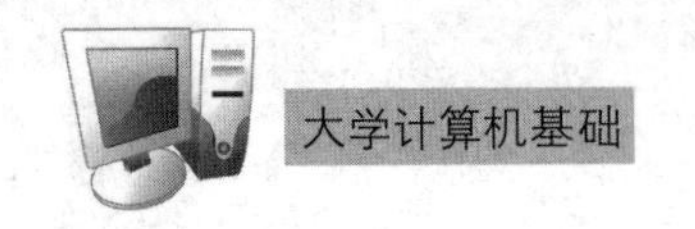

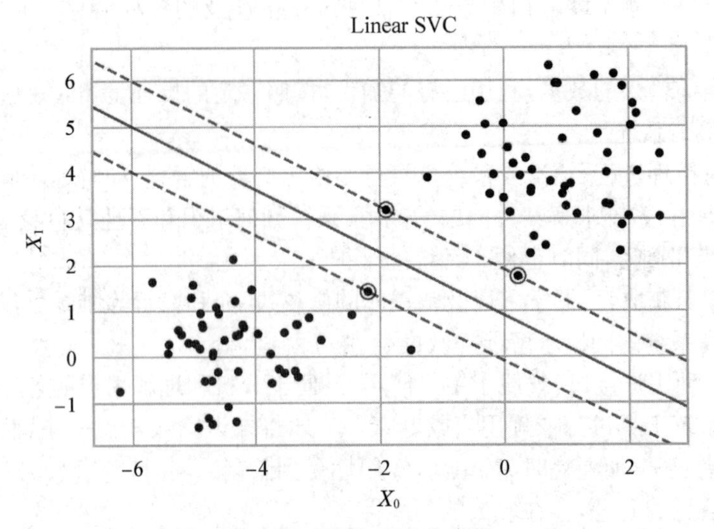

图 6－6 线性 SVC 分类器

（2）数据聚类。当要分析的数据缺乏必要的描述信息，或者根本就无法组织成任何分类模式时，利用聚类函数把一组个体按照相似性归成若干类，完成数据的类别聚集。聚类和分类类似，都是将数据进行分组。但与分类不同的是，聚类中的簇不是预先定义的，而是根据实际数据的特征按照数据之间的相似性来定义的，如图 6－7 所示。

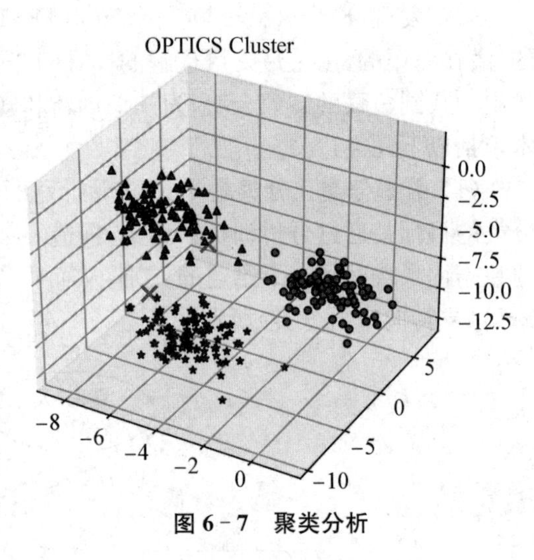

图 6－7 聚类分析

（3）回归与预测。通过统计回归分析技术，学习建立（线性或非线性）回归模型，根据历史数据预测未来的数据状态，是一种将数据项映射为数字预测变量的过程，也是一种特殊的分类方法，如图 6－8 所示。

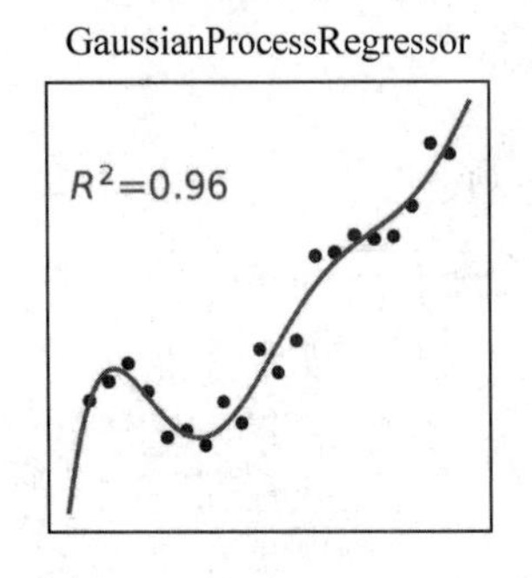

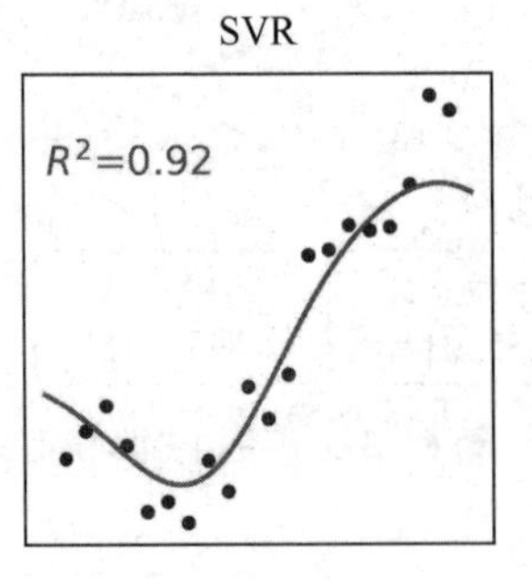

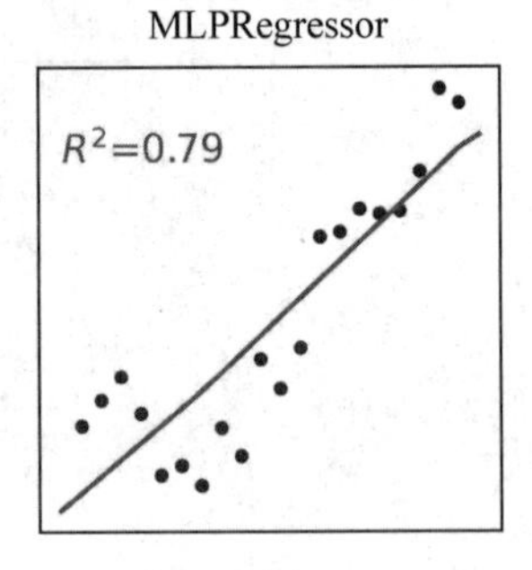

图 6－8 非线性回归分析

（4）关联和相关性分析。指通过对数据库中的数据进行分析，寻找重复出现概率足够高的关联模式，由某一数据对象信息来推断另一数据对象信息，从而发现大规模数据集中项

集之间有趣的关联或相关关系的过程，如图 6-9 所示。

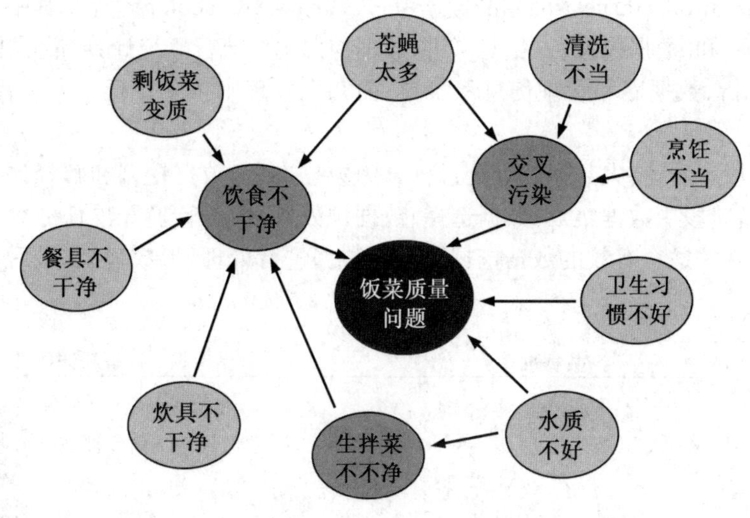

图 6-9　关联分析

(5) 顺序发现。指在对基于时间序列的数据集中数据项的关联和相关关系分析的基础上，发现和提取数据项之间在时间和顺序上的特定模式。

(6) 时间序列分析。基于随机过程理论和数理统计学方法，分析基于时间和顺序的数据序列所遵从的统计规律，是一种动态数据处理的统计方法。该方法通过对相似模式的搜寻和判别，来发现和预测特定模式的因果关系和变化趋势，如图 6-10 所示。

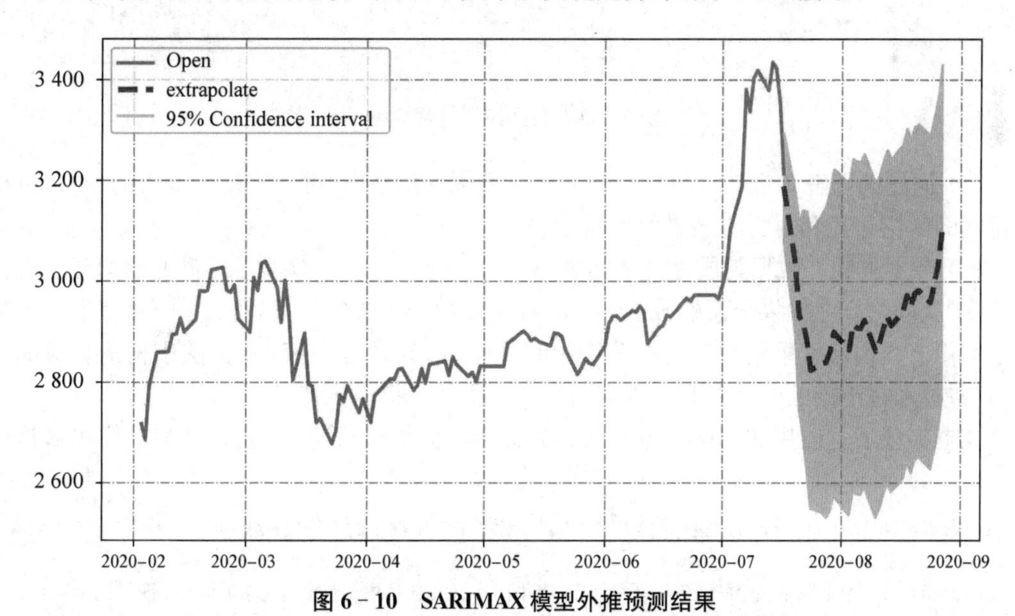

图 6-10　SARIMAX 模型外推预测结果

由于知识发现是一门受到来自各种不同领域的研究者关注的交叉性学科，导致了很多不同的术语名称。除了“知识发现”外，主要还有如下若干种称谓：“数据挖掘”(Data Mining)，“知识抽取”(Information Extraction)、“信息发现”(Information Discovery)、“智能

数据分析”(Intelligent Data Analysis)、“探索式数据分析”(Exploratory Data Analysis)、“信息收获”(Information Harvesting)和“数据考古”(Data Archaeology)等。其中,最常用的术语是“知识发现”和“数据挖掘”。相对来讲,数据挖掘主要流行于统计界(最早出现于统计文献中)、数据分析、数据库和管理信息系统界;而知识发现则主要流行于人工智能和机器学习界。

从大的阶段来看,将大数据的处理过程分为数据准备、数据挖掘和解释评估三个阶段。其中,数据准备阶段由数据集成、数据选择、数据预处理、数据转换几项任务组成;数据挖掘阶段则主要是选用适合有效的数据挖掘算法对数据进行处理,形成模型;最后,对数据模型进行解释和评估。

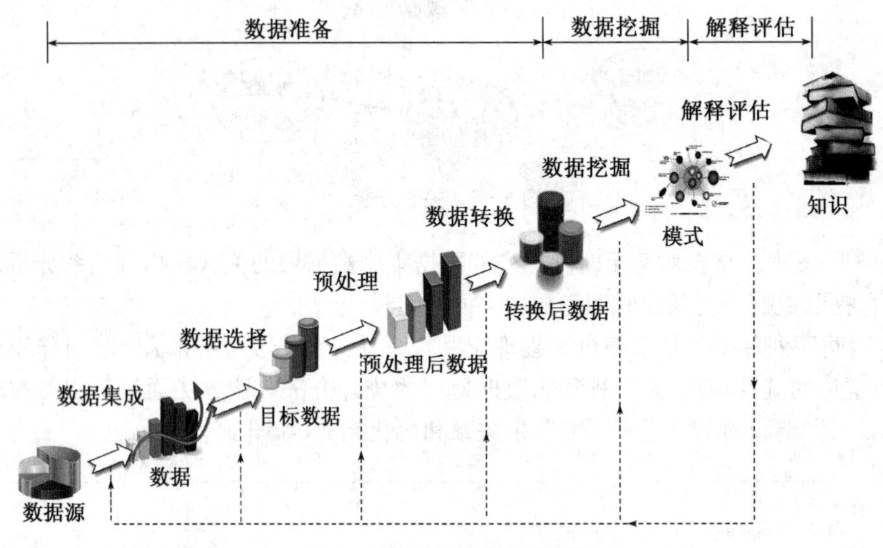

图 6-11　数据挖掘过程模型

(1) 问题的理解和定义。数据处理人员与领域专家合作,对问题进行深入的分析,以确定可能的解决途径和对学习结果的评测方法。

(2) 数据集成。数据集成是把不同来源、格式、特点性质的数据在逻辑上或物理上有机地集中,从而为企业提供全面的数据共享。在企业数据集成领域,已经有了很多成熟的框架可以利用。目前通常采用联邦式①、基于中间件模型②和数据仓库③等方法来构造集成的系统,这些技术在不同的着重点和应用上为企业数据共享提供支持。

数据集成通过应用和数据平台间的数据交换对数据进行整合,主要是为了解决数据的

① 数据联邦(Data Federation)(也称数据联合)提供一种基于应用视角的数据集成视图。该视图屏蔽了构成其数据的多数据源的物理位置。

② 是指在异构数据源系统(数据层)和应用程序(应用层)之间,应用中间件技术,建立起一个统一的全局数据模型,可以对异构的数据库、遗留系统、Web资源等进行访问的技术。

③ 数据仓库是决策支持系统(DSS)和联机分析应用数据源的结构化数据环境。数据仓库构建数据信息存储的架构和机理,对组织业务的联机事务处理(OLTP)常年积累的资料,进行分析整理,以利于使用如联机分析处理(OLAP)或数据挖掘(Data Mining)等分析方法对数据进行处理,进而支持建立如决策支持系统(DSS)、主管资讯系统(EIS)等系统,帮助决策者能够即时获得有价值的分析结果,帮助组织构建商业智能(BI)。数据仓库具有面向主题、集成性、稳定性和时变性等特征。

分布性和异构性的问题，是整个数据挖掘项目的基础。

(3) 数据探索和清理。了解数据库中字段的含义及其与其他字段的关系。对提取出的数据进行合法性检查并清理含有错误的数据。

(4) 数据选择。是根据数据挖掘工程的需要，从所积累的海量原始数据中，选择用于数据挖掘处理的目标数据的过程。进行数据选择时，需要根据数据本身的性质，结合数据挖掘的最终目标要求，综合考虑用户的需求，参考商业概念并运用行业、领域的相关知识，通过对数据库或其他数据源的操作，来完成相关数据或样本的选取。

(5) 数据预处理。对选出的数据进行再处理，检查数据的完整性和一致性，消除噪声，滤除与数据挖掘无关的冗余数据，根据时间序列和已知的变化情况，利用统计等方法填充丢失的数据。主要包括选择相关的属性子集并剔除冗余属性、根据知识发现任务对数据进行采样以减少学习量以及对数据的表述方式进行转换以适于学习算法等。为了使数据与任务达到最佳的匹配。这个步骤可能反复多次。

(6) 数据变换。根据知识发现的任务对经过预处理的数据进行再处理，主要是通过投影或利用数据库的其他操作减少数据量。

(7) 数据挖掘。在数据挖掘阶段，首先要确定数据挖掘的目标，并据此选择和运用数据挖掘算法形成结果模式，同时对该模式进行解释。具体包括以下几项任务：

① 确定数据挖掘的目标。根据用户的要求，确定数据挖掘要发现的知识含义和类型。根据对数据挖掘的不同要求，在具体的知识发现过程中会采用不同的知识发现算法及其配置和参数。

② 选择算法。根据确定的任务选择合适的数据挖掘算法，包括选取合适的模型，设计合理的配置和设置最佳的参数等，并决定如何在这些数据上使用该算法。主要算法包括分类、聚类、相关等。

③ 数据挖掘。运用上一过程所选择的算法，从数据库中提取用户感兴趣的知识，并以一定的方式进行表示(如产生模式规则等)，形成相应的模式。这是整个数据挖掘过程中非常重要的步骤。

④ 模式解释。对在数据挖掘步骤中发现的模式(知识)进行解释和评估。对评估所可能发现的模式中的冗余或无关内容，应予剔除。如果模式不能满足用户的要求，就需要返回到前面的某些处理步骤中反复提取。

(8) 解释评估。对所建立的模型及结果进行评价，确认模型和结果的可信度和功能性，将所发现的知识以用户能了解的方式呈现给用户，返回到最初提出的商业或管理的问题上来。大数据处理的结果所提供的对商业或管理问题的决策支持信息的适用性，可以通过多种手段进行检验，可以使用挖掘工具在数据处理过程中所产生的结果数据和检验数据来进行检验，也可以直接使用原始的样本数据来进行检验，或使用另外一批能够反映客观实际规律性的数据来进行检验。如果达不到预期的要求，则需要考虑几个方面的因素：问题的理解是否有所偏差，用于建立模型的数据样本是否缺乏代表性，建立模型的技术手段是否有效，模型是否完善等等。对于发现的问题，可以返回到相应的处理环节中去进行调整并解决。只有通过各项检验，确定挖掘模型体现了符合实际的规律性，才能确定其所获得决策支持信息的价值，完成整个数据挖掘的处理过程。

上述步骤中，对大数据的处理和挖掘占据非常重要的地位，它主要是利用某些特定的知

识发现的数学方法，在一定的运算效率范围内，从数据中发现出有关知识，因而决定了整个数据挖掘过程的效果与效率。

3. 大数据应用技术

(1) MapReduce

MapReduce最早是由Google公司研究提出的一种面向大规模数据处理的并行计算模型和方法。其初衷主要是为了解决其搜索引擎中大规模网页数据的并行化处理。Google公司发明了MapReduce之后首先用其重新改写了其搜索引擎中的Web文档索引处理系统。而由于MapReduce可以普遍应用于很多大规模数据的计算问题，自发明MapReduce以后，Google公司内部进一步将其广泛应用于很多大规模数据处理问题。Google公司内有上万个各种不同的算法问题和程序都使用MapReduce进行处理。

MapReduce是一种构建在分布式文件系统之上的分布式计算模型，屏蔽了分布式计算框架细节，对存储在分布式文件系统中的大数据量数据进行分布式计算。它是一种编程模型，用于支持能够并行处理的大型数据集。它是Hadoop生态系统和Spark中的一个重要组件。通过把工作拆分成较小的数据集，完成一些独立任务，来支持大量数据的并行处理。MapReduce从用户那里获取整个数据集，把它分割为更小的任务(map)，然后把它们分配到各个工作节点。一旦所有工作节点成功地完成了它们各自的独立任务，就会聚合(reduce)它们独立活动的结果，然后返回整个数据集的结果。通常，map和reduce函数是用户定义的函数，它们解决了以往需要用代码解决的业务用例。

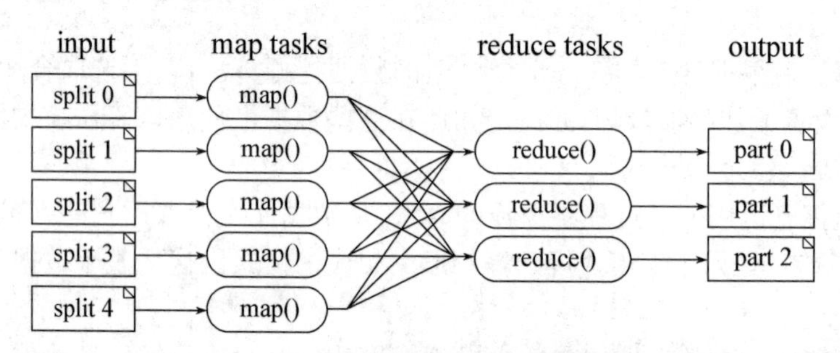

图6-12 MapReduce架构

(2) Hadoop

Hadoop是一个由Apache基金会所开发的分布式系统基础架构。用户可以在不了解分布式底层细节的情况下，开发分布式程序，从而充分利用集群的威力进行高性能运算和存储。

Hadoop系统主要由分布式文件系统(Hadoop Distributed File System，HDFS)、分布式资源调度系统(YARN)和分布式计算框架(MapReduce)构成。

HDFS是Hadoop体系中数据存储管理的基础，是一个能检测和应对硬件故障的高容错系统，适用于低成本的通用硬件上运行。HDFS简化了文件的一致性模型，通过流式数据访问，提供高吞吐量应用程序数据访问功能，适合带有大型数据集的应用程序。HDFS提供了一次写入多次读取的机制，数据以块的形式，同时分布在集群不同物理机器上，主要用于大规模数据的分布式存储。

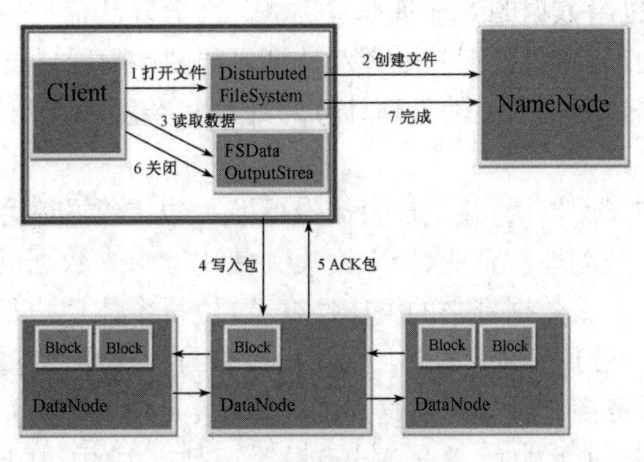

HDFS写入数据流程图

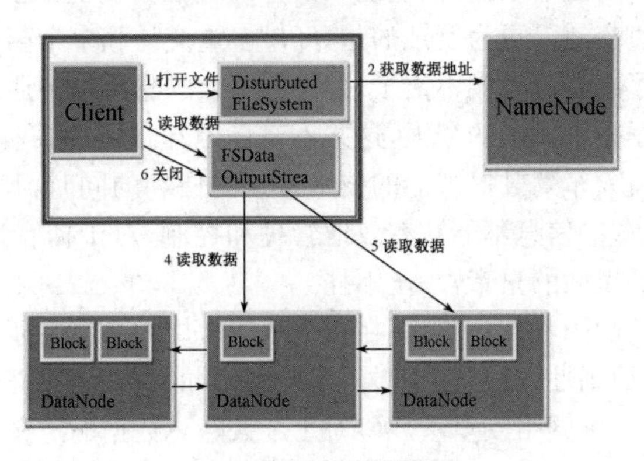

HDFS读取数据流程图

图 6－13　HDFS 数据写入和读取过程

(3) Spark

Spark 是一个通用的集群计算系统。和 MapReduce 一样，它是与一组计算机(节点)一起工作、并行处理，来提高响应的时间。不过，跟 MapReduce 不同的是，Spark 集群有内存特性。它的内存特性能让 Spark Clusters 把数据缓存到节点上，而不是每次都从磁盘中获取数据(这样做是因为数据量巨大，所以通常需要很长时间的读写操作)，现在，变成了每个节点的一次性操作，节省了时间，并提高了处理的速度。

6.1.4　大数据带来的挑战

大量信息在给人们带来方便的同时，也带来了一些问题：

① 信息过量，难以消化。

② 信息真假难以辨识。

③ 信息安全难以保证。

④ 信息形式不一致，难以统一处理。

数据量的增大，以及业务分散的特性，使数据呈分布式海量产生，这给数据的存储带来了问题。一是数据量巨大，需要大量的存储空间，为了提高数据的存储和检索的效率，还需要在数据存储的架构和结构上进行突破，提升数据访问的速率，以满足实时处理的要求。另一方面，数据量的增大也给数据的处理带来了挑战。部分算法需要将尽可能多的数据载入到内存进行规约化的处理，海量数据的处理对计算机的硬件配置提出了更高的要求，提升了数据处理的成本。数据量的增大也使处理计算的计算复杂度和空间复杂度大大提高，对数据的实时处理提出了挑战。

随着互联网技术的飞速发展，整个社会被强行推入“大数据”时代。不管人们是否愿意，个人数据正在不经意间被动地被企业、个人搜集并使用。个人数据的网络化和透明化已经成为不可阻挡的大趋势。大数据带来的整体性变革，使得个体用户很难对抗个人隐私被全面暴露的风险，只要用户使用智能手机、上网购物或参与社交媒体互动，就必须将自己的个人数据所有权转移给服务商。你一定有这样的经历，某天在某个网站上面搜索了一个商品词以后，以后再去浏览其他网站时，总会弹出和这个商品有关的广告窗口，挥之不去；或者你总能接到一些奇奇怪怪的公司电话，他们能叫出你的姓名，甚至知道你是否有小孩，而你并不记得和这些公司打过交道。更为复杂的是，经过多重交易和多个第三方渠道的介入，个人数据的权利边界消失了或者说模糊不清了，公民的个人的隐私保护遇到了严峻的挑战。

在互联网和大数据技术发展的今天，这并不奇怪但却很可怕，我们在享受着推荐算法、语音识别、图像识别、无人车驾驶等智能的技术带来的便利的同时，我们个人的信息却被迅速地归集和处理，如果这些信息不能被有效地管理和控制，对于拥有这些数据的组织来讲，我们就像“皇帝的新衣”里面的皇帝，一丝不挂。

我国虽然没有专门的隐私保护法，但在多个法律法规的条文中涉及了隐私保护，对保护个人隐私作了间接的、原则性的规定。此外，我国网信办发布的《数据安全管理规范》以及正式实施的《中华人民共和国网络安全法》等，对于个人隐私数据的定义、采集、使用、存储等都提出了具体的法规要求，并加大了处罚力度。

对于数据主体(被采集个人)来讲，也需要有足够的保护意识，需要注意以下事项：一是不要轻易在网上将自己的隐私信息泄露出来，诸如在微信上展示地理位置、照片等涉密信息；二是不要轻易在网站注册信息，即使注册也应采取最小化原则，注册时应注意网站是否有明确的隐私政策声明等信息，避免泄露自己的隐私信息；三是在允许的情况下尽量采取一些匿名化的方式，比如快递的姓名可以采用昵称，地址选择公共地址以及快递包装箱在处理的时候应去掉个人信息等。

6.2 机器学习

大数据带来价值，推动社会进入数据时代，这些价值要通过处理来进行挖掘。其中，机器学习就是一种典型应用。

6.2.1 机器学习的基本概念

随着互联网的高速发展，被收集并应用于分析的数据量呈现出爆发式增长，面对如此量级的数据，以及常见的实时利用该数据的需求，仅依靠人工处理难免力不从心，这就催生了所谓的大数据和机器学习系统。

机器学习是一门多领域的交叉学科，涉及概率论、统计学、逼近论、凸分析、算法复杂度理论等多门学科，专门研究计算机如何模拟或实现人类的学习行为，以获取新的知识或技

能,重新组织已有的知识结构使之不断改善自身的性能。通俗地讲,传统计算机工作时需要接收指令,并按照指令逐步执行,最终得到计算结果;机器学习是通过某种算法,将历史数据进行训练得出某种模型,当有新的数据提供时,可以使用训练产生的模型对未来进行预测。机器学习是一种能够赋予机器进行自主学习,不依靠人工进行自主判断的技术,它和人类对历史经验归纳的过程有着相似之处,如图 6－14(a)和图 6－14(b)所示分别为机器模型进行“学习”和进行应用的过程。

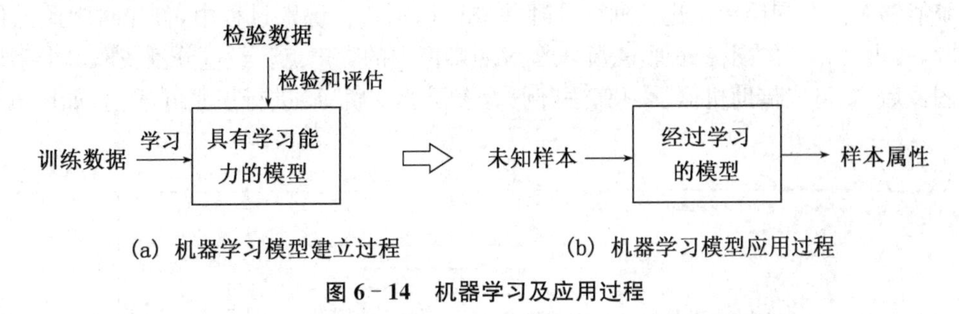

图 6－14　机器学习及应用过程

1. 机器学习:一种实现人工智能的方法

机器学习最基本的做法,是使用算法来解析数据、从中学习,然后对真实世界中的事件做出决策和预测。与传统的为解决特定任务、硬编码的软件程序不同,机器学习是用大量的数据来“训练”,通过各种算法从数据中学习如何完成任务。

举个简单的例子,当我们浏览网上商城时,经常会出现商品推荐的信息。这是商城根据以往的购物记录和冗长的收藏清单,识别出这其中哪些是你真正感兴趣且愿意购买的产品。这样的决策模型,可以帮助商城为客户提供建议并鼓励产品消费。

机器学习直接来源于早期的人工智能领域,传统的算法包括决策树、贝叶斯分类、支持向量机、EM、聚类、Adaboost 等。从学习方法上来分,机器学习算法可以分为监督学习(如分类问题)、无监督学习(如聚类问题)、半监督学习、集成学习、深度学习和强化学习。

传统的机器学习算法在指纹识别、基于 Haar 的人脸检测、基于 HoG 特征的物体检测等领域的应用基本达到了商业化的要求或者特定场景的商业化水平,但每前进一步都异常艰难,直到深度学习算法的出现。

2. 深度学习:一种实现机器学习的技术

深度学习本来并不是一种独立的学习方法,其本身也会用到有监督和无监督的学习方法来训练深度神经网络。但由于近几年该领域发展迅猛,一些特有的学习手段相继被提出(如残差网络),越来越多的人将其单独看作一种学习的方法。

最初的深度学习是利用深度神经网络来解决特征表达的一种学习过程。深度神经网络本身并不是一个全新的概念,可大致理解为包含多个隐含层的神经网络结构。为了提高深层神经网络的训练效果,人们对神经元的连接方法和激活函数等方面做出相应的调整。其实有不少想法早年间也曾有过,但由于当时训练数据量不足、计算能力落后,最终的效果不尽如人意。

深度学习突破了以前难以解决的问题,实现了各种似乎带有智能判断和决策为内容的任务,使得仿佛所有的机器辅助功能都变为可能。图书影视推荐、预防性医疗保健,甚至是无人驾驶汽车,都近在眼前,即将实现。

6.2.2 机器学习的典型应用

机器学习应用非常广泛,遍及人工智能等各大领域,包括数据挖掘、计算机视觉、自然语言处理、语音和手写识别、生物特征识别、搜索引擎、医学诊断、信用卡欺诈检测、证券市场分析、汽车自动驾驶、军事决策等。

例如,可以通过机器学习的技术,搭建汽车牌照识别系统,通过对其进行反复训练,可以使系统能够对汽车牌照影像进行划分处理并进行识别。在识别过程中,首先对牌照图像进行切取,并进行相应的图像处理,去除汽车牌照影像中的噪声点。经过分割获取单个字母或数字图像后,就可以借助机器学习算法(例如,多层感知机等)进行识别并输出,如图 6-15 所示。

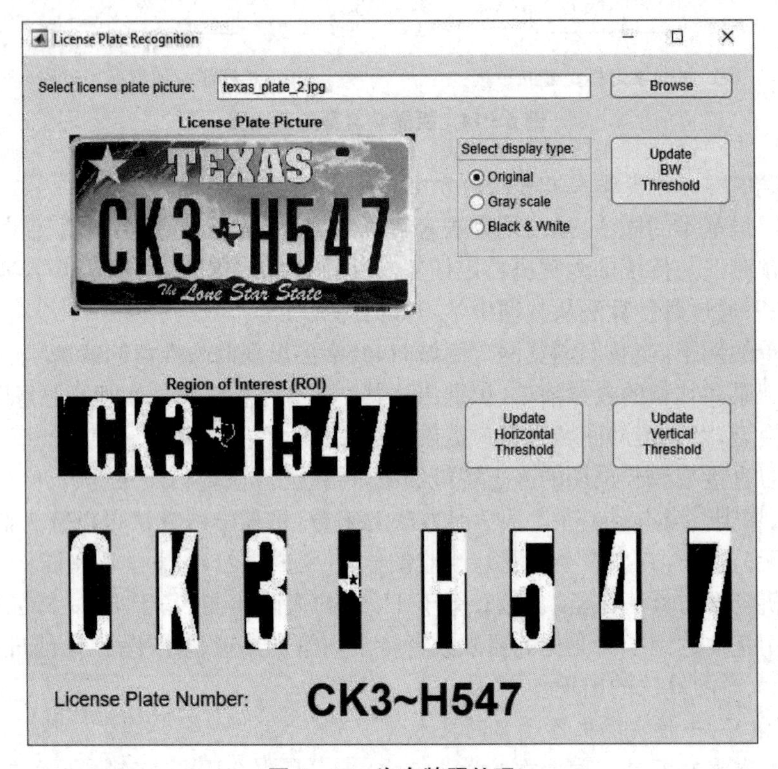

图 6-15 汽车牌照处理

在这个汽车牌照识别的例子中,使用了基于多层感知器,也称为人工神经网络(因感知器的工作和处理机制模仿人脑中的神经系统而来)的机器学习技术。人工神经网络的结构如图 6-16 所示,由具有多个结点的输入层、隐藏层(隐藏层可以有多个)和能够表示识别结果的输出层构成。每个结点,也称为人工神经网络的神经元,负责处理来自上一层的经过加权后的输入,并提供非线性特性,从而使整个系统能够完成复杂的处理。图 6-16 中,是对手写的 28×28 点阵的数字图像进行处理,输入层负责输入 28×28=784 个像素点的输入信号,经过处理后,最终在输出端以 0,1……9 共 10 个输出结点输出并表示判别的结果。

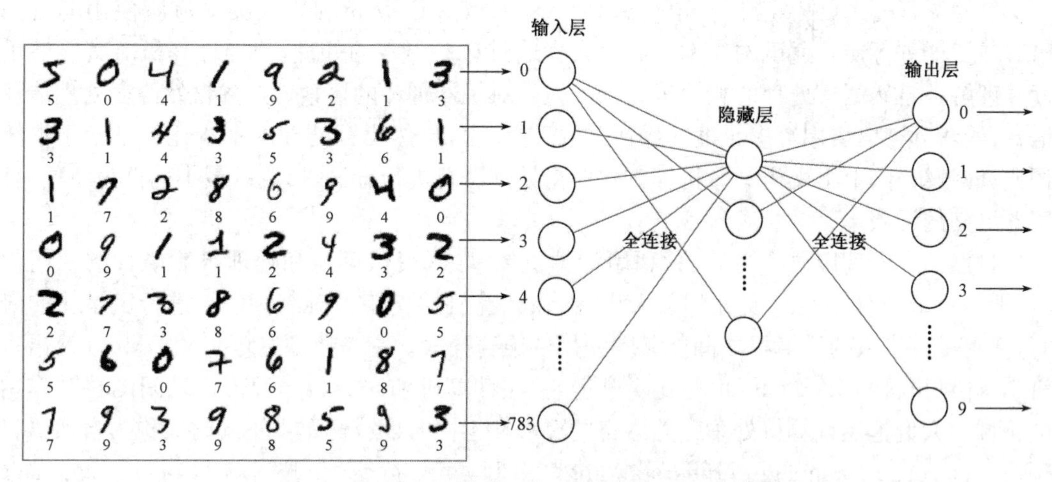

图 6－16　基于机器学习的手写数字识别处理模型

在系统实现上，为了提高效率，会以硬件系统来搭建基于机器学习的处理系统，因为这样的系统中所完成的运算非常规则且反复，类似于图像渲染处理的计算过程，所以可选用专用处理芯片 GPU 来完成上述计算处理，可以达到较长于通用处理的 CPU 更高的处理效率。对于较为复杂的图像识别，例如人脸识别，因为特征值的个数较为庞大(例如，一幅 128×128 的人脸图片，按照图 6－16 中系统所示的结构，就要设计 16 384 个输入结点)，在实际实现的时候则会非常困难，搭建的系统可能会非常繁复。这时，就需要对图像进行例如提取特征值等预处理，对数据进行降维，如图 6－17 所示。

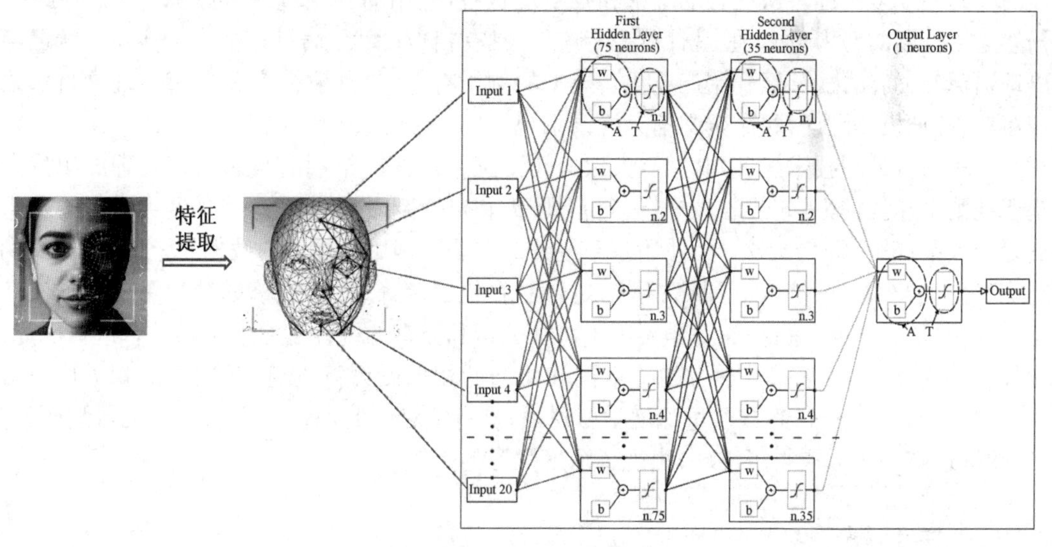

图 6－17　人脸识别特征提取

用自然语言与计算机进行通信，这是人们长期以来所追求的。因为它既有明显的实际意义，同时也有重要的理论意义：人们可以用自己最习惯的语言来使用计算机，而无须再花大量的时间和精力去学习不很自然和习惯的各种计算机语言；人们也可通过它进一步了解人类的语言能力和智能的机制。

自然语言处理(Natural Language Processing,NLP)是指利用人类交流所使用的自然语言与机器进行交互通讯的技术。通过人为地对自然语言的处理,使得计算机对其能够可读并理解。自然语言处理的相关研究始于人类对机器翻译的探索。虽然自然语言处理涉及语音、语法、语义、语用等多维度的操作,但简单而言,自然语言处理的基本任务是基于本体词典、词频统计、上下文语义分析等方式对待处理语料进行分词,形成以最小词性为单位,且富含语义的词项单元。

自然语言处理以语言为对象,利用计算机技术来分析、理解和处理自然语言的一门学科,即把计算机作为语言研究的强大工具,在计算机的支持下对语言信息进行定量化的研究,并提供可供人与计算机之间能共同使用的语言描写。它是典型边缘交叉学科,涉及语言科学、计算机科学、数学、认知学、逻辑学等,关注计算机和人类(自然)语言之间的相互作用的领域。人们把用计算机处理自然语言的过程在不同时期或侧重点不同时又称为自然语言理解(Natural Language Understanding,NLU)、人类语言技术(Human Language Technology,HLT)、计算语言学(Computational Linguistics,HI)、计量语言学(Quantitative Linguistics)、数理语言学(Mathematical Linguistics)。

实现人机间自然语言通信意味着要使计算机既能理解自然语言文本的意义,也能以自然语言文本来表达给定的意图、思想等。前者称为自然语言理解,后者称为自然语言生成。因此,自然语言处理大体包括了自然语言理解和自然语言生成两个部分。历史上对自然语言理解研究得较多,而对自然语言生成研究得较少。但这种状况已有所改变。

无论实现自然语言理解,还是自然语言生成,都远不如人们原来想象的那么简单,而是十分困难的。造成困难的根本原因是自然语言文本和对话的各个层次上广泛存在的各种各样的歧义性或多义性。从现有的理论和技术现状看,通用的、高质量的自然语言处理系统,仍然是较长期的努力目标,但是针对一定应用,具有相当自然语言处理能力的实用系统已经出现,有些已商品化,甚至开始产业化。典型的例子有:多语种数据库和专家系统的自然语言接口、各种机器翻译系统、全文信息检索系统、自动文摘系统等。

自然语言处理技术发展到今天,大致经历了三个阶段。早期的自然语言处理的出发点基于规则来建立词汇、句法语义分析、问答、聊天和机器翻译系统,因语言的复杂性没有获得良好的效果;随后研究人员开始使用基于统计的方法即利用带标注的数据,基于人工定义的特征建立机器学习系统,进行训练后投入应用,在机器翻译、搜索引擎都是利用统计方法获得了成功;随后研究人员把深度学习用于特征分析和原有的统计学习框架相结合进行研究。比如,搜索引擎加入了深度学习的检索词和文档的相似度计算,以提升搜索的相关度。自2014年以来,人们尝试直接通过深度学习建模,进行端对端的训练。目前已在机器翻译、问答、阅读理解等领域取得了进展,出现了深度学习的热潮。

6.3 云技术

随着信息技术的发展,计算机的应用也经过了丰富而曲折的变化过程。从最早计算机的单机使用,到给计算机安装上网卡插上网线,通过网络系统进行资源的共享,人们可以从其他计算机上复制文件,也可将文件直接存放到其他计算机的共享文件夹下,大大提升了资源的共享效率。随着基于网络系统的资源共享技术的进一步成熟,人们开始尝试将体量较

大的公用资源集中存放到一台具有较大容量的计算机上，并在需要时对所需的部分进行访问；同时，也产生了将一些公用的运算集中安装在一台具有较高运算能力的计算机上，通过远程控制和调用，在高性能计算机上完成运算并将结果传递回来。这样就产生了服务器。

随着计算机的普及和广泛应用，越来越多的业务和管理活动都依托计算机系统来完成，而同一行业、同一领域、同一业务都需要在同一个平台上来完成，例如银行系统，走遍全国各地，都可以在任何一个银行系统的终端上完成存取款和查询操作，这就要求银行系统，至少是同一家银行的系统建立统一的平台，进行联网，建立统一的数据，以支持异地业务。但是，对于一家银行，不可能仅仅在例如北京设立一台超级计算机服务器来支持全国的业务，这样会造成大量的网络流量，形成网络传输的拥堵和无法忍耐的时延。因此，实际情况是各个系统会在一定的区域内设置一台或多台服务器，来支持本地区的业务，例如，在南京、苏州、徐州设置服务器来覆盖江苏省的业务等，而各个分服务器又互相连接，接入位于例如北京的总部服务器。放眼望去，整个系统是由分布在各个地区的，互相连接的服务器来构成的。这就是计算机网络应用，在继计算机的点对点应用、服务器客户机应用之后的又一个新的应用架构：分布式系统。分布式系统的应用还有另外一层考虑，就是每一台在使用中的计算机，即便是在非常繁忙的使用状态，处理器也一定会有短暂的空闲，也一定会有一定的存储空闲，通过合理的分配、布局和管理，可以将数据分布式地存储在网络中的千千万万的计算机上，也可以利用网络中的千千万万台计算机的短暂的空闲，来完成一项运算量巨大的，但是可以被分解的、可并行的计算。这样，也构成了一个分布式系统。

有人就想，与其借用网络中其他计算机的边边角角来存储数据，借用网络中其他计算机的运算间隙见缝插针地使用其计算能力，不如把淘汰下来的计算机，收拢起来，放在一栋计算中心大楼里构成分布式系统，相对集中性地提供存储和计算服务。对于使用这个分布式系统的用户来说，它仿佛是远处的一团云霞，所涉及的应用被称为了云计算、云存储或云服务。这样的系统面临着较为复杂的调度协调、较为昂贵的运行费用和庞大的维护成本的问题。

各个互联网大厂，看到了云技术发展的前景，也预见到了数据和计算所能带来的红利，纷纷摒弃“缝缝补补又三年”，使用淘汰下来的计算机建立云中心的做法，重新设计云服务的体系架构，订制支持高性能海量存储系统和高性能超级计算系统，建立起自己的云服务体系，例如阿里云、百度云、移动云等。互联网各大 IT 巨头都将云技术做得淋漓尽致，比如腾讯微云、百度云盘、360 云盘、BoyiCMS 医疗云、有道云笔记、WPS 云同步、小米云服务等。“云”同步可在 PC 端、手机端、TV 端等实现多屏合一的数据同步。

云技术的应用，要解决数据和任务的部署、控制、共享、交互、集成等方面的问题。而其典型应用，就是云计算。

图 6-18　云服务的概念

6.3.1　云计算的概念和特点

云计算(Cloud Computing)这个概念首次在 2006 年 8 月的搜索引擎会议上提出，成了互联网的第三次革命。云计算是分布式计算的一种，指的是通过网络“云”将巨大的数据计算处理程序分解成无数个小程序，然后，通过多部服务器组成的系统进行处理和分析这些小程序得到结果并返回给用户。

云计算早期,简单地说,就是简单的分布式计算,解决任务分发,并进行计算结果的合并。因而,云计算又称为网格计算。通过这项技术,可以在很短的时间内(几秒钟)完成对数以万计的数据的处理,从而达到强大的网络服务。

云计算技术具有以下特点:

(1) 可靠性较强。云计算技术主要是通过冗余方式进行数据处理服务。在大量计算机机组存在的情况下,会让系统中所出现的错误越来越多,而通过采取冗余方式则能够降低错误出现的概率,同时保证了数据的可靠性。

(2) 服务性。从广义角度上来看,云计算本质上是一种数字化服务,同时这种服务较以往的计算机服务更具有便捷性,用户在不清楚云计算具体机制的情况下,就能够得到相应的服务。

(3) 可用性高。云计算技术具有很高的可用性。在储存上和计算能力上,云计算技术相比以往的计算机技术具有更高的服务质量,同时在节点检测上也能做到智能检测,在排除问题的同时不会对系统带来任何影响。

(4) 经济性。云计算平台的构建费用与超级计算机的构建费用相比要低很多,但是在性能上基本持平,这使得开发成本能够得到极大的节约。

(5) 多样性服务。用户在服务选择上将具有更大的空间,通过缴纳不同的费用来获取不同层次的服务。

(6) 编程便利性。云计算平台能够为用户提供良好的编程模型,用户可以根据自己的需要进行程序制作,这样便为用户提供了巨大的便利性,同时也节约了相应的开发资源。

6.3.2 云服务

"云"是个虚拟的概念,其实就是通过互联网连接远程服务器来获取其提供的计算、存储或数据服务。云是网络、互联网的一种比喻说法,主要有计算能力强、扩展性强、成本低、可靠性高、按需服务等特点。根据所提供服务的不同,云服务可以被分为以下三类(三层):

1. 基础设施服务

基础设施服务(Infrastructure as a Service,IaaS)主要提供一些基础资源,包括服务器、网络、存储、安全等服务。由自动化的、可靠的、扩展性强的动态计算资源构成。用户可以按需购买服务满足业务需求。IaaS可以分为公共和私有两种基础资源服务,即"公有云"和"私有云"。"公共云"包含了共享资源,提供部署在互联网上的基础设施;"私有云"是运行在专用网络上的基础设施。此外,还有"混合云",提供公共或私有云的混合组合方式。提供IaaS的企业有阿里云,Amazon Web Services(AWS),Microsoft Azure,Google Compute Engine(GCE)等等。

IaaS提供计算机体系架构和基础服务,提供了所有云计算资源供我们直接访问使用,比如数据存储、虚拟化服务、服务器和网络等。IaaS是云服务的最底层,主要提供一些基础资源,如计算机服务器,存储设备和通信设备等,能够按用户需求提供计算能力、存储能力或网络能力。使用对象为企业信息系统管理员,他利用IaaS所提供的服务,帮助企业构建起基于云技术的企业信息系统应用生态。IaaS能够提供基础架构和服务、增强可扩展性;但也会在集群规模增大后出现安全问题和网络服务延迟等问题。

2. 平台服务

平台服务(Platform as a Service,PaaS)提供一套软件部署平台,包含操作系统、开发和应用解决方案,用户只需要关注自己的业务逻辑,让所有开发都能快速实现。PaaS 还可以提供开发环境/平台,编程语言、操作系统、Web 服务器和数据库构成,用户可在其中构建、编译、运行程序而无须担心其基础架构,可以将关注点放在业务逻辑的实现上,能够保证商业企业快速部署和开展业务。当今面对互联网业务量和用户量剧增的情况,PaaS 是企业需要着重建设的部分。

PaaS 的主要作用是将一个开发和运行平台作为服务提供给用户,能够提供定制化研发的中间件平台,以及数据库和应用服务器等。对开发者来说,只需要关注自己系统的业务逻辑,能够快速、方便地创建 Web 应用,无须担心底层软件。比较典型的便是计算平台。PaaS 所面向的使用对象为信息系统和产品的开发人员。PaaS 具有支持快速开发部署、弹性扩容、持续交付等优点;但也存在着开发人员仅限于使用 PaaS 提供的语言和工具,如果前期使用裸金属服务器[①]部署,后期迁移到云,可能会有一定难度和适应期等问题。

3. 软件服务

软件服务(Software as a service,SaaS)又称云应用服务,则是通过互联网为最终用户提供的软件应用服务。绝大多数 SaaS 应用都是直接在浏览器中运行,不需要用户下载安装任何程序,用户不需要关心技术问题,对用户来说,软件的开发、管理、部署都交给了第三方,可以拿来即用,例如:微信、淘宝、钉钉等。用户可以选择按需使用软件、按需付费,无须购买和部署所需使用的软件。该服务运行在云端,与平台无关,无须在 PC 上安装软件。云端运行该服务一个或多个实例供多个最终用户使用,比如网盘、网上冲浪服务等。

SaaS 的优点是可以通过任何平台访问、无须关心在什么网络环境,非常适合协同办公。不足之处在于云服务是面对所有用户,可能会有无法解决用户特异性的问题。比如:浏览器兼容性可能导致不能使用某些服务。关于 SaaS,根据 IDC 报告称,2017 年上半年中国 SaaS 市场规模达到 5.4 亿美元,同比增长 34.5%,其发展速度是传统套装软件的 10 倍。IDC 预测,到 2021 年,中国 SaaS 市场规模将达到 48.9 亿美元,2017—2021 年的年复合增长率将超过 40%。可见,企业级 SaaS 业务已经成为行业朝阳产业,众多厂商纷纷推出云服务,传统的软件企业厂商也跃跃欲试要在这个大蛋糕中分得一羹。

如图 6-19 所示,展示了本地部署、使用 IaaS、使用 PaaS 和使用 SaaS 时,客户所需要的管理的架构元素和由云服务提供的架构元素的变化。

有一个生动而有趣的例子,说明了以不同的方式和程度使用云服务的差异。这是一个制作比萨饼的例子,如图 6-20 所示。如果全部由自己来制作比萨饼(图中最左列),则需要自行准备从原料到设备到配方到流程到工艺的所有内容或技能,较为麻烦;而如果使用提供商提供的平台,则相当于是借用了厨房,则客户只需准备炊具和原料即可完成制作;而进一步地,如果连同使用提供商提供的炊具,则类似于客户只需准备所需的原材料即可完成制作;而如果由提供商提供所有的场地、用具、炊具和原材料,而客户只是在这样的一整套服务

---

① 裸金属服务器(Bare Metal Server),是一台既具有传统物理服务器特点的硬件设备,又具备云计算技术的虚拟化服务功能,是硬件和软件优势结合的产物。可以为企业提供专属的云上物理服务器,为核心数据库、关键应用系统、高性能计算、大数据等业务提供卓越的计算性能以及数据安全。使得云服务用户可灵活申请,按需使用。

下完成制作体验，则最为简单。

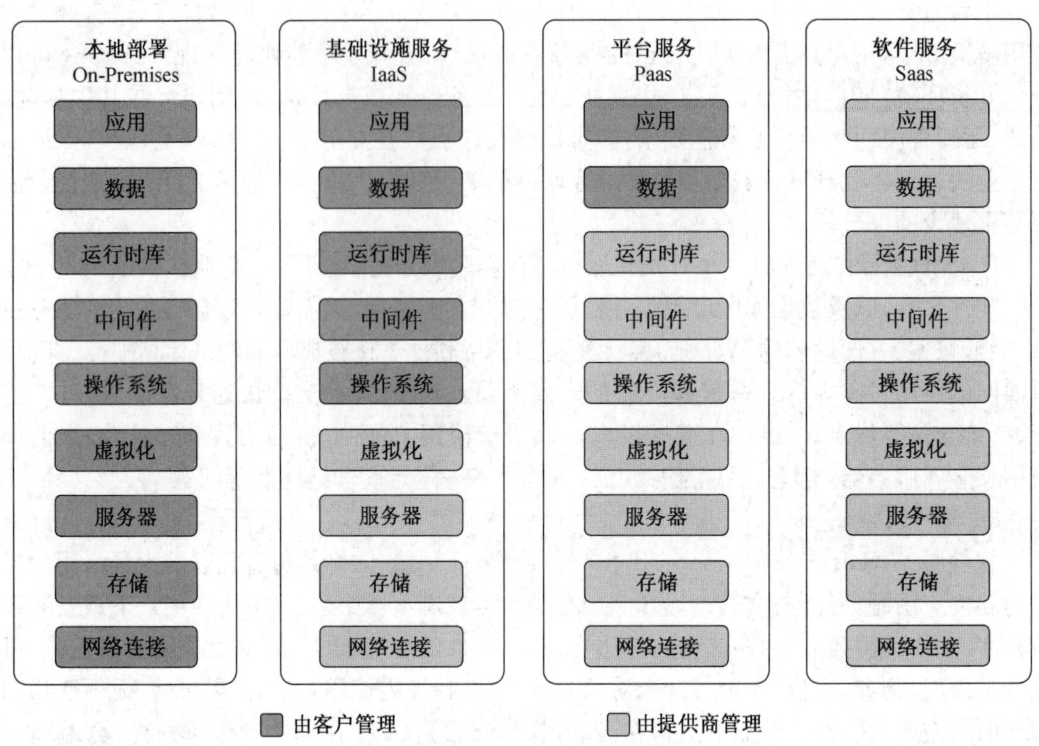

图 6－19 “云”体系结构

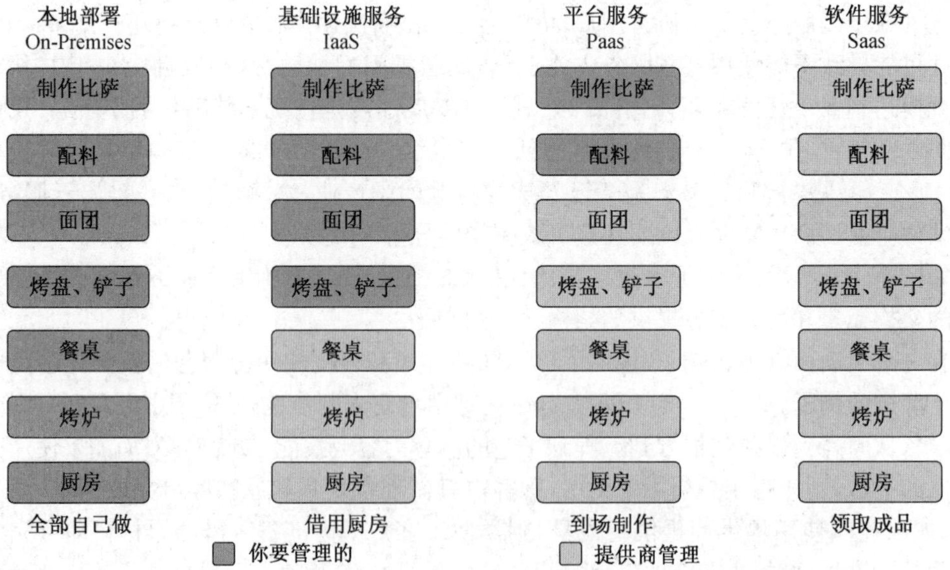

本地部署 On-Premises	基础设施服务 IaaS	平台服务 Paas	软件服务 Saas
制作比萨	制作比萨	制作比萨	制作比萨
配料	配料	配料	配料
面团	面团	面团	面团
烤盘、铲子	烤盘、铲子	烤盘、铲子	烤盘、铲子
餐桌	餐桌	餐桌	餐桌
烤炉	烤炉	烤炉	烤炉
厨房	厨房	厨房	厨房
全部自己做	借用厨房	到场制作	领取成品

你要管理的　　提供商管理的

图 6－20 借助云服务制作比萨饼

6.3.3　云计算的典型应用

云应用的出现,逐渐改变了人们的生活。大家也都离不开云应用给生活带来的便利,比如在换手机的时候,可以使用云应用将数据迁移到其他手机或设备中;在工作的时候,文档云同步,回家还可以继续完成工作;看病的时候可以使用医疗"云"服务,解决看病难的问题;在学习上,可以使用云笔记,随时保存,随时学习。

在商业上,厂商可以利用云计算技术,通过分布式计算和虚拟化技术,搭建数据中心或超级计算机,以免费或按需租用方式向技术开发者或者企业客户提供数据存储、分析以及科学计算等服务,例如亚马逊的"数据仓库出租"业务。更深入地,厂商可以通过建立网络服务器集群,向各种不同类型客户提供在线软件服务、硬件租借、数据存储、计算分析等不同类型的服务。例如国内用友、金蝶等管理软件厂商推出的在线财务软件,谷歌发布的 Google 应用程序套装等,都是云计算技术的典型应用。

典型的应用有:

(1) 建立网站。网站网络服务器的应用一般是最普遍的,按经营规模,可以分为门户网类网站、公司类网站、本人网站、买卖型网站、社区论坛、Blog 等类别。通过获得权限,可以在网站云服务器上安装建立 Web 服务,并安装网站的相应环境(例如 asp.net、php 等),建立数据库,在 Web 服务上配备好网站需要的相应环境并设置网站所应用的管理权限,设置防火墙并打开网站应用的端口号,从而完成网站的搭建。

(2) 协同办公系统。应用云服务器伴随着电脑在办公中的要求愈来愈关键,办公室软件也变成了公司务必具有的基础应用软件。办公室软件的类型有很多,应用较多的主要是 OA、ERP、CRM、公司邮箱等,这种办公室软件在云服务器上的部署是基本相同的。但也存在一定的差别,例如 CS 构架或 BS 架构的软件,搭建时应有所区别。

(3) 数据库查询系统。应用云服务器伴随着信息技术应用领域的部署经营规模的日渐扩大,愈来愈多的公司应用云服务器作为独立的数据库查询云服务器,用云服务器安装数据库查询服务。

(4) 云虚拟主机。应用云服务器云虚拟主机极大地推动了互联网技术的应用和普及化,云虚拟主机的租赁服务也变成互联网时代新的经济环境。以前全是应用物理服务器来完成云虚拟主机应用,伴随着大数据技术的发展趋势与普及化,愈来愈多的互联网客户挑选了应用云服务器来完成云虚拟主机应用。

6.4　物联网

6.4.1　物联网的概念

物联网(Internet of Things,IoT)是指通过各种信息传感器、射频识别技术、全球定位系统、红外感应器、激光扫描器等各种装置与技术,实时采集任何需要监控、连接、互动的物体或过程,采集其声、光、热、电、力学、化学、生物、位置等各种需要的信息,通过各类可能的网络接入,实现物与物、物与人的泛在连接,实现对物品和过程的智能化感知、识别和管理。物联网是一个基于互联网、传统电信网等的信息承载体,它让所有能够被独立寻址的普通物理对象形成互联互通的网络。

1999 年美国麻省理工学院正式提出物联网概念，早期的物联网是指依托射频识别(Radio Frequency Identification，RFID)技术和设备，按约定的通信协议与互联网相结合，使物品信息实现智能化识别和管理，实现物品信息互联而形成的网络。随着技术和应用的发展，物联网内涵不断扩展。现代意义的物联网可以实现对物的感知识别控制、网络化互联和智能处理有机统一，从而形成高智能决策。

6.4.2　物联网的典型应用

1. 物联网在家居中的应用

回家门锁通过指纹、虹膜、声音识别；感知出门即启动安防；回家调节温度、湿度、照明；跟随开灯或关灯；语音控制影音播放；智能穿戴检测健康并与保健医生互连。加入家庭的新“成员”，因为自身带有物联网装置，可以通过多种组网的方式(ZigBee)，加入智能家居的网络中。例如，新买回来一个电饭锅，则可以自动接入家居网络，完成与控制器的功能构建，开始呈报状态和接收控制。

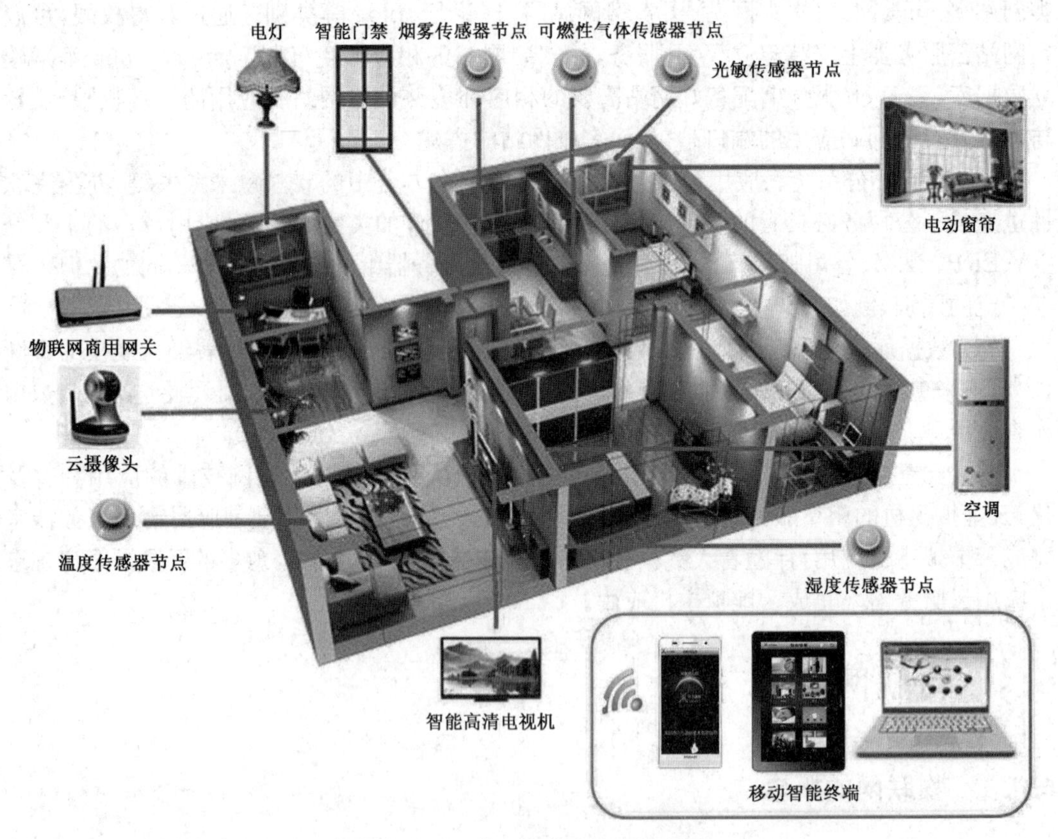

图 6－21　基于物联网的智能家居

2. 物联网在校园中的应用

可以想象一下，在将来，物联网充分应用的校园中，每位教师和学生都佩戴有内置了RFID 设备的装置(未来世界，甚至可以将该设备植于皮下)。教师进入教室后，教室内的物

联网装置可以感知教师的进入，会自动打开电脑、投影和扩音等教学设备，自动播放上次课的要点进行复习；还可以根据季节和时间的不同，自动调节教室内的温度和照明，让师生处于一个舒适的教学环境。由教室内的感知设备，还可以感知每位学生进出教室，并在开始上课时自动完成点名。下课后，物联网设备感知到师生离开教室后，可以自动关闭教学设备和环境调节设备，节省能源。对于实验室，则可以根据课程设计所导出的实验过程中需使用的仪器设备的清单，由物联网系统进行统一的开启和关闭，强化实验室设备的管理。通过这样的一整套基于物联网的管理和调节系统，可以完成对教学场所的精细管理，使教学资源得到充分利用。

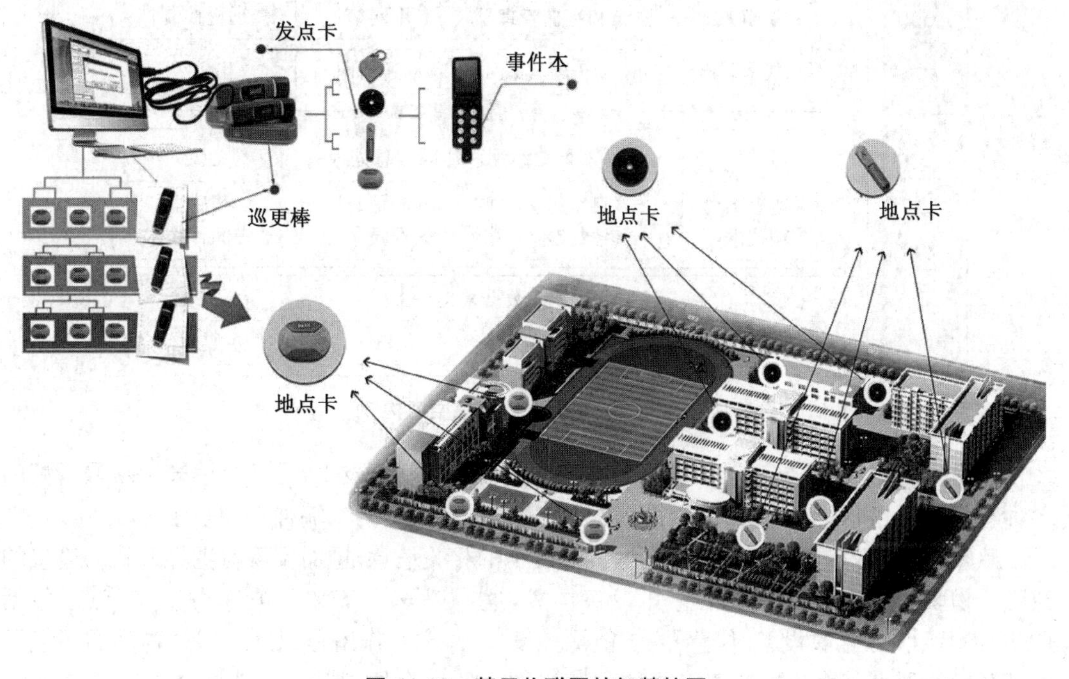

图 6－22　基于物联网的智慧校园

3. 物联网在物流系统中的应用

可以再想象一下，在将来，物联网充分应用的物流系统，每个货物包装箱中均内嵌了 RFID 识别设备，揽件时可以向其中写入该件货物的体积、重量、品类、寄件人和收件人等信息，并同步将信息送入云端的数据库系统中，云端物流管理应用软件可根据上述信息组织批次、线路、集装箱等，并将货运安排自动发送到承运企业甚至是承运个人的信息终端，进一步地，可以根据车载设备掌握各运输车辆的位置和任务来合理调度车辆，并将路线信息发送到车载 GPS 设备的导航仪中，指导承运人员的运送。托运方和收件方也可以根据承运方向云端上传的动态货运状态，查询和跟踪相关货物的运送过程。

6.4.3　物联网的相关技术

1. 物联网的体系结构

物联网作为一项综合性的技术，目前普遍接受的是三层物联网体系结构，从下到上依次是感知层、网络层和应用层（图 6－23），其中信息感知作为物联网最基本的功能，是物联网信息“全面感知，无处不在”的手段，主要完成对物体的识别和对数据的采集。

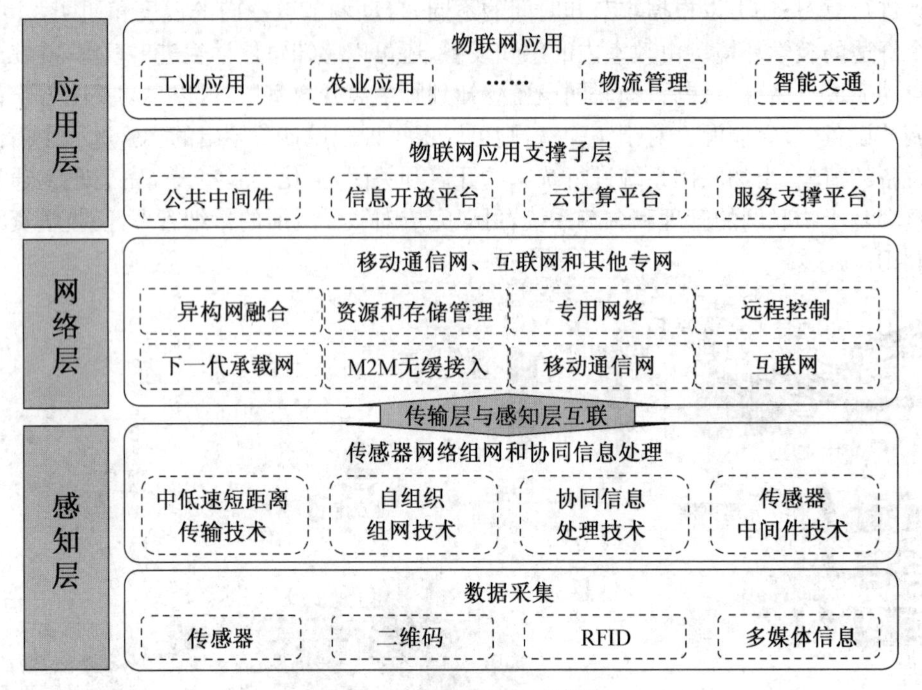

图 6-23　物联网的三层架构

在物联网体系中，感知与识别技术是物联网的底层基础技术，是负责感知和获取“物”的各种特征信息，和对“物”进行识别的前端技术，它是物联网的末端神经和触角。

感知层是物联网的根本，它是掌握世界万物的相关信息，进而实现对世界万物的连接的纽带。物联网感知层由一个个感知设备构成，这些感知设备又可被称为感知节点，包括 RFID 芯片、GPS 接收设备、传感器、智能测控设备等，主要作用是识别和感知物品的信息及外部环境的信息。感知层是智能物体和感知网络的集合体，其中，智能物体上贴有电子标签，可供感知网络进行识别。同时，智能物体上还可装有多种传感器，这些传感器可以感知物体的状态信息及外部环境信息，在捕获数据信息后，感知网路就会发挥信息传输、交互通信的作用。在日常生活中，我们时常可以与感知节点有所接触。例如，在智能电网中装有传感器的变电器可被看作一个感知节点，装有智能传感器的汽车、公共场所的监控器、声控电灯等也是感知节点。可以说，装有传感器和 RFID 标签的所有物品都可被看作一个感知节点。感知节点是物联网网络层的重要基础单元，它的特性可以影响到整个物联网网络。物联网与互联网之所以存在较大的区别，主要在于它们在感知层上存在较大区别。从感知节点和感知数据的角度出发，可以说明感知层在物联网中的重要性。

在信息系统发展早期，大多数物体识别或数据采集都是采用手工录入的方式，这样不仅劳动量巨大，错误率也非常高。之后自动识别技术出现并在全球范围内得到迅速发展，出现了条码识别技术、光符号识别技术、语音识别技术、生物识别技术、卡识别技术以及射频识别技术、传感技术、定位技术等。这些技术的出现和应用极大地解决了手工录入所带来的缺陷，为生产和生活带来了便利。

网络层位于物联网三层结构中的第二层，其功能为“传送”，即通过通信网络进行信息传

输。网络层作为纽带连接着感知层和应用层，它由各种私有网络、互联网、有线和无线通信网等组成，相当于人的神经中枢系统，负责将感知层获取的信息，安全可靠地传输到应用层，然后根据不同的应用需求进行信息处理。

在物联网的三层体系架构中，网络层主要实现信息的传送和通信，又包括接入层和核心层。网络层可依托公众电信网和互联网，也可以依托行业专业通信网络，也可同时依托公众网和专用网。同时，网络层承担着可靠传输的功能，即通过各种通信网络与互联网的融合，将感知的各方面信息，随时随地进行可靠交互和共享，并对应用和感知设备进行管理和鉴权。

网络层主要包括接入网络、传输网、核心网、业务网、网管系统和业务支撑系统。随着物联网技术和标准的不断进步和完善，物联网的应用会越来越广泛，政府部门、电力、环境、物流等关系到人们生活方方面面的应用都会加入物联网，那时，会有海量数据通过网络层传输到与计算中心，因此，物联网的网络层必须要有大的吞吐量以及较高的安全性。

应用层位于物联网三层结构中的最顶层，其功能为“处理”，例如通过云计算平台进行信息处理。应用层与最低端的感知层一起，是物联网的显著特征和核心所在，应用层可以对感知层采集数据进行计算、处理和知识挖掘，从而实现对物理世界的实时控制、精确管理和科学决策。

物联网应用层的核心功能围绕两个方面：一是“数据”，应用层需要完成数据的管理和数据的处理；二是“应用”，仅仅管理和处理数据还远远不够，必须将这些数据与各行业应用相结合。例如在智能电网中的远程电力抄表应用：安置于用户家中的读表器就是感知层中的传感器，这些传感器在收集到用户用电的信息后，通过网络发送并汇总到发电厂的处理器上。该处理器及其对应工作就属于应用层，它将完成对用户用电信息的分析，并自动采取相关措施。

此外，有些材料中，也会将物联网的架构划分为感知层、传输层、平台层和应用层的四层结构，如图 6－24 所示。这里，平台层提供了一个完成逻辑映射的中间件，保证底层的重新配置不会影响应用层所连接的接口，不会影响应用层所得到的数据的结构和内容。

2. 物联网相关技术

物联网的相关技术包括传感器及检测技术、自动识别技术、无线定位技术等几个类别。在传感器及检测技术中，涉及传感器技术和智能检测技术；在自动识别技术中，涉及条码、磁卡、IC 卡和射频技术等；在无线定位技术中涉及室内定位技术和基于 GPS 的室外定位技术。

(1) 传感器。传感器是一种检测装置，能感受到被测量的信息，并能将检测感受到的信息，按一定规律变换成为电信号或其他所需形式的信息输出，以满足信息的传输、处理、存储、显示、记录和控制等要求。在生产车间中一般存在许多的传感节点，24 小时监控整个生产过程，当发现异常时可迅速反馈至上位机，是数据采集的感官接受系统，属于数据采集的底层环节。在图 6－25、图 6－26、图 6－27、图 6－28 中，分别给出的是湿度、气体、压力和温度传感器的典型示例。

图 6-24　物联网的四层架构

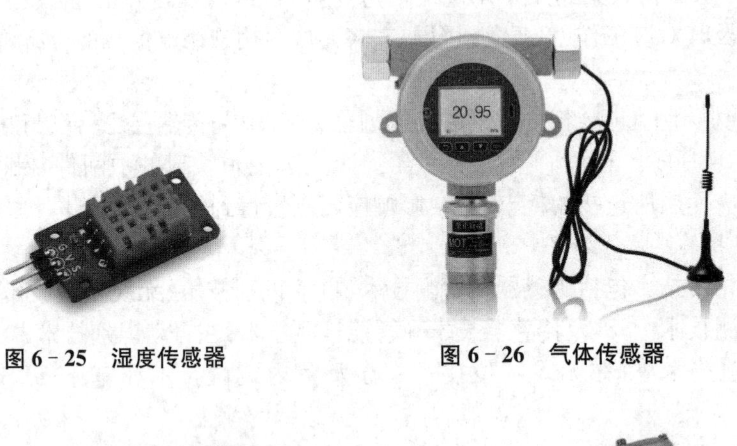

图 6-25　湿度传感器　　图 6-26　气体传感器

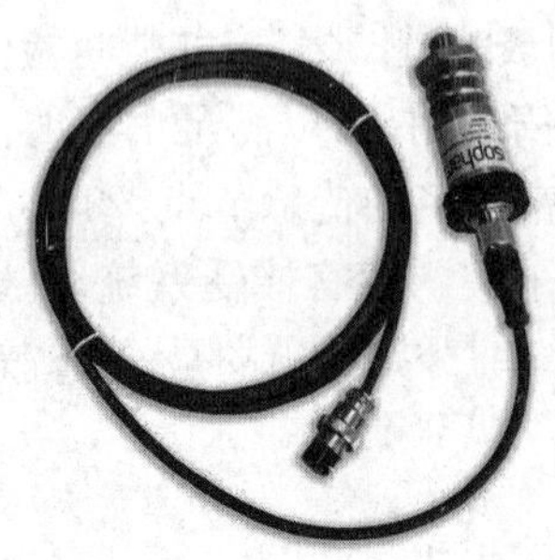

图 6-27　压力传感器

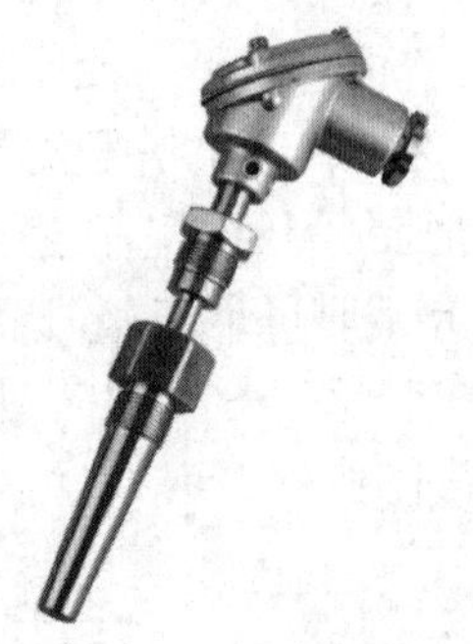

图 6-28　温度传感器

(2) 射频识别技术。射频识别(Radio Frequency Identification,RFID)技术是一种非接触式的自动识别技术,通过射频信号自动识别目标对象并获取相关的数据信息。该技术利用射频方式进行非接触双向通信,达到识别目的并交换数据。RFID 技术可识别高速运动物体并可同时识别多个标签,操作快捷方便。

在工作时,RFID 读写器通过天线收发一定频率的脉冲信号,当 RFID 标签进入磁场时,凭借感应电流所获得的能量发送出存储在芯片中的产品信息(Passive Tag,无源标签或被动标签),或者主动发送某一频率的信号(Active Tag,有源标签或主动标签)。

阅读器对接收的信号进行解调和解码然后送到后台主系统进行相关处理;主系统根据逻辑运算判断该卡的合法性,针对不同的设定做出相应的处理和控制,发出指令信号控制执行机构动作。

RFID 技术解决了物品信息与互联网实现自动连接的问题,结合后续的大数据挖掘工作,能发挥其强大的威力。如图 6－29 所示即为一个 RFID 模块和感应电路。

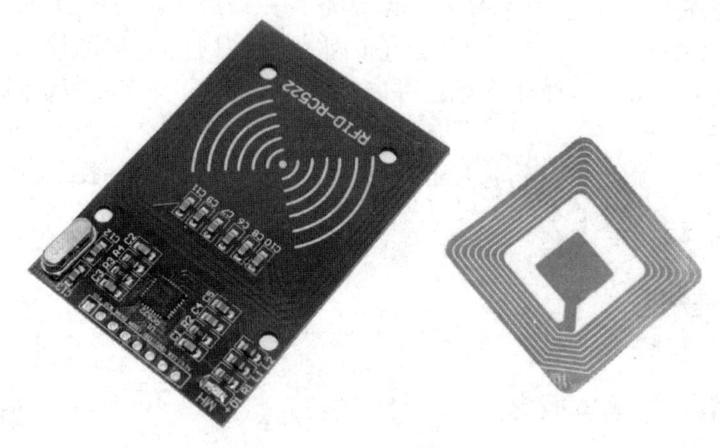

图 6－29　RFID 器件

(3) 虚拟化技术。虚拟化技术是物联网云系统的核心部分之一,它可将计算能力和数据存储能力进行充分整合并进行最优化的运用。虚拟化技术打破了以服务器、数据库、应用设备、网络和存储设备之间的传统划分使硬件、数据、软件、存储和网络等一一分割开来。通过虚拟化,可以自由访问抽象后的资源,并为同一类资源提供一个通用的接口组合,而隐藏了其属性和操作的差异,便于使用和维护资源。

(4) 组网传输技术。对感知器件进行联网,是实现万物互联的一个关键。常用的互联技术是蓝牙技术和 ZigBee 技术。

蓝牙技术是典型的短距离无线通信技术,在物联网感知层得到了广泛应用,是物联网感知层重要的短距离信息传输技术之一。蓝牙技术既可在移动设备之间配对使用,也可在固定设备之间配对使用,还可在固定和移动设备之间配对使用。该技术将计算机技术与通信技术相结合,解决了在无电线、无电缆的情况下进行短距离信息传输的问题。蓝牙集合了时分多址、高频跳段等多种先进技术,既能实现点对点的信息交流,又能实现点对多点的信息交流。蓝牙在技术标准化方面已经相对成熟,相关的国际标准已经出台,例如,其传输频段就采用了国际统一标准 2.4 GHz 频段。另外,该频段之外还有间隔为 1 MHz 的特殊频段。

蓝牙设备在使用不同功率时，通信的距离有所不同，若功率为 0 dBm 和 20 dBm，对应的通信距离分别是 10 m 和 100 m。

ZigBee 指的是 IEEE 802.15.4 协议，它与蓝牙技术一样，也是一种短距离无限通信技术。根据这种技术的相关特性来看，它介于蓝牙技术和无线标记技术之间，因此，它与蓝牙技术并不等同。ZigBee 传输信息的距离较短、功率较低，因此，日常生活中的一些小型电子设备之间多采用这种低功耗的通信技术。与蓝牙技术相同，ZigBee 所采用的公共无线频段也是 2.4 GHz，同时也采用了跳频、分组等技术。但 ZigBee 的可使用频段只有三个，分别是 2.4 GHz（公共无线频段）、868 MHz（欧洲使用频段）、915 MHz（美国使用频段）。ZigBee 的基本速率是 250 kbit/s，低于蓝牙的速率，但比蓝牙成本低，也更简单。ZigBee 的速率与传输距离并不成正比，当传输距离扩大到 134m 时，其速率只有 28 kbit/s，不过，值得一提的是，ZigBee 处于该速率时的传输可靠性会变得更高。采用 ZigBee 技术的应用系统可以实现几百个网络节点相连，最高可达 254 个之多。这些特性决定了 ZigBee 技术能够在一些特定领域比蓝牙技术表现得更好，这些特定领域包括消费精密仪器、消费电子、家居自动化等。然而，ZigBee 只能完成短距离、小量级的数据流量传输，这是因为它的速率较低且通信范围较小。

ZigBee 元件可以嵌入多种电子设备，并能实现对这些电子设备的短距离信息传输和自动化控制。

（5）其他技术。除此之外，物联网还涉及模式识别技术、中间件技术、和边缘计算与协同信息处理技术等多项技术。

6.5 人工智能

6.5.1 人工智能的基本概念

人工智能（Artificial Intelligence，AI），是研究、开发用于模拟、延伸和扩展人的智能的理论、方法、技术及应用系统的一门新的技术科学。人工智能是对人的意识、思维的信息过程的模拟，从诞生以来，理论和技术日益成熟，应用领域也不断扩大，可以设想，未来人工智能带来的科技产品，将会是人类智慧的“容器”，但不会代替人的意识。

图 6-30 艾伦·麦席森·图灵

说起人工智能，就不能不提起艾伦·麦席森·图灵（Alan Mathison Turing，图 6-30）①。从某种意义上说，人工智能就源自图灵提出的图灵测试。图灵测试是指测试者在与被测试者隔开的情况下，通过一些装置（如键盘），向被测试者随意提问，由被测试者进行回答。进行多次测试后，如果有超过 30% 的测试者不能确定出被测试者是人还是机器，那么被测试的机器就通过了测试，并被认

① 艾伦·麦席森·图灵（Alan Mathison Turing，1912 年 6 月 23 日—1954 年 6 月 7 日），英国数学家、逻辑学家，被称为计算机科学之父，人工智能之父。1931 年图灵进入剑桥大学国王学院，毕业后到美国普林斯顿大学攻读博士学位，第二次世界大战爆发后回到剑桥，后曾协助军方破解德国的著名密码系统 Enigma，帮助盟军取得了二战的胜利。

为具有人类智能，这就是早期的机器智能（图 6－31）。

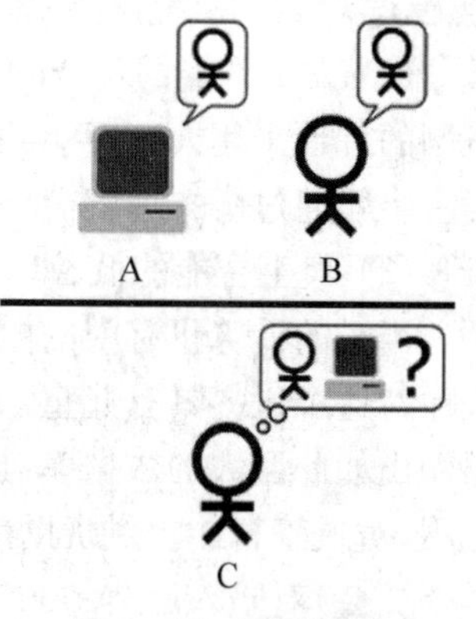

图 6－31　图灵测试

人工智能的应用非常广泛，根据应用场景的“智能”程度的不同，通常将人工智能分为弱人工智能和强人工智能。前者让机器具备观察和感知的能力，可以做到一定程度的理解和推理，而强人工智能则是让机器获得自适应能力，解决一些之前没有遇到过的问题。目前的科研工作都集中在弱人工智能这部分，并很有希望在近期取得重大突破。而科幻电影里的人工智能多半都是在描绘强人工智能，例如美国非常卖座的科幻电影《终结者》系列新作《终结者：黑暗命运》中，机器人 T800 在完成猎杀任务后，没有返回未来世界，而是在与人类的长期生活中产生了情感和智慧。而这部分在目前的现实世界里还难以真正实现。

1. 人工智能的发展历程

人工智能充满未知的探索道路曲折起伏。在其发展的整个过程，经历了萌芽期、过热期、幻想破灭期、复苏期和成熟期等几个阶段，每个阶段都因为某些新技术新的应用使人工智能的发展保持着一线生机（图 6－32）。

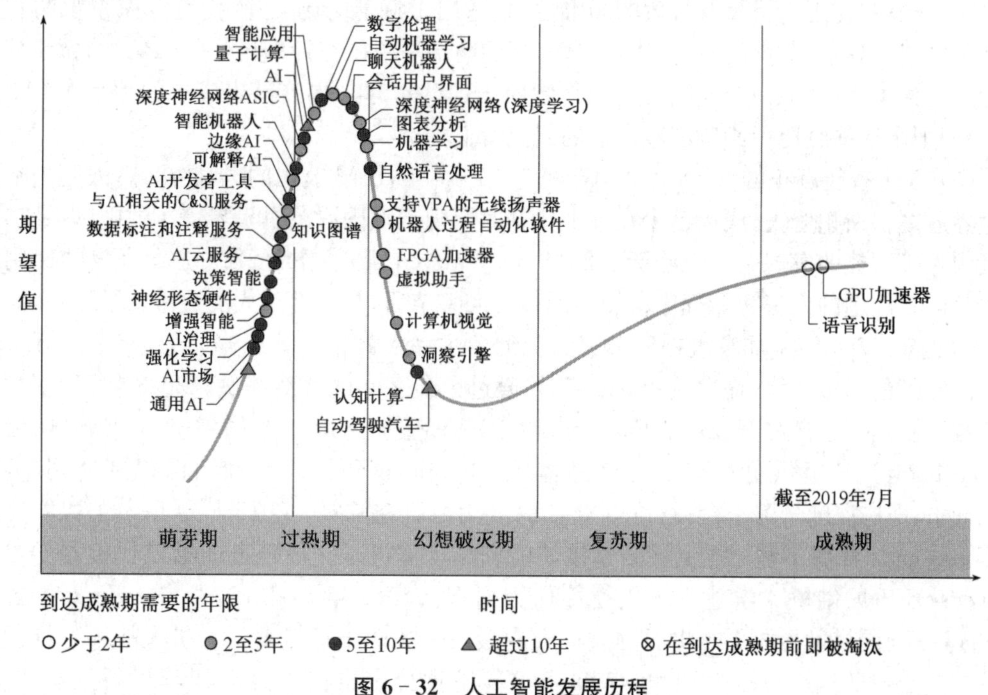

图 6－32　人工智能发展历程

（1）人工智能的诞生（20 世纪 40—50 年代）。在这一时期，著名的图灵测试诞生，按照“人工智能之父”艾伦·图灵的定义：如果一台机器能够与人类展开对话（通过电传设备）而不能被辨别出其机器身份，那么称这台机器具有智能。同一年，图灵还预言会创造出具有真正智能的机器的可能性。随后，美国人乔治·戴沃尔设计了世界上第一台可编程机器人。美国达特茅斯学院举行了历史上第一次人工智能研讨会，被认为是人工智能诞生的标志。

会上，学者们首次提出了“人工智能”这个概念，并展示了编写的逻辑理论机器。

(2) 人工智能的黄金时代(20 世纪 50—70 年代)。在这期间，美国斯坦福国际研究所所研制的首台采用人工智能的移动机器人 Shakey 诞生。美国麻省理工学院也发布了世界上第一个能通过脚本理解简单的自然语言并与人类产生类似互动的智能聊天机器人 ELIZA。

(3) 人工智能的低谷(20 世纪 70—80 年代)。20 世纪 70 年代初，人工智能遭遇了瓶颈。当时的计算机有限的内存和处理速度不足以解决任何实际的人工智能问题。当时要求程序对这个世界具有儿童水平的认识，研究者们很快发现这个要求太高了：1970 年没人能够做出如此巨大的数据库，也没人知道一个程序怎样才能学到如此丰富的信息。由于缺乏进展，对人工智能提供资助的机构(如英国政府、美国国防部高级研究计划局和美国国家科学委员会)对陷入迷茫的人工智能研究逐渐停止了资助。美国国家科学委员会(NRC)在拨款 2 000 万美元后停止资助。

(4) 人工智能的繁荣期(1980—1987 年)。1981 年，日本经济产业省拨款 8.5 亿美元用以研发第五代计算机项目，在当时被叫作人工智能计算机。随后，英国、美国纷纷响应，开始向信息技术领域的研究提供大量资金。在美国人道格拉斯·莱纳特的带领下，启动了大百科全书项目，其目标是使人工智能的应用能够以类似人类推理的方式工作。

(5) 人工智能的冬天(1987—1993 年)。研究者认识到当时受到狂热追捧的专家系统的研究、开发和应用终将具有很大的局限性，只适用于特定的场景，人们对专家系统的发展感到了失望。到了 20 世纪 80 年代晚期，美国国防部高级研究计划局(DARPA)的新任领导认为人工智能并非“下一个浪潮”，拨款将倾向于那些看起来更容易出成果的项目。“AI 之冬”一词则由这些经历了经费削减之痛的研究者们创造了出来。

(6) 人工智能真正的春天(1993 年至今)。1997 年，IBM 公司的电脑“深蓝”战胜国际象棋世界冠军卡斯帕罗夫，成为首个在标准比赛时限内击败国际象棋世界冠军的电脑系统，这无疑为人工智能的发展带来了春天。2011 年，Watson(沃森)作为 IBM 公司开发的使用自然语言回答问题的人工智能程序参加美国智力问答节目，打败两位人类冠军，赢得了 100 万美元的奖金。2012 年，加拿大神经学家团队创造了一个具备简单认知能力、有 250 万个模拟“神经元”的虚拟大脑，命名为“Spaun”，并通过了最基本的智商测试。2013 年，深度学习算法被广泛运用在产品开发中。Facebook 人工智能实验室成立，探索深度学习领域，借此为 Facebook 用户提供更智能化的产品体验；Google 收购了语音和图像识别公司 DNN Research，推广深度学习平台；百度创立了深度学习研究院等。2015 年更是人工智能突破之年。Google 开源了利用大量数据直接就能训练计算机来完成任务的第二代机器学习平台 TensorFlow；剑桥大学建立人工智能研究所等。2016 年 3 月 15 日，Google 人工智能 Alpha Go 与围棋世界冠军李世石的人机大战最后一场落下了帷幕。人机大战第五场经过长达 5 个小时的搏杀，最终李世石与 Alpha Go 总比分定格在 1 比 4，以李世石认输结束。这一次的人机对弈让人工智能正式被世人所熟知，整个人工智能市场也像是被引燃了导火线，开始了新一轮爆发。

2. 我国人工智能的发展及现状

我国在人工智能领域的发展上，紧紧跟随相关技术的发展。2017 年，国务院出台的《新一代人工智能发展规划》，提出新一代人工智能发展将分三步走：

第一步，到 2020 年人工智能总体技术和应用与世界先进水平同步，人工智能产业成为

新的重要经济增长点，人工智能技术应用成为改善民生的新途径，有力支撑进入创新型国家行列和实现全面建成小康社会的奋斗目标。

第二步，到 2025 年人工智能基础理论实现重大突破，部分技术与应用达到世界领先水平，人工智能成为带动我国产业升级和经济转型的主要动力，智能社会建设取得积极进展。

第三步，到 2030 年人工智能理论、技术与应用总体达到世界领先水平，成为世界主要人工智能创新中心，智能经济、智能社会取得明显成效，为跻身创新型国家前列和经济强国奠定重要基础。

后续的发展，还要初步建成人工智能技术标准、服务体系。作为新一轮科技革命和产业变革的重要驱动力，人工智能已上升为国家战略。2018 年，习近平总书记在中共中央政治局集体学习时强调，要发挥好人工智能的“头雁”效应，也要“加强人工智能相关法律、伦理、社会问题研究”。这为我国人工智能健康发展指明了方向，让技术更好地服务于经济社会发展和人民美好生活。

3. 人工智能涉及的领域

人工智能涉及计算机技术、控制论、信息论、语言学、神经生理学、心理学、数学、哲学等多学科领域的交叉与融合，其概念与内涵也在随着相关学科和应用领域的发展而持续变化。

图 6－33　人工智能所涉及的领域

在人工智能系统中，要依靠通过计算机技术来完成数据的存储和计算，要依靠计算机技术和以此构建起来的计算机系统完成深度学习和预测分析。人工智能的本质就是完成智能控制过程，它通过视觉和语音等多种感知和传感设备，来感知外部世界的变化，获取来自外部世界的信息，通过深度学习系统的判断，建立起多输入多输出的数学模型，通过不确定情况下的决策分析，在控制论的框架下，对外部世界做出反应。强人工智能系统，将被期待赋予感知和情感的能力，哲学理论和心理学理论在这个领域也将发挥着一定的作用，目前这方面的研究正在展开，期待有所突破。

6.5.2　人工智能的发展

1. 人工智能的发展方向

人工智能的发展向何处去，应该走一条什么样的道路，是走类似于专家系统以因果、逻辑和经验来进行响应和决策的技术道路，还是走以概率统计为基础结合大数据完成语义语用认知并进行响应的道路，是人们正在不断探索的内容。

在人工智能发展的道路上，曾几经坎坷。以自然语言处理为例，就有多种流派采用了多种算法和技术来试图对自然语言进行解析从而进行理解。传统的做法大多基于本体词典、词频统计、上下文语义分析等方式对待处理语料进行分词，形成以最小词性为单位，且富含语义的词项单元的方法。这种分析方法进展缓慢，几经反复，仍对灵活多变的自然语言用词和语法束手无策，没有能够取得突破性进展。另一个例子是人机对弈，与中国象棋机器对弈算法日渐成熟棋力大涨，以及深蓝的国际象棋战胜国际大师相比，围棋的计算机程序一直在低水平徘徊。直到学者和企业将统计学和机器学习的理论和方法应用在机器翻译和人机对弈上，自然语言的理解和翻译的准确性以及围棋棋力增长才有了较大突破。以科大讯飞股份有限公司为代表的企业在语音识别、语音转文字和机器翻译技术应用上日臻成熟，准确性得到了极大提高。现在可以做到手持一部翻译机，就可以走遍天下。围棋人机对弈软件的水平也得到飞速提升。2016 年 3 月，Google 公司的围棋对弈软件 Alpha Go 战胜世界围棋冠军李世石，为人工智能的新的发展方式加入了醒目的脚注。

人工智能技术在不同领域取得的突破性的进展，为人工智能的更进一步的发展添加了加速剂。科技的发展，应用的牵引，以及资本的助推，各种新奇的概念和名词层出不穷，刷新着人们的认知。“元宇宙”的概念，经过在游戏领域的多年酝酿后，和虚拟现实和增强现实相结合，在 2021 年高调走入人们视野。2021 年 7 月，Facebook 公司 CEO 扎克伯格公开表示，2025 年前 Facebook 将全面向元宇宙公司转型。扎克伯格在内部的员工信中宣布了公司有关“元宇宙”的计划，他指出“五年后，或者七年后，人们会主要认为我们是一家‘元宇宙’公司，而不只是一家移动互联网公司”。特斯拉及 SpaceX 创始人埃隆 · 马斯克(Elon Musk)也创立了一家称为 Neuralink 的公司，致力于实现脑机接口，称在技术发展成熟的将来，可以将设备和人脑进行相连，甚至可以将人的记忆进行“下载”和“移植”。这一切，引发了人们对人工智能伦理的讨论。

2. 人工智能伦理

人工智能的发展，引发激烈争论。一种观点认为：人工智能高度发展，将替代人们应对绝症、从事烦琐劳动和复杂记忆，人类只需精神生活，那是人类的真正福音到来；另一种观点认为：人工智能超过人类智能将颠覆人类认识，出现失控效应，将像刀枪、炮弹和原子弹一样成为人类的巨大威胁，那是“人类噩梦”的来临。

人工智能将会在未来几十年对人类社会产生巨大的影响，带来不可逆转的改变，这已经成为国际社会的共识。如同伦理道德是人类文明数千年发展的重要稳定器，人工智能伦理将是未来智能社会的发展基石。当前，人工智能还处在发展初期，但已经展现出巨大的变革力量。机器不仅在语音识别、人脸识别等领域接近，甚至在某些方面超过了人的能力，而且未来可以代替人驾驶汽车、诊断病情、教授知识、检验产品等。也就是说，机器将不再是单纯的工具，而是有可能帮助甚至部分代替人进行决策。只有建立完善的人工智能伦理规范，处理好机器与人的新关系，我们才能更多地获得人工智能红利，让技术造福人类。

微软和 Google 等在人工智能上进行深入研究并取得了一定成果的公司，相继成立人工智能伦理委员会，来审核、评判、控制在人工智能发展过程中所涉及的伦理问题。

6.5.3　人工智能涉及的技术

人工智能(AI)领域的 7 大关键技术,如图 6－34 所示。

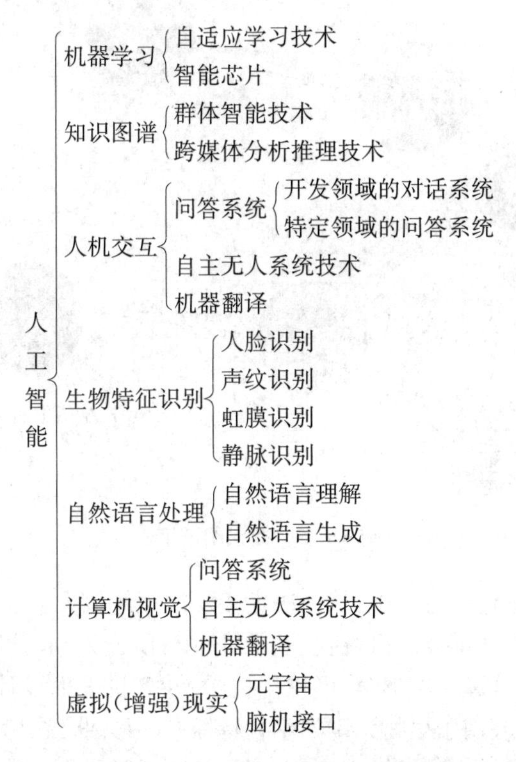

图 6－34　人工智能所涉及的关键技术

知识图谱(Knowledge Graph),在图书情报界称为知识域可视化或知识领域映射地图,是显示知识发展进程与结构关系的一系列各种不同的图形,用可视化技术描述知识资源及其载体,挖掘、分析、构建、绘制和显示知识及它们之间的相互联系。知识图谱通过将应用数学、图形学、信息可视化技术、信息科学等学科的理论与方法与计量学引文分析、共现分析等方法相结合,并利用可视化的图谱形象地展示学科的核心结构、发展历史、前沿领域以及整体知识架构达到多学科融合目的的现代理论。它把复杂的知识领域通过数据挖掘、信息处理、知识计量和图形绘制而显示出来,揭示知识领域的动态发展规律,为学科研究提供切实的、有价值的参考。

人机交互(Human-Computer Interaction,HCI):是指人与计算机之间使用某种对话语言,以一定的交互方式,为完成确定任务的人与计算机之间的信息交换过程。有很多著名公司和学术机构正在研究人机交互。

生物识别技术(Biometric Identification Technology)是指利用人体生物特征进行身份认证的一种技术。它通过计算机与光学、声学、生物传感器和生物统计学原理等高科技手段密切结合,利用人体固有的生理特性和行为特征来进行个人身份的鉴定。生物识别系统对生物特征进行取样,提取其唯一的特征并且转化成数字代码,并进一步将这些代码组合而成为特征模板。人们同识别系统交互进行身份认证时,识别系统获取其特征并与数据可中的

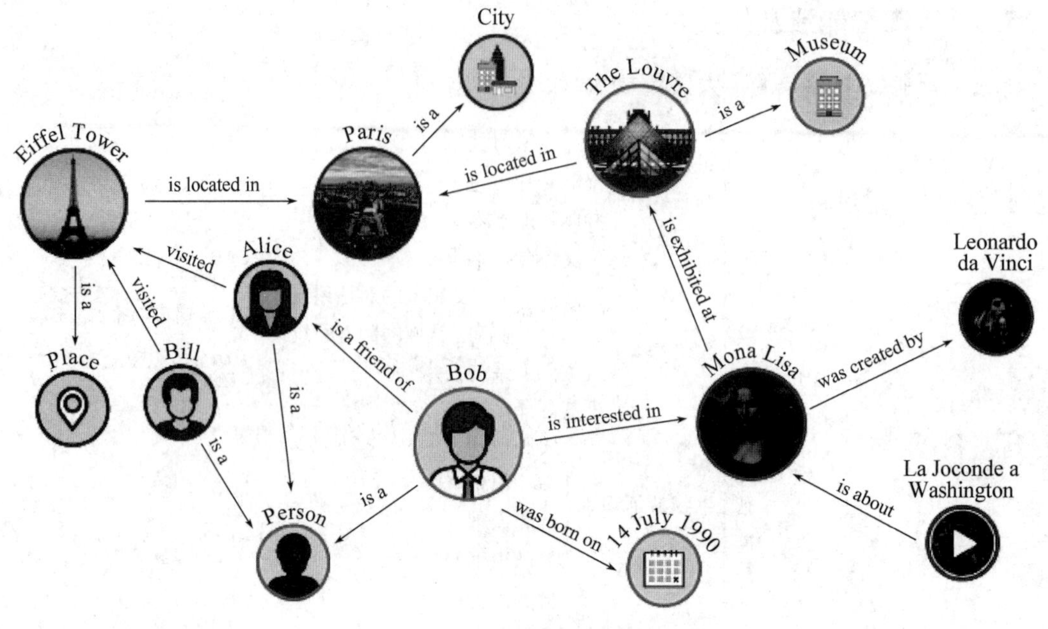

图 6－35　知识图谱示例

特征模板进行比对，以确定是否匹配，从而决定接受或拒绝该人。在目前的研究与应用领域中，生物特征识别主要关系到计算机视觉、图像处理与模式识别、计算机听觉、语音处理、多传感器技术、虚拟现实、计算机图形学、可视化技术、计算机辅助设计、智能机器人感知系统等其他相关的研究。已被用于生物识别的生物特征有手形、指纹、脸形、虹膜、视网膜、脉搏、耳郭等，行为特征有签字、声音、按键力度等。基于这些特征，生物特征识别技术已经在过去的几年中已取得了长足的进展。

6.5.4　人工智能对社会产生的影响

人工智能的兴起和应用，给社会带来了重大影响。随着人工智能的进一步发展和深化，其应用会渗透到社会的各个角落，其影响将会是深刻的甚至是颠覆性的。体现在以下几个方面。

(1) 社会结构变化。人们一方面希望人工智能和智能机器能够代替人类从事各种劳动，另一方面又担心它们的发展会引起新的社会问题。实际上，近十多年来，社会结构正在发生一种静悄悄的变化。人机的社会结构，终将为人—智能机器—机器的社会结构所取代。

(2) 改善人类知识。在重新阐述我们的历史知识的过程中，哲学家、科学家和人工智能学家有机会努力解决知识的模糊性以及消除知识的不一致性。这种努力的结果，可能导致知识的某些改善，以便能够比较容易地推断出令人感兴趣的新的真理。

(3) 改善人类语言、生活和文化。人类语言是伴随人类的进化和发展而产生和发展的，对人类的智能活动起到极其重要的作用。根据语学的观点，语言是思维的表现和工具，思维规律可用语言学方法加以研究，但人的下意识和潜意识往往“只能意会，不可言传”。由于采用人工智能技术，综合应用语法、语义和形式知识表示方法，有可能在改善知识的自然语言表示的同时，把知识阐述为适用的人工智能形式。语言，向规范发展，人靠向机器，还是机器

靠向人，还是相向奔赴？人工智能技术为人类文化生活打开了许多新的窗口。现有的各种智力游戏机将发展为具有更高智能的文化娱乐手段。机器视觉技术能够提供“看”的新方法，可能产生特别的对应画面解释的图像变换，能够产生相似状况的幻觉并显示出接收效果的超现实表示。视觉系统还能够以特别方式重构场景；这种能力必将对图形艺术、广告和社会教育部门产生深远的影响，例如，将改变电视的面貌，使人们在电视机前享受更高级的文娱生活。

(4) 思维方式与观念的变化。人工智能的发展与推广应用，将影响到人类的思维方式和传统观念，并使它们发生改变。例如，传统知识一般印在书本报刊或杂志上，因而是固定不变的，而人工智能系统的知识库的知识却是可以不断修改、扩充和更新的。又如，一旦专家系统的用户开始相信系统(智能机器)的判断和决定，那么他们就可能不愿多动脑筋，变得懒惰，并失去对许多问题及其求解任务的责任感和敏感性。过分地依赖计算机的建议而不加分析地接受，将会使智能机器用户的认知能力下降，并增加误解。

(5) 生产力转变，带来劳务就业问题。人工智能能够代替人类进行各种脑力劳动。例如，使用智能专家系统代替管理人员进行决策，代替医生进行诊断与治疗，而且它们还具有不知疲倦和不受情绪影响的良好素质。这势必将冲击一部分人的就业，迫使他们从事其他类型的工作，甚至造成失业。人工智能在科技和工程中的应用，会使一些人失去介入信息处理活动(如规划、诊断、理解和决策等)的机会，甚至不得不改变自己的工作方式和生活状态。

(6) 安全感的威胁。任何新技术最大危险莫过于人类对它失去了控制，或落入那些企图利用新技术反对人类的人手中。AlphaGo 不再与人类对弈，克隆技术不得用于人类胚胎等都是出于新技术对人类社会产生影响和威胁的考虑。有人担心，随着人工智能的发展，机器程序萌发情感(如科幻电影中所呈现的那样)，机器人有一天会反客为主，奴役甚至消灭创造它们的人类，威胁人类的安全。退一步讲，人工智能还会使一些人感到心理上的威胁或精神上的威胁。人们认为，人类与机器，不论是多么有能力的机器之间的根本区别就是，只有人类才会自主学习，只有人类才具有情感，只有人类才具有创新能力。如果有朝一日，人们开始感觉到一台机器也能够进行思维和创作①，则可能会感到沮丧，感到失落，甚至感到威胁。他们担心，原本拟用来扩展人类能力并能够帮助人类的智能机器，在各项能力均超过人类，而且还具有情感之后，会反过来制约人类的活动和思想，使人类按照智能机器系统所构建的社会体系来行动和思考，使人类沦为智能机器和智能系统的奴隶。

6.5.5　人工智能的局限性

近几年来，人工智能的发展和应用得到了快速的发展，进入了社会和生活的方方面面。但是，在这个过程中，也存在着一定的局限性，限制了人工智能的进一步发展和进一步应用，这主要体现在以下几个方面。

一是人对认识和思维的形成及处理过程的认知还不够充分，目前只能停留在对人类大脑思考过程的计算部分进行模拟，而一些形象思维和抽象思维的程式还无法进行模拟。人脑和智能机器区别明显，更在逻辑思维、概念抽象、辩证思维和形象思维上胜于以计算为基础的智能机器，人脑能从信息中抽取出性质不同、高层次的、存在逻辑和概念关联或差异的

---

① 已经有“诗人”人工智能的案例，其中还列举了机器诗作；也有“作家”人工智能能够完成赛事报道的案例。

核心知识,能从多方面把握信息。

二是现代数据科学的处理理念偏向于进行封闭的、严谨的、结构不变的和收敛的计算和处理,而人工智能的处理刚好需要一个开放的、模糊的、发散的、非结构化的、非线性的计算和处理。

莫拉维克悖论是由人工智能和机器人学者所发现的一个和常识相左的现象。和传统假设不同,人类所独有的高阶智慧能力只需要非常少的计算能力,例如推理,但是无意识的技能和直觉却需要极大的运算能力。这个理念是由汉斯·莫拉维克、布鲁克斯、马文·闵斯基等人于 1980 年代所阐释。如莫拉维克所写:"要让电脑如成人般地下棋是相对容易的,但是要让电脑有如一岁小孩般的感知和行动能力却是相当困难甚至是不可能的。"

如图 6 - 36 所示的波士顿动力的机器人能翻跟头、跳舞和干很多复杂的事,但让它把一个物体放到有障碍物的桌子上去,它做不到,这就是人工智能的问题所在——难以理解场景与对象间的关系,人工智能能干成年人干的活,但理解能力不如一岁的孩子。

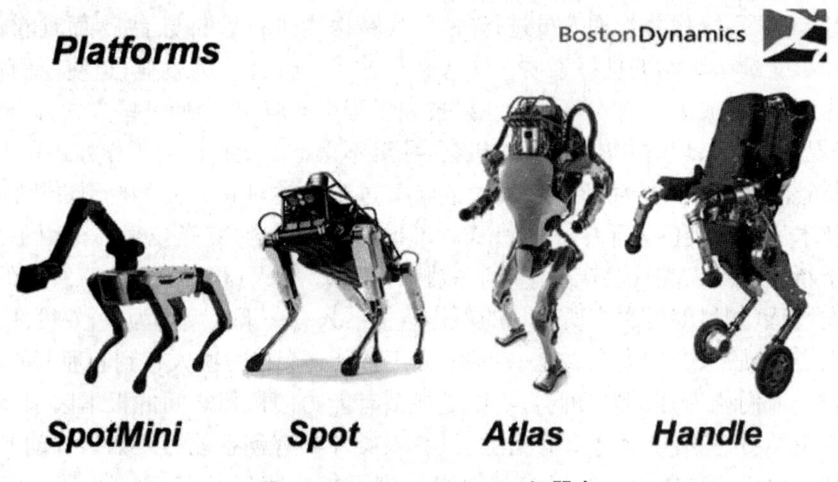

图 6 - 36 BostonDynamics 机器人

6.6 虚拟现实技术

6.6.1 虚拟现实技术概述

所谓虚拟现实(VR),顾名思义,就是虚拟和现实相互结合。从理论上来讲,虚拟现实技术是一种可以创建和体验虚拟世界的计算机仿真系统,它利用计算机生成一种模拟环境,使用户沉浸到该环境中。

虚拟现实技术就是利用现实生活中的数据,通过计算机技术产生的电子信号,将其与各种输出设备结合使其转化为能够让人们感受到的现象,这些现象可以是现实中真真切切的物体,也可以是我们肉眼所看不到的物质,通过三维模型表现出来。因为这些现象不是我们直接所能看到的,而是通过计算机技术模拟出来的现实中的世界,故称为虚拟现实。

虚拟现实技术受到了越来越多人的认可,用户可以在虚拟现实世界体验到最真实的感受,

其模拟环境的真实性与现实世界难辨真假，让人有种身临其境的感觉；同时，虚拟现实具有一切人类所拥有的感知功能，比如听觉、视觉、触觉、味觉、嗅觉等感知系统；最后，它具有超强的仿真系统，真正实现了人机交互，使人在操作过程中，可以随意操作并且得到环境最真实的反馈。正是虚拟现实技术的存在性、多感知性、交互性等特征使它受到了许多人的喜爱。

虚拟现实技术及其应用具有以下特征：

(1) 沉浸性。沉浸性是虚拟现实技术最主要的特征，就是让用户成为并感受到自己是计算机系统所创造环境中的一部分，虚拟现实技术的沉浸性取决于用户的感知系统，当使用者感知到虚拟世界的刺激时，包括触觉、味觉、嗅觉、运动感知等，便会产生思维共鸣，造成心理沉浸，感觉如同进入真实世界。

(2) 交互性。交互性是指用户对模拟环境内物体的可操作程度和从环境得到反馈的自然程度，使用者进入虚拟空间，相应的技术让使用者跟环境产生相互作用，当使用者进行某种操作时，周围的环境也会做出某种反应。如使用者接触到虚拟空间中的物体，那么使用者手上应该能够感受到，若使用者对物体有所动作，物体的位置和状态也应改变。

(3) 多感知性。多感知性表示计算机技术应该拥有很多感知方式，比如听觉，触觉、嗅觉等等。理想的虚拟现实技术应该具有一切人所具有的感知功能。由于相关技术，特别是传感技术的限制，目前大多数虚拟现实技术所具有的感知功能仅限于视觉、听觉、触觉、运动等几种。

(4) 构想性。构想性也称想象性，使用者在虚拟空间中，可以与周围物体进行互动，可以拓宽认知范围，创造客观世界不存在的场景或不可能发生的环境。构想可以理解为使用者进入虚拟空间，根据自己的感觉与认知能力吸收知识，发散拓宽思维，创立新的概念和环境。

(5) 自主性。是指虚拟环境中物体依据物理定律动作的程度。如当受到力的推动时，物体会向力的方向移动、或翻倒、或从桌面落到地面等。

虚拟现实技术涉及学科众多，应用领域广泛，系统种类繁杂，这是由其研究对象、研究目标和应用需求决定的。按照沉浸式体验角度，可以将虚拟现实场景分为非交互式体验、人—虚拟环境交互式体验和群体—虚拟环境交互式体验等几类，来强调用户与设备的交互体验。相比之下，非交互式体验中的用户较为被动，所体验内容均为提前规划和设计好的。即便允许用户在一定程度上引导场景数据的调度，也仍没有实质性交互行为。例如场景漫游等，用户几乎全程无事可做；而在人—虚拟环境交互式体验系统中，用户则可用过诸如数据手套，数字手术刀等设备与虚拟环境进行交互。例如驾驶战斗机模拟器等，此时的用户可感知虚拟环境的变化，也能产生在相应现实世界中可能产生的感受。如果将该套系统网络化、多机化，使多个用户共享一套虚拟环境，便得到群体—虚拟环境交互式体验系统。例如大型网络交互游戏等，此时的 VR 系统与真实世界无甚差异。

按照系统功能的角度，可以将虚拟现实系统分为规划设计、展示娱乐、训练演练等几类。规划设计系统可用于新设施的实验验证，以缩短研发时长，降低设计成本，提高设计效率。例如在城市排水系统设计、社区规划等领域，可以使用虚拟现实模拟给排水系统的运行，可大幅减少原本需用于实验验证的经费；展示娱乐类系统为用户提供逼真的观赏体验，例如数字博物馆，大型 3D 交互式游戏，影视制作(虚拟现实技术早在 70 年代便被 Disney 用于拍摄特效电影)等；训练演练类系统则可应用于各种危险环境及一些难以获得操作对象或实操成本极高的领域，如外科手术训练、空间站维修训练等。

6.6.2 虚拟现实技术应用

虚拟现实技术的应用非常广泛，渗透到了社会、军事、生产、生活的各个方面。

(1) 在影视娱乐中的应用。近年来，由于虚拟现实技术在影视业的广泛应用，以虚拟现实技术为主而建立的第一现场 9DVR 体验馆得以实现。第一现场 9DVR 体验馆自建成以来，在影视娱乐市场中的影响力非常大，此体验馆可以让观影者体会到置身于真实场景之中的感觉，让体验者沉浸在影片所创造的虚拟环境之中。同时，随着虚拟现实技术的不断创新，此技术在游戏领域也得到了快速发展。虚拟现实技术是利用电脑产生的三维虚拟空间，而三维游戏刚好是建立在此技术之上的，三维游戏几乎包含了虚拟现实的全部技术，使得游戏在保持实时性和交互性的同时，也大幅提升了游戏的真实感。

(2) 在教育中的应用。如今，虚拟现实技术已经成为促进教育发展的一种新型教育手段。传统的教育是在课堂上通过讲解和演算给学生灌输知识，无法展现应用的场景，学习过程需要有较强的想象力和抽象综合能力。而利用虚拟现实技术，则可以帮助学生打造生动、逼真的学习环境，使学生通过真实感受来增强理解和记忆，相比于被动性灌输，利用虚拟现实技术来进行自主学习更容易让学生接受，更容易激发学生的学习兴趣。此外，在各类高等院校，还利用虚拟现实技术建立了与学科相关的虚拟实验室，来帮助学生更好地感受和学习。

(3) 在设计领域的应用。虚拟现实技术在设计领域已小有成就，例如室内设计，人们可以利用虚拟现实技术把室内结构、房屋外形通过虚拟技术表现出来，使之变成可以看得见的物体和环境。同时，在设计初期，设计师可以将自己的想法通过虚拟现实技术模拟出来，可以在虚拟环境中预先看到室内的实际效果，这样既节省了时间，又降低了成本。

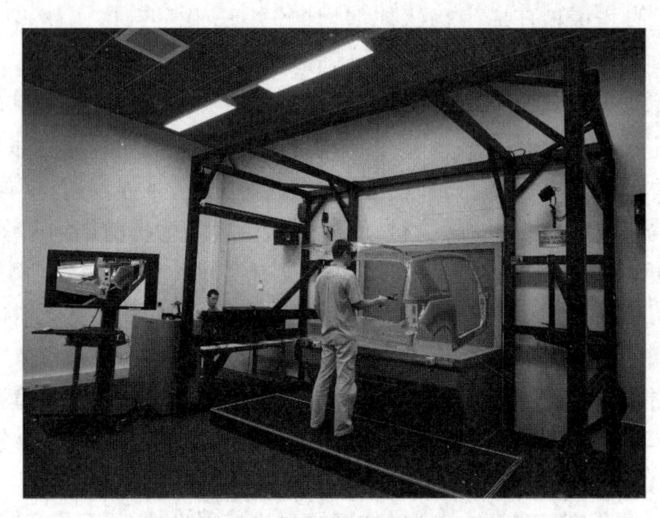

图 6 - 37　虚拟现实技术用于工业设计

(4) 在医学方面的应用。医学专家们利用计算机，在虚拟空间中模拟出人体组织和器官，让学生在其中进行模拟操作，并且能让学生感受到手术刀切入人体肌肉组织、触碰到骨头的感觉，使学生能够更快地掌握手术要领。而且，主刀医生们在手术前，也可以建立一个病人身体的虚拟模型，在虚拟空间中先进行一次手术预演，这样能够大大提高手术的成功率，让更多的病人得以痊愈。

（5）在军事方面的应用。由于虚拟现实的立体感和真实感，在军事方面，人们将地图上的山川地貌、海洋湖泊等数据通过计算机进行编写，利用虚拟现实技术，能将原本平面的地图变成一幅三维立体的地形图，再通过全息技术将其投影出来，这更有助于进行军事演习等训练，提高我国的综合国力。

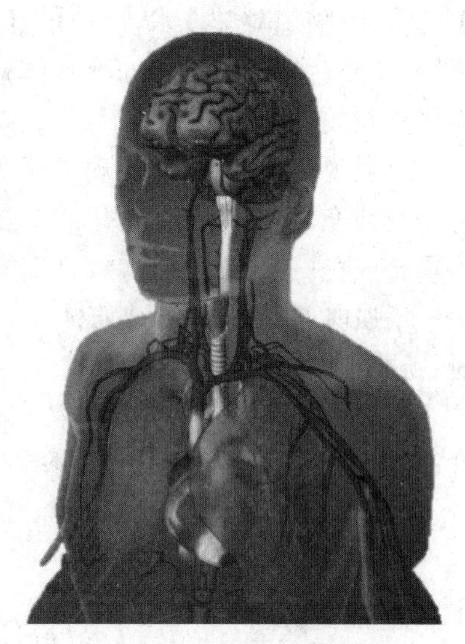

图 6－38　虚拟现实技术模拟人体组织和器官

除此之外，现在的战争是信息化战争，战争机器都朝着自动化方向发展，无人机便是信息化战争的最典型产物。无人机由于它的自动化以及便利性深受各国喜爱，在战士训练期间，可以利用虚拟现实技术去模拟无人机的飞行、射击等工作模式。战争期间，军人也可以通过眼镜、头盔等机器操控无人机进行侦察和暗杀任务，减小战争中军人的伤亡率。由于虚拟现实技术能将无人机拍摄到的场景立体化，降低操作难度，提高侦查效率，所以无人机和虚拟现实技术的结合发展刻不容缓。

（6）在航空航天方面的应用。由于航空航天是一项耗资巨大，非常烦琐的工程，所以，人们利用虚拟现实技术和计算机的统计模拟，在虚拟空间中重现了现实中的航天飞机与飞行环境，使飞行员在虚拟空间中进行飞行训练和实验操作，极大地降低了实验经费和实验的危险系数。

6.6.3　虚拟现实技术的技术基础

虚拟现实的关键技术主要包括：

（1）动态环境建模技术。虚拟环境的建立是 VR 系统的核心内容，目的就是获取实际环境的三维数据，并根据应用的需要建立相应的虚拟环境模型。

（2）实时三维图形生成技术。三维图形的生成技术已经较为成熟，那么关键就是“实时”生成。为保证实时，至少保证图形的刷新频率不低于 15 帧/秒，最好高于 30 帧/秒。

（3）立体显示和传感器技术。虚拟现实的交互能力依赖于立体显示和传感器技术的发展，现有的设备不能满足需要，力学和触觉传感装置的研究也有待进一步深入，虚拟现实设备的跟踪精度和跟踪范围也有待提高。

（4）应用系统开发工具。虚拟现实应用的关键是寻找合适的场合和对象，选择适当的应用对象可以大幅度提高生产效率，减轻劳动强度，提高产品质量。想要达到这一目的，则需要研究虚拟现实的开发工具。

（5）系统集成技术。由于 VR 系统中包括大量的感知信息和模型，系统集成技术起着至关重要的作用，集成技术包括信息的同步技术、模型的标定技术、数据转换技术、数据管理模型、识别与合成技术等。

6.6.4　增强现实技术

增强现实技术，它是一种将真实世界信息和虚拟世界信息“无缝”集成的新技术，是把原本在现实世界的一定时间空间范围内很难体验到的实体信息（视觉信息、声音、味道、触觉等)通过电脑等科学技术,模拟仿真后再叠加,将虚拟的信息应用到真实世界,被人类感官所感知,从而达到超越现实的感官体验。真实的环境和虚拟的物体实时地叠加到了同一个画面或空间同时存在。

增强现实技术,不仅展现了真实世界的信息,而且将虚拟的信息同时显示出来,两种信息相互补充、叠加。在视觉化的增强现实中,用户利用头盔显示器,把真实世界与电脑图形多重合成在一起,便可以看到真实的世界围绕着它。

增强现实技术包含了多媒体、三维建模、实时视频显示及控制、多传感器融合、实时跟踪及注册、场景融合等新技术与新手段。增强现实提供了在一般情况下,不同于人类可以感知的信息。

AR 系统具有三个突出的特点:① 真实世界和虚拟世界的信息集成;② 具有实时交互性;③ 是在三维尺度空间中增添定位虚拟物体。AR 技术可广泛应用到军事、医疗、建筑、教育、工程、影视、娱乐等领域。

6.7 结语

专家指出,物联网、大数据、人工智能等技术的深度应用和高度融合,将进一步推动人类、机器、自然三者高效协作。生产方面,三元融合增强了机器的感知、共情、行为、应变能力,实现了机器与人类的能力互补,从而提升了生产效率和产品质量;生活方面,三元融合消除了更多的理解偏差与交互限制,机器可以充分利用物理世界与自然资源,根据人类的需求量身定制更多个性化的产品和服务,带来高品质生活。

实现人类、机器与自然的和谐共生,实现智能化、精细化和动态管理,打造新型社会生态,是一项浩大的工程,真正实现这一目标需要时间,甚至需要几代人的努力。因此,人机物融合的近期目标是助力机器智能水平的提升,大幅提升机器的感知、应变能力,推进人机关系的发展。需要着力建设人工智能系统,在已有的语音识别、机器视觉、执行器系统研发基础上,重点突破认知行为系统的研发,实现由语音助手、搜索引擎、导航系统等弱人工智能到具有人类思维和心智的强人工智能的发展,让机器更好地理解外部世界。

信息技术将来的发展趋势将是,深度融合物联网、通信和人工智能等技术,使物与物、物与人之间实现互联,将智能融入万物实现无缝对接、协同计算。特别是"互联网+"时代的产业互联网正催生人机物融合网络空间的形成和发展,呈现出大融合、大数据、智能化和虚拟化特征。这样背景下的技术应用和发展,将给我们的生产、生活带来很多改变。广泛的连接产生海量的数据,这些数据高度汇集将实现跨行业跨区域流动,继而催生更多的新模式新业态。如果说互联网对社会经济产生革命性影响的上半场属于消费互联网,那下半场则属于工业互联网。工业互联网是新一代信息技术与生产技术深度融合的产物,它通过人、机、物深度互联,全要素、全产业链、全价值链的全面链接,推动新的工业生产制造和新的服务体系。

习 题

一、填空题

1. 大数据的 4V 特征包括________、________、________和________。

2. 云服务的三个层次包括________、________和________。

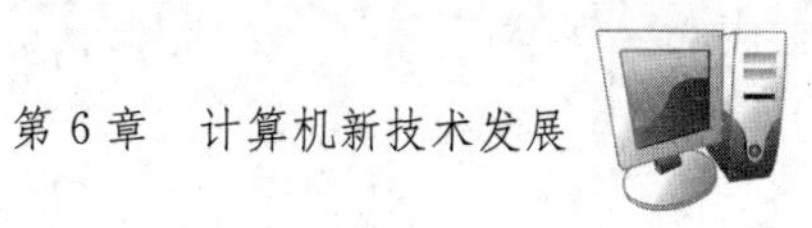

3. 物联网的一些典型应用，包括________、________和________。

4. 虚拟现实本质特性包括：________、________和________。其中________是虚拟现实最重要技术特性。

5. 云计算的应用，按照其部署方式，可以分为________、________和混合云。

二、选择题

1. 人工智能的目的是让机器能够________，以实现某些脑力劳动的机械化。
   A. 具有完全的智能
   B. 和人脑一样考虑问题
   C. 完全代替人
   D. 模拟、延伸和扩展人的智能

2. 以下________代表了人工智能技术的发展。
   A. 通过对数据的处理，发现在超市购物中，存在购买纸尿裤的同时也会购买啤酒的现象
   B. Google 公司的 AlphaGo 人机围棋对弈程序战胜围棋冠军
   C. 把在现实世界的一定时间空间范围内难以体验到的实体信息通过模拟仿真后进行感知
   D. 将公司的业务和数据放在云服务平台上自动分析处理

3. 把大数据用于开发具有感知和判断能力的机器人，其本质是________。
   A. 把数学算法运用到海量的数据上来预测事情发生的可能性
   B. 人工智能开发的一个环节
   C. 为机器人赋予人的情感
   D. 教会机器人像人一样进行思考和推演

4. 云计算是对________技术的发展与运用。
   A. 并行计算　　　　B. 网格计算
   C. 分布式计算　　　D. 以上都是

5. 将平台作为服务的云计算服务类型是________。
   A. laaS　　B. PaaS　　C. SaaS　　D. 以上都不是

三、判断题

1. 图灵测试是指测试者与被测试者(一个人和一台机器)隔开的情况下，通过一些装置(如键盘)向被测试者随意提问。如果测试者不能确定出被测试者是人还是机器，那么这台机器就通过了测试，并被认为具有人类智能。　　(　　)

2. 虚拟现实和增强现实，以及元宇宙都是同一个概念。　　(　　)

3. 公共服务公司可以通过设备，远程读取居民家中水电气表的读书，这是人工智能在家居中的应用。　　(　　)

4. 云计算在安全和性能等方面不存在任何问题。　　(　　)

5. RFID 技术、传感器技术、嵌入式智能技术和纳米技术是物联网的基础性技术。　　(　　)

6. 目前我国已经把“物联网”明确列入《国家中长期科学技术发展规划(2006—2020年)》和 2050 年国家产业路线图。　　(　　)

参考文献

[1] 张福炎,孙志挥.大学计算机信息技术教程(2018版)[M].南京:南京大学出版社,2018.

[2] 谢希仁.计算机网络(第7版)[M].北京:电子工业出版社,2017.

[3] 杨长春,薛磊.大学计算机[M].上海:上海交通大学出版社,2020.

[4] 王良明.云计算通俗讲义(第3版)[M].北京:电子工业出版社,2019.

[5] 马睿,苏鹏,周翀.大话云计算:从云起源到智能云未来[M].北京:机械工业出版社,2020.

[6] 娄岩.大数据应用基础[M].北京:科学出版社,2020.

[7] 郎为民,马卫国,张寅,王连峰,闪德胜.大话物联网(第2版)[M].北京:人民邮电出版社,2020.

[8] 李开复,王咏刚.人工智能[M].北京:文化发展出版社,2017.

[9] 迈克尔·伍尔德里奇.人工智能全传[M].杭州:浙江科学技术出版社,2021.

[10] 胡小强.虚拟现实技术与应用[M].北京:北京邮电大学出版社有限公司,2021.

[11] 冯开平.虚拟现实技术及应用[M].北京:电子工业出版社,2021.